三道手绘快题表现系列丛书

袁旦 主编

风景园林快速设计应试教程

Landscape Architecture Exam-oriented Rapid Design Tutorial

三道手绘 编著

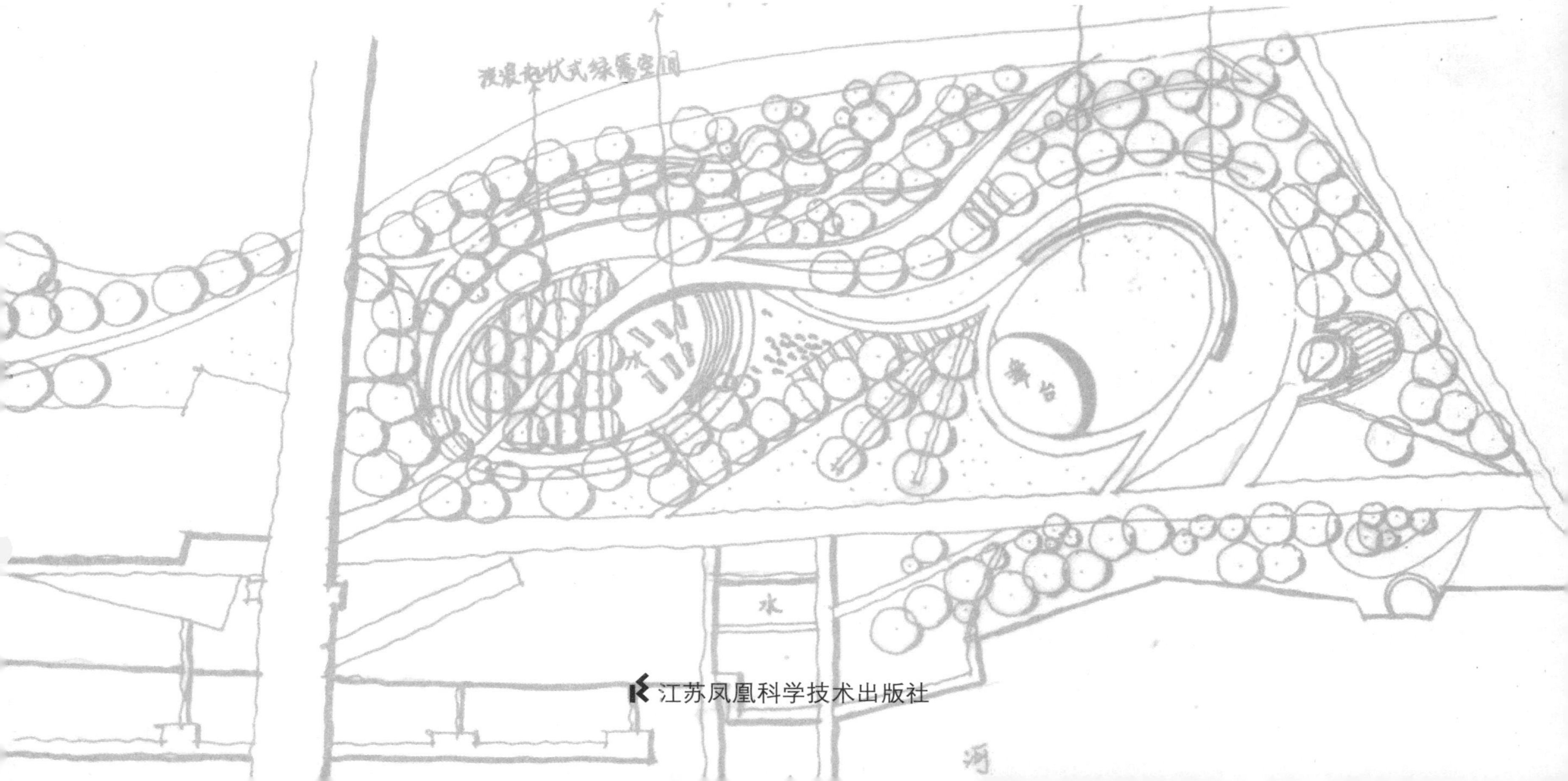

江苏凤凰科学技术出版社

图书在版编目（CIP）数据

风景园林快速设计应试教程 / 三道手绘编著. -- 南京：江苏凤凰科学技术出版社，2017.7
（三道手绘快题表现系列丛书）
ISBN 978-7-5537-8250-8

Ⅰ. ①风… Ⅱ. ①三… Ⅲ. ①园林设计－研究生－入学考试－自学参考资料 Ⅳ. ①TU986.2

中国版本图书馆CIP数据核字（2017）第121782号

三道手绘快题表现系列丛书

风景园林快速设计应试教程

编　　著　三道手绘
项目策划　凤凰空间/张　群　高　红　郑亚男
责任编辑　刘屹立　赵　研
特约编辑　张　群

出版发行　江苏凤凰科学技术出版社
出版社地址　南京市湖南路1号A楼，邮编：210009
出版社网址　http://www.pspress.cn
总　经　销　天津凤凰空间文化传媒有限公司
总经销网址　http://www.ifengspace.cn
印　　刷　北京博海升彩色印刷有限公司

开　　本　787 mm×1 092 mm 1/12
印　　张　21
字　　数　126 000
版　　次　2017年7月第1版
印　　次　2023年3月第2次印刷

标准书号　ISBN 978-7-5537-8250-8
定　　价　88.00元

前言　PREFACE

风景园林学专业于 2011 年正式成为国家一级学科，标志着国家进一步加强了对该行业的重视。各大高校以及建筑规划行业也陆续加大了风景园林专业人才的招收比例，以满足市场对该专业人才的迫切需求。目前，设计行业主要通过考察快速设计的能力来检验风景园林人才的专业素养。因此，掌握快速设计技巧、积累快速设计经验对于景观设计专业的学生而言非常重要。

本书立足于为广大学员提供全面、容易快速掌握的快题设计技法，并成为方便学员查阅、参考相关景观设计基础知识的一手资料。以景观节点为主打是本书的一大特色，全书共分为 7 个章节：前两章主要从制图方法步骤、景观设计尺度及公园规划设计规范等基础入手，全面梳理学员入门必备知识点；第 3 章则重点介绍快题入门的基本设计思路，阐述设计过程“五步曲”并详解每一步的设计重点；第 4 章则在第 3 章的基础上通过各类景观节点的展示与分析指导学员灵活应对各类设计场地；第 5 章主要目的是对学员进行空间思考的引导，学习景观空间的构成方法与创作思维，提高学员的综合设计能力；第 6 章为效果图范例；最后一章以实战经验为例，罗列各类高分快题并对其进行评价分析，为广大考生确立明确的学习目标。

笔者在此希望广大学员能够正确利用本书，并举一反三，在参考本书的基础上，不断拓宽眼界，提高审美能力。

最后，期望本书能够对风景园林专业的学生在快题设计练习上有所帮助，能对考研的学生或从事与景观相关工作的工作者在快速设计上起到一定的指导作用。由于笔者水平有限，加之时间仓促，书中难免会存在一些纰漏和不足，希望广大读者提出宝贵意见。

三道手绘
2017 年 3 月

目录 CONTENTS

第 1 章　景观快题设计基础概述

1.1 初识快题设计

1.1.1 学习目的

景观设计作为一门新兴学科，已经广泛渗入到各个研究领域中。掌握景观快题设计的基本技能有助于在景观设计行业提高自身设计水平，增强自身竞争能力。大部分学习快题设计的考生都是出于考研、工作、出国这三类原因，并且越来越多的高校与工作单位都将快题设计的水平测试作为招纳人才的主要选拔方式，如何在大量的竞争者中脱颖而出，这就需要学生不断加强专业素养，掌握快题表现技法与方案快速设计的能力。

针对考研、工作、出国这三方面，其素养要求各有所侧重：

考研与工作面试的考察方式主要以学生的快速设计能力为主，要求娴熟漂亮的表现加一定的方案设计能力，对于长时间推敲琢磨的能力要求并不高。学生在平时训练学习的过程中，除了要掌握快速表现、快速设计的能力外，应增强自身的设计能力，拓宽眼界，提升自己的设计水平，追求短时间内的既合理、漂亮又富有想法与创新的设计。

对于出国的学生而言，快速设计的学习是一种短时间内获取设计能力最有效的方法。但在掌握快速设计的技巧上，对于作品的要求则更注重“高、大、上”，要求作品设计想法高端巧妙，表现大气成熟，风格品位上档次，达到这样的要求才能使自己的作品集在申请的时候与众不同，脱颖而出。因此，出国的学生需要在掌握快速设计技能的基础上，不断提高自身的设计水平，做出值得推敲、有想法、有趣味的新方案。这个过程关键在于一个“思”字。最后，通过有品位的版面设计将自己的作品整理成册即可。

1.1.2 命题类型

快题设计的命题类型较为丰富，不同的分类方式有不同的类型。一般而言，各大高校根据各自所需人才类型的不同有不同的考察方式。按时间分类主要分为三小时快题（图 1.1）与六小时快题，考察的设计地块的大小、类型不同，图纸内容要求都有所不同。

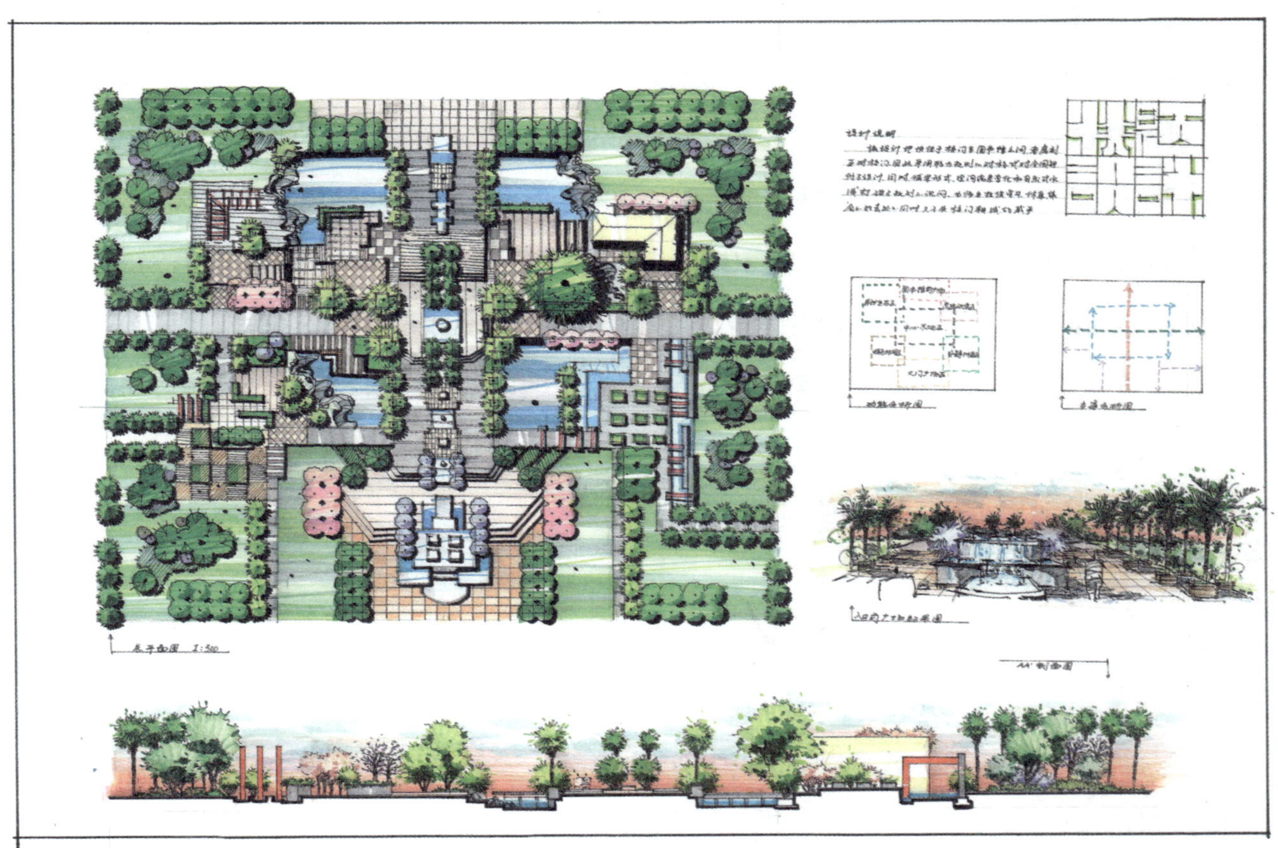

图 1.1 三小时快题方案设计示例

以几所典型的高校为例：同济大学考察三小时快题，要求在一张 A1 的硫酸纸上完成所有的设计图，其地块面积大都控制在 1~5 公顷以内；同样是考察三小时快题的南京林业大学，其图纸要求却是 A2 的图纸 1~2 张，其设计地块面积大都在 1 公顷以内。除了这两所高校，武汉地区的高校除了武汉大学考察三小时快题外，华中科技大学、华中农业大学都以考察六小时快题为主，要求尽量达到两张 A1 图纸，甚至有时还会考察景观建筑的设计。

因此，广大考生在准备期间需要针对自身所报考院校的要求进行一定程度的针对性训练。但不同尺度地块的设计训练对于不同类型要求的考生而言都是很有必要的。

根据近年来各院校、设计公司考察设计基地的性质分类，景观快题设计一般有以下几类考题：公园、广场、庭院、滨水绿地、街头绿地、校园绿地、居住区绿地、主题性场地、屋顶花园、农业观光主题园、风景名胜区入口的设计等。

这些不同类型的考题，考生在平时训练过程中应该都有所涉及，并掌握各种类型场地的设计要点，进行针对性的合理设计。例如，公园与广场的性质决定了公园以绿地为主，绿地率在 60% 以上；广场则以硬质为主，绿地率最好不要超过 50%（但也因广场的性质与面积大小有所差异，目前城市广场规范要求绿化覆盖面积达到 70%）。庭院的设计与公园的设计因服务对象、尺度大小的不同而有所不同，因而在庭院设计中其内容的设置与公园设计有一定的差异。庭院设计还要考虑庭院周围建筑的形态与功能。总之，对于不同类型的场地，考生需进行全面的了解，并根据其设计需要、服务对象进行全面的考虑。

1.1.3 考察内容

各高校对于图纸内容的要求也是有所不同的，通常情况下按时间长短进行分类，可分为三小时快题与六小时快题。但无论是三小时快题还是六小时快题（图 1.2、图 1.3)，图纸内容都必须包括总平面图、分析图、剖面图、效果图、文字说明与标题。这是一张完整的快题设计必不可少的几个部分，也是对设计作品最完整的表达。对于六小时的快题，就需要在六小时快题图纸内容的基础上进行设计作品的深入表现，需附有整体鸟瞰图、节点扩初图、种植设计图、设计意向图，甚至有景观建筑单体设计需要的，需附有建筑设计的总平面图、剖面图、立面图以及效果图等。罗列此类图名意在让广大考生利用平时的训练机会，对可能涉及的图纸内容进行训练，全面备战。

图 1.2　六小时快题方案设计示例

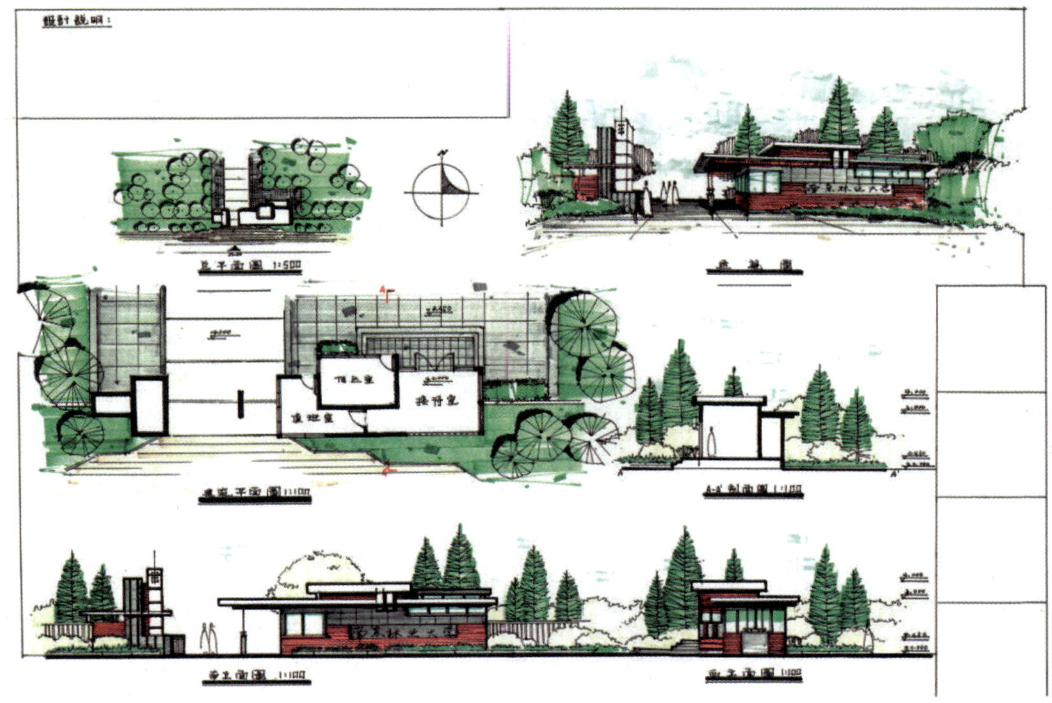

图 1.3　三小时快题方案设计示例

1.2 制图规范讲解

如何做到规范性作图？如何使图面表达准确完整？如何在众多快题作品中体现独有的专业性？这需要从制图规范开始，进行全方位的图纸表现技巧的练习。

1.2.1 基本制图工具

A1 图纸或硫酸纸、三角板、比例尺、平行尺、马克笔、彩铅（特殊院校有所要求）、钢笔（墨线笔）、铅笔、橡皮擦、小刀等。

1.2.2 成图制图规范

1）总平面图

除了方案平面表现外，附加的符号与说明也缺一不可。包括图名、比例尺、指北针、剖切符号、入口符号、竖向设计符号、景点命名、基地外环境等(图 1.4)。

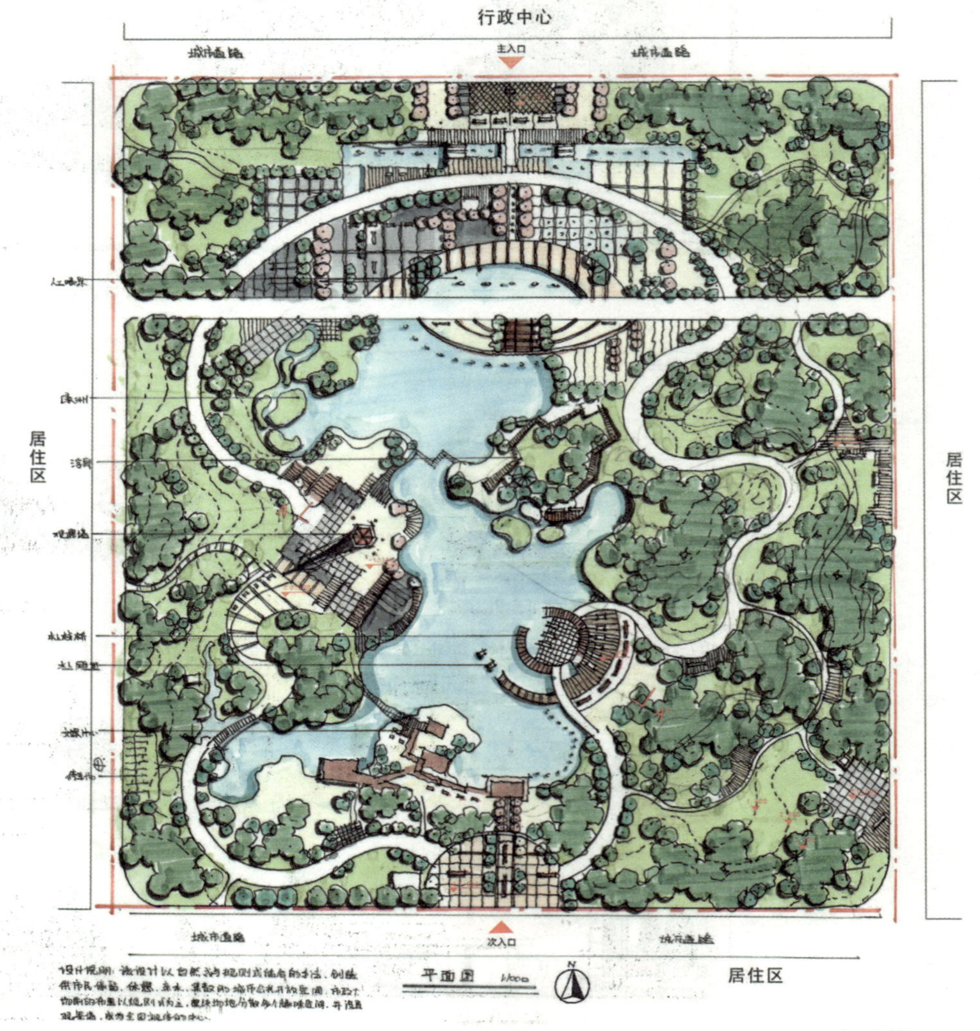

图 1.4　总平面图示例

①图名：各类成图都需要对应的图名，图名由文字部分与下划线组成，下划线一粗一细，长度适中即可（图 1.5）。

②比例尺：根据基地大小及题目要求确定比例，一般比例有 1 ： 1000、1 ： 800、1 ： 500、1 ： 300、1 ： 200 等。按表示方式分类，比例尺有如下三种表示方法：

文字式：在图纸上直接写出地图上 1 厘米代表实地距离多少千米。

数字式：用数字比例式或分数式表示比例尺的大小，如 1 ： 500 或者表达为 1 ／ 500。

线段式：在图纸上用线段表示比例（图 1.5），比例大小 = 图上距离／实际长度。

③指北针：常见指北针画法见附图，指北针的“N”字切勿遗漏（图 1.5）。

④剖切符号：剖切符号由剖切位置线、投影方向线及编号组成。剖切位置线的长度为 6~8mm，投影方向线长度为 4~6mm，均用粗实线绘制。编号采用阿拉伯数字或是大写字母来表示（图 1.5）。

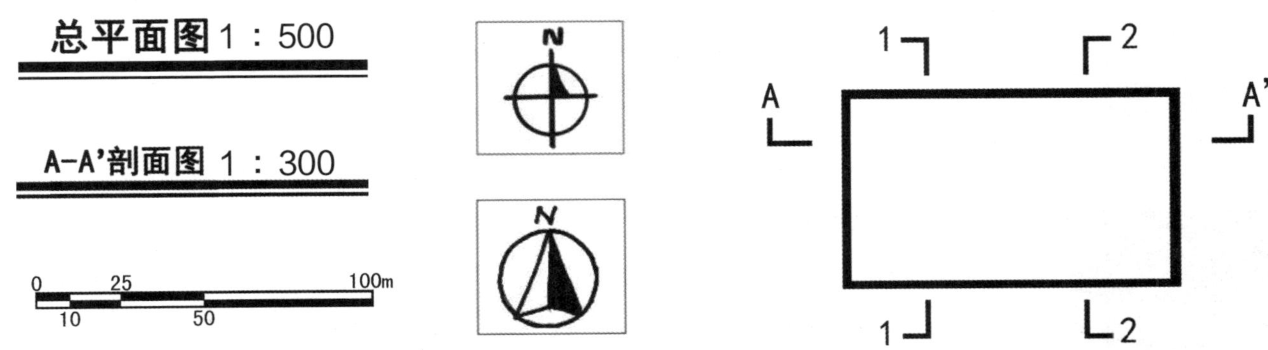

图 1.5　总平面图相关符号示例

⑤入口符号：用红色三角形表示入口方向位置，并用文字标明主次入口（图 1.6）。

图 1.6 入口符号示例

⑥竖向设计符号：竖向设计也称为“高程设计”，平面上一般用涂黑的等腰三角形加上数字标注来表示。在快题设计中，竖向标高在硬质、软质上都要有准确的表示，且必须标注场地最高点、最低点及参照点。考试中，我们一般用红色标注竖向，达到醒目的效果（图 1.7）。

⑦景点命名：直接拉出引出线，在引出线上方进行文字说明（图 1.8）。

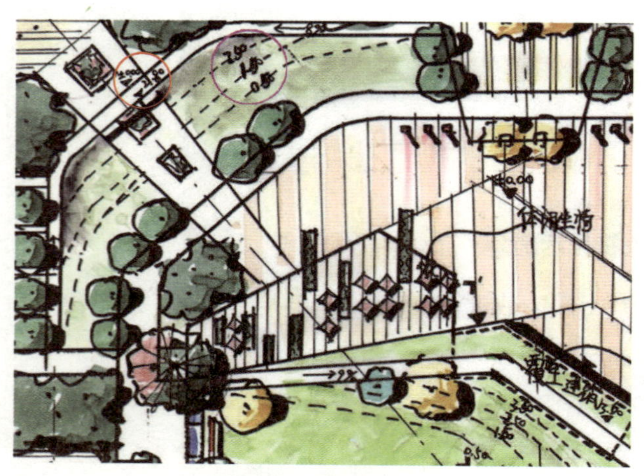

图 1.7 高程设计示例

图 1.8 景点命名示例

可参考的景点命名有花溪叠瀑、碧波观景、芦花飞雪、渔鼓道情、一镜衔天、冠云落影、夕阳落日、云影清松、明月间照、清泉石流、梅香樱艳、花海融春、凝霞秋色、竹深荷静、清泉石涧、浣溪叠石、满陇桂雨、清风竹影、荷塘月色、碧草连天、梦泽飞鹭、古韵流芳、艺术走廊、陶然亭、听歌台、曲水流觞、夹道涌泉、听涛码头、曲径通幽、健康步道、情侣坡、碧莲屿、一衣带水、雾森广场、音乐广场、洞天深处、柳浪闻莺、鱼跃鸢飞、三潭印月、平湖秋月、梧竹幽居等。

2）分析图

作为快题设计表现中必不可少的部分，分析图所占分值的比重在不断提升，甚至成为表达设计者思维过程的重要形式。一般而言，常规的分析图包括功能布局分析图、景观结构分析图、交通线路分析图、空间设计分析图以及景观视线分析图。

①功能布局分析图：功能布局分析又称功能分区，是进行场地分析设计的第一步，是整个景观活动布局分区的关键。功能布局由场地的性质与所处环境决定，同时安排的活动要满足场地所服务的人群的需求。常见的城市公园的功能分区有中心活动广场、水上活动区、安静休息区、密林体验区、休闲健身区、儿童游戏区等。此外，根据需要还可进行更具有场地针对性的活动区设计。

功能布局分析图的表示方法有规则式与不规则式两种（图 1.9），可根据基址的形态进行选择。

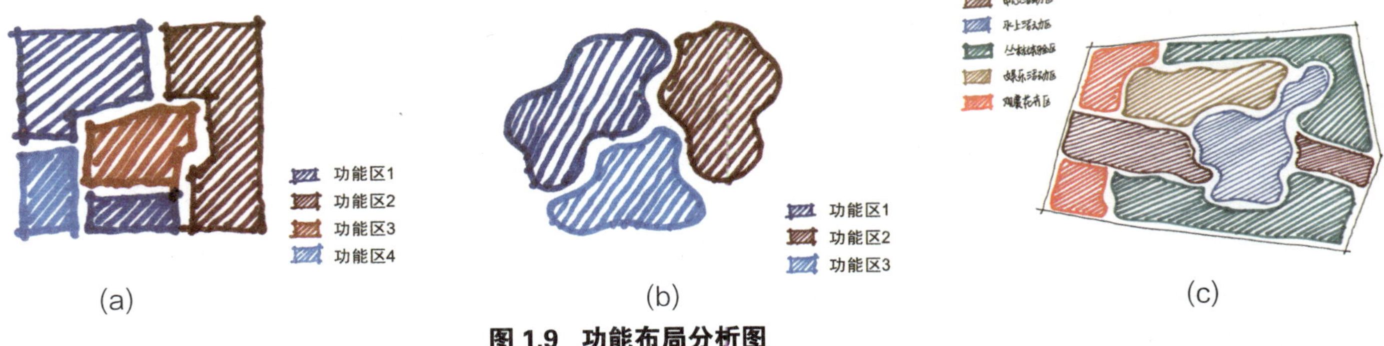

图 1.9　功能布局分析图

②景观结构分析图：景观结构由景观节点与景观轴线共同组成，是整个设计中的骨骼系统。景观节点是整个场地中的活动点、活动场地，也是整个景观设计中的高潮、兴奋点；景观轴线则是散布在整个场地中景观节点的关系线，观赏者的视线与景观节点一起构成了点、线的结构体系（图1.10）。

③交通线路分析图：交通线路分析一般按道路等级进行表示，主要的道路体系要流畅，能方便到达各个活动区域，并与次级道路相互成体系。一般分为三个等级：主园路、次园路以及游园小道。绘制时，道路等级越高粗实线越宽。

进行交通线路分析时，除表示园内主要游线之外，车行线路的表示也不可缺少。需在交通分析图中表示各类停车场的位置、出入口及范围大小，并根据场地需要表示出内部建筑的后勤线路（图1.11）。

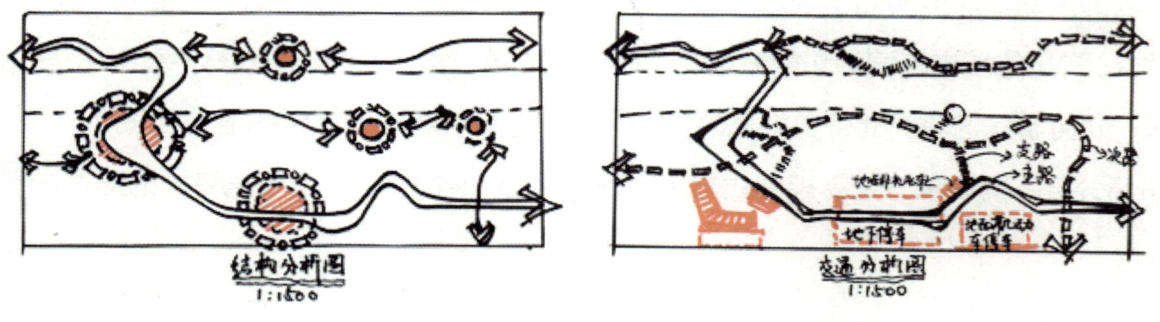

图 1.10　景观结构分析图　　**图 1.11　交通线路分析图**

④空间设计分析图：空间设计分析是控制并展示整个景观空间的关键，能清楚地体现整个设计的疏密关系。一般有三种类型的空间：开敞空间、半开敞空间以及私密空间（图1.12）。

⑤景观视线分析图：由景观视点与视线组成，表示的是在某一停驻点或景观点的景域范围及视线的焦点，精彩的景观视线设计要体现出步移景异的效果。在绘制时，用视点与表示视线方向的箭头表示（图 1.13）。

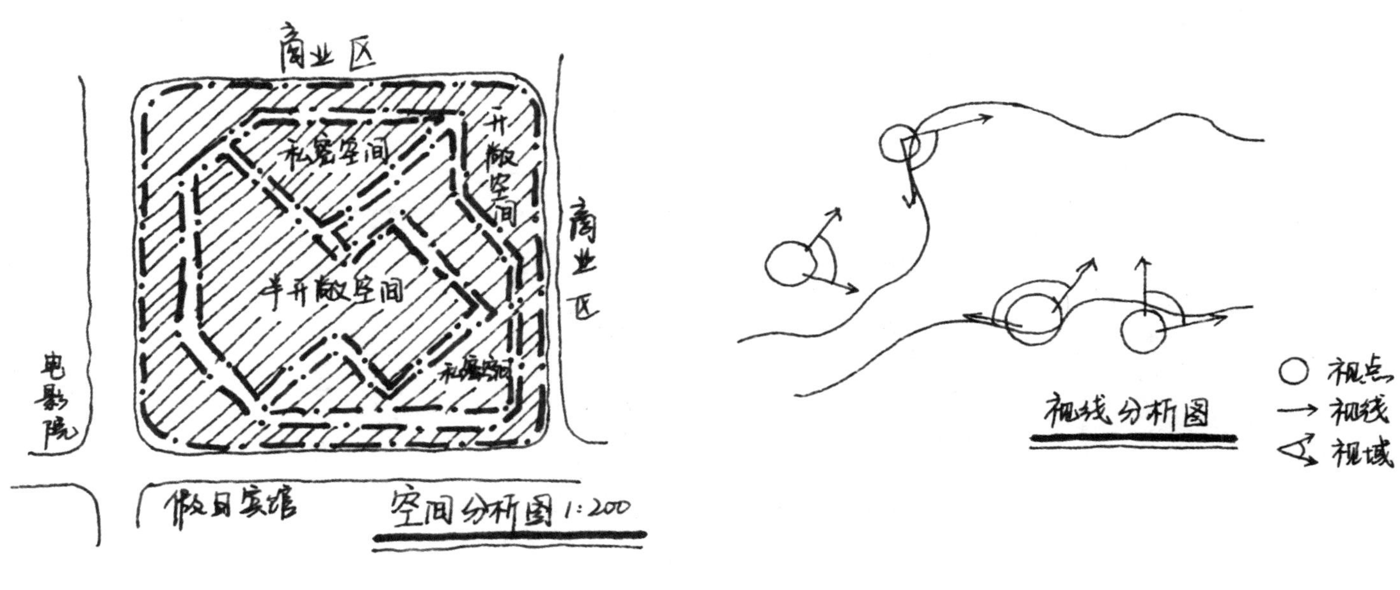

图 1.12 空间设计分析图

图 1.13 景观视线分析图

近年来，景观设计行业的竞争愈加激烈，考研、出国、求职的压力越来越大。要提高自身的竞争力，除了出彩的平面图，在分析图及其他附图上必须提升表达的专业性与设计理念的创新性。除了上述传统的分析图表示方法外，还可在此表达基础上向设计思路分析图转型，用基址分析图（分析基址所需解决的问题）、现状处理分析图（展示设计思路，提出解决方案）与景观结构设计图来表示。

基址分析图是进行方案设计的第一步，是对基址现状与设计要求图形化的准确解读，用图形表示基址中需要解决的问题；现状处理分析图则是在基址分析的基础上，提出对基址现状的解决方案及设计思路，作为设计方案的雏形。

设计思路分析图（图 1.14）表示法不仅具有传统分析图对设计结构、功能及空间格局等的表达功能，还具有向审图人传达设计师专业素养及设计逻辑的效果，可以使整个快题的设计有理可依。广大学员在学习此种分析图的表达方式时，首先需要了解本书第 2 章关于快题设计方法讲解的内容，培养自身逻辑和理性化设计的能力。再后期培养此类分析基址的逻辑思维方法，让分析图转变成为设计思维辅助图，成为设计方案草图的雏形。在此为广大学员推荐《园林景观设计 从概念到形式》（【美】格兰特 · W · 里德著）一书，其图形构成逻辑及分析思维示意方式可供大家学习参考。

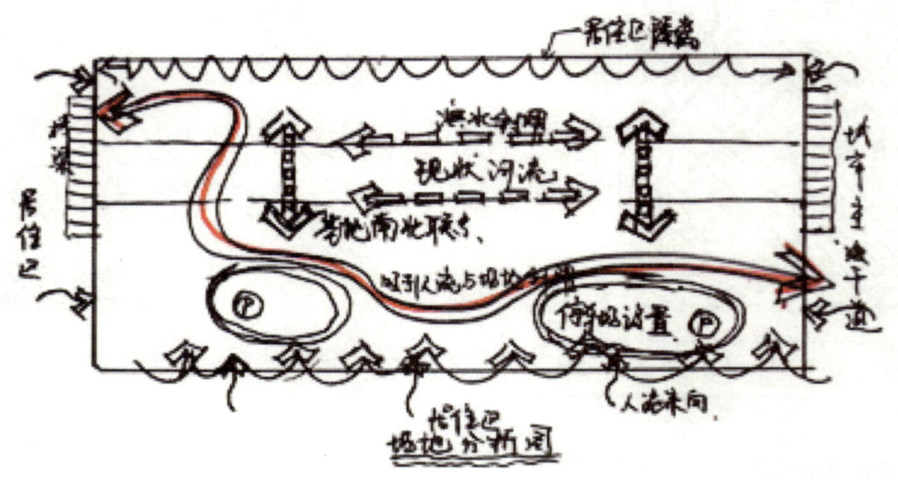

图 1.14　设计思路分析图

3）剖面图

作为重要附图之一，剖面图（图 1.15）的表达也非常关键。精彩的剖面图除了专业的表现外，关键还在于对竖向设计的准确表达及种植设计层次的体现。规范化剖面图的主要内容有图名、比例尺、竖向标高、设计元素的标注、地面粗实线的绘制以及对所剖切平面的准确表达。

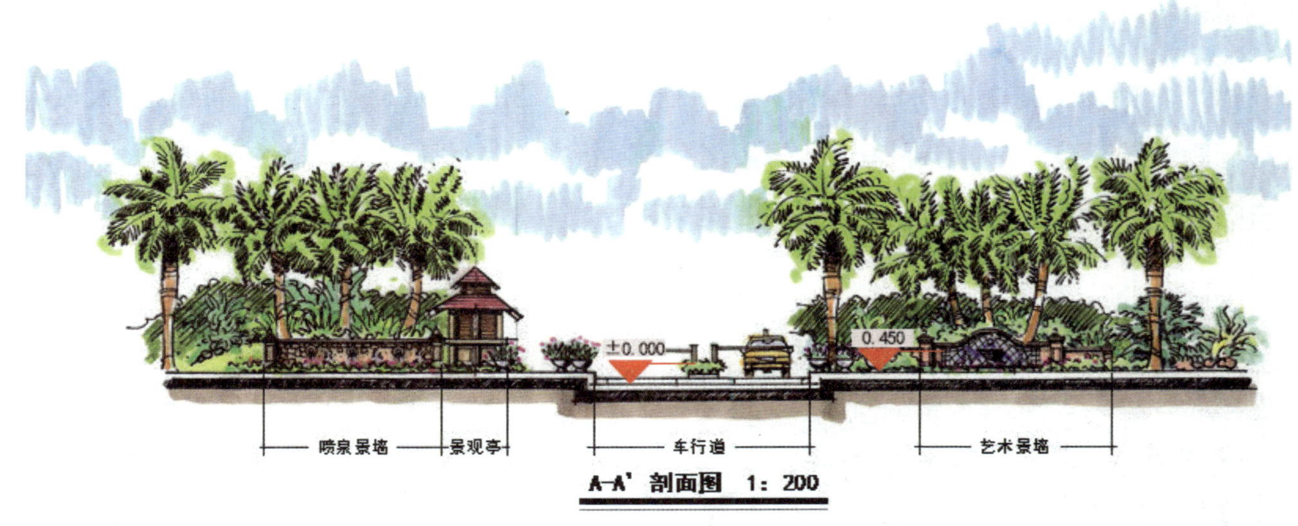

图 1.15 剖面图

4）效果图

效果图（图 1.16）的表现除了丰富的内容与炫目的色彩表现之外，对于设计想法的巧妙表现也逐渐成为效果图加分的重点。

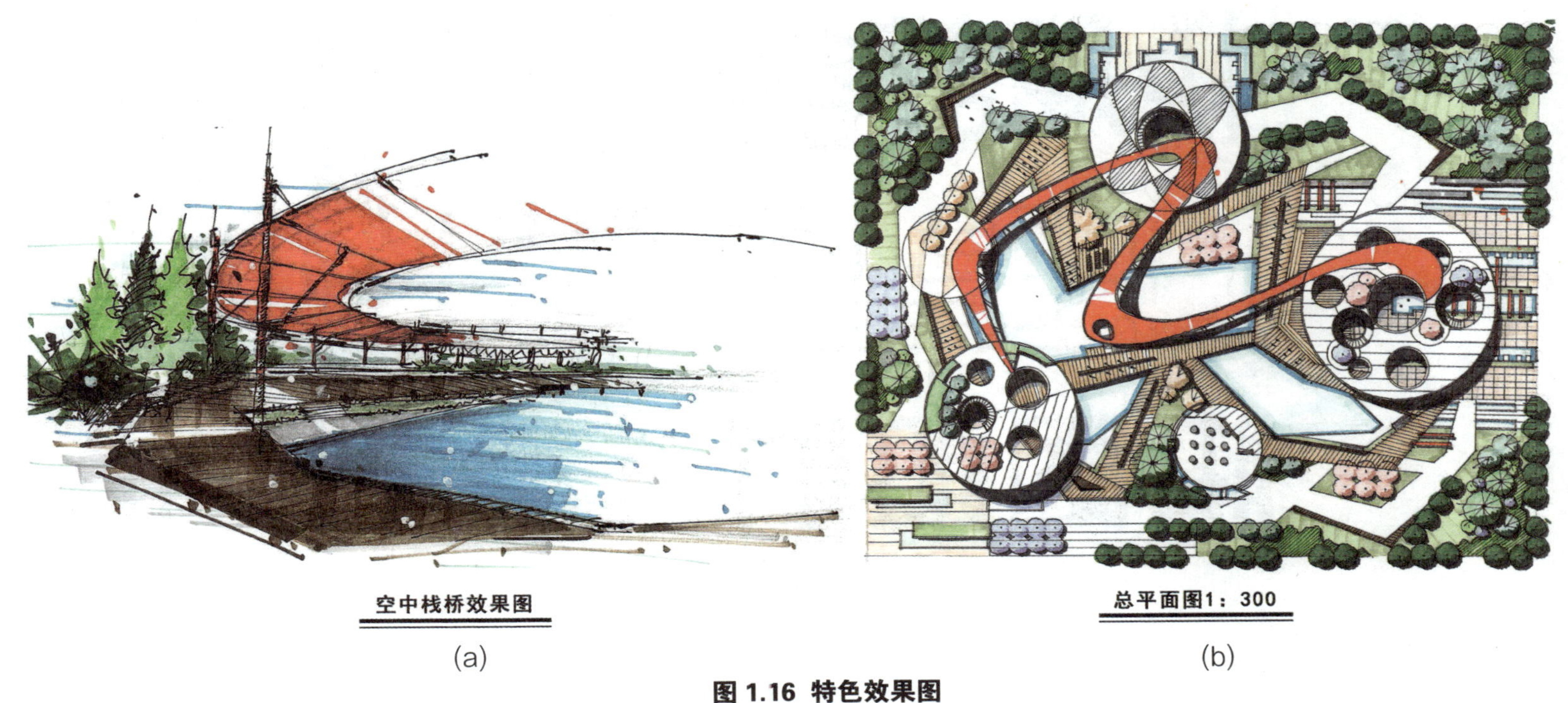

(a)　　(b)

图 1.16 特色效果图

5）标题

在排版时，标题（图 1.17）的位置不应先纳入考虑的范围，应在综合其他图面的排版后，在空缺处对标题进行工整、有特色的表达。一般情况下，标题的字体不应太大，也不要涂太黑，以免抢眼，且以方正标题为宜，选择一种字体进行练习。

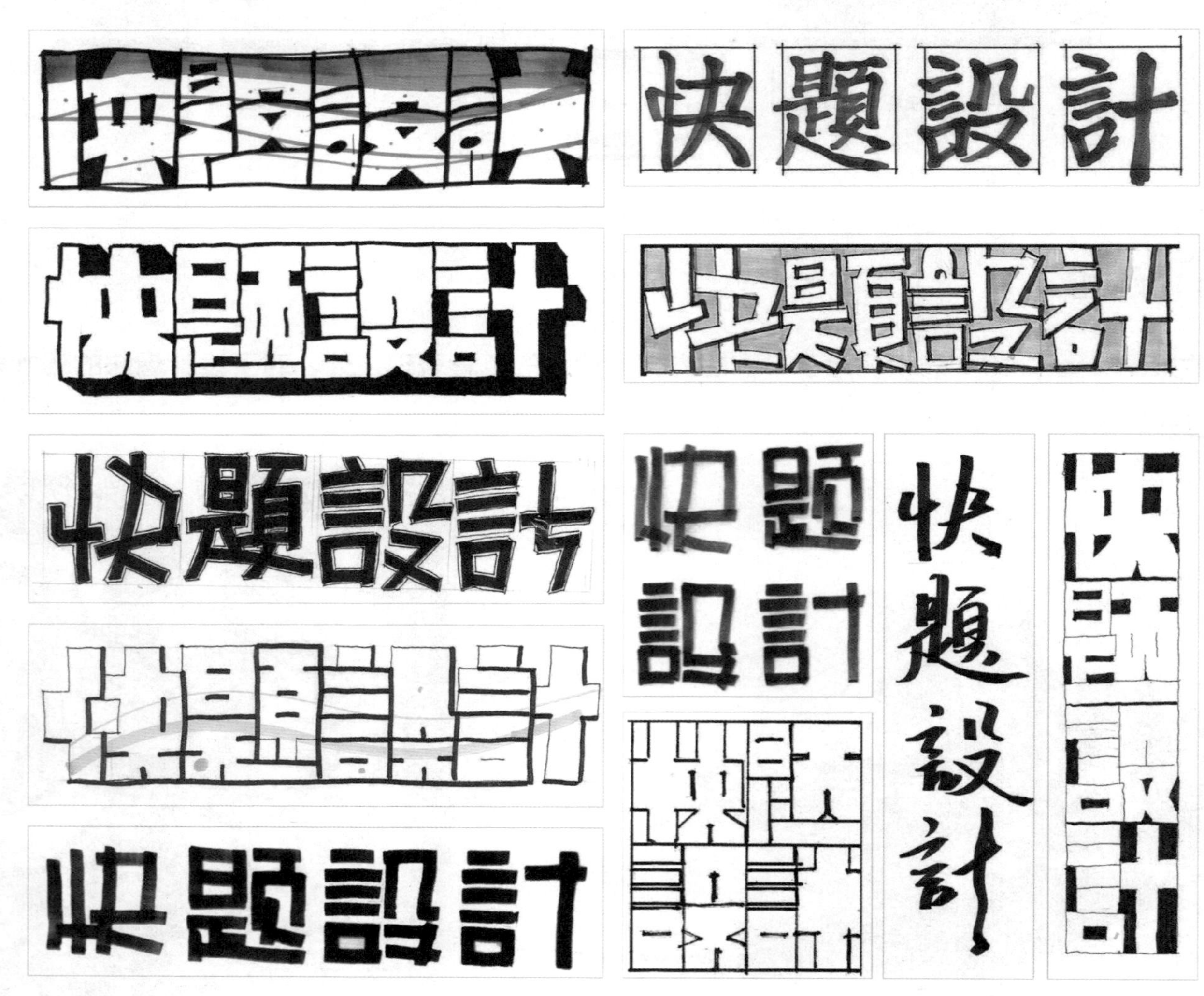

图 1.17　各类型标题示意图

6）种植设计图

种植设计图（图 1.18）一般有两种表达类型：一种是在平面图上用牵出引线标注；另一种则是画出植物配置表，标注编号、图例以及植物名称。

植物配置表

序号	图例	植物名称	数量（棵）
01		香樟	35
02		广玉兰	80
03		银杏	44
04		丛生金桂	300
05		银杏	26
06		黄山栾树	100

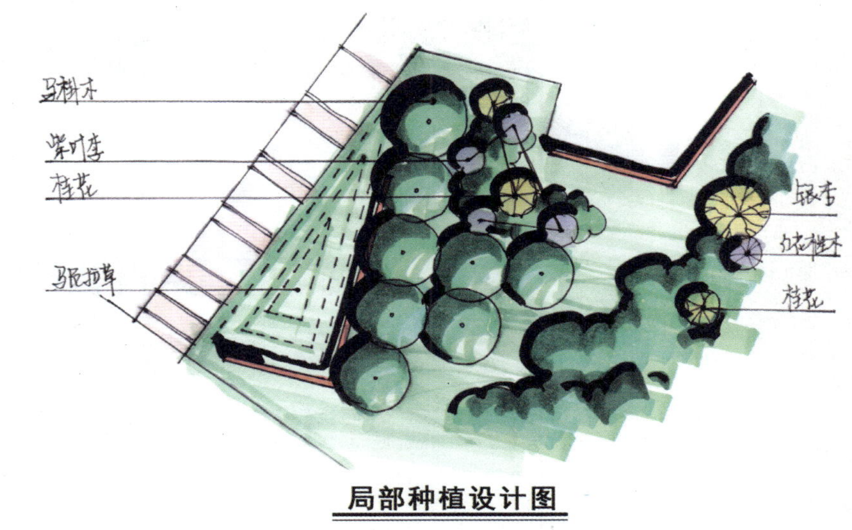

图 1.18　种植设计图和植物配置表

7）用地平衡表

一般用表格的形式表示，说明各主要用地的占地面积，包括绿化、道路及场地、水体、建筑等各类用地所占的面积及其在整个场地中所占比例（表 1.1）。

表 1.1　用地平衡表

用地类型	绿化	道路及场地	水体	建筑物	总计
面积（㎡）	38 500	8 350	3 968	1 282	52 100
比例（%）	73.9	16.0	7.6	2.5	100

8）公园主要经济技术指标

公园主要经济技术指标包括总用地面积（陆域面积、水域面积、城市道路用地）、总建筑面积、建筑占地面积、建筑密度、容积率、绿地率、停车位（地上、地下）等（表 1.2）。

表 1.2 公园主要经济技术指标

序号	用地名称		技术指标
1	总用地面积		162.87hm^2
	其中	公园陆地	79.14hm^2
		公园水域	83.73hm^2
		城市道路用地	20.2hm^2
2	总建筑面积		30.1hm^2
3	建筑占地面积		8.2hm^2
4	建筑密度		5%
5	容积率		0.18
6	绿地率		85%
7	停车位		3300 个
	地上停车位		1250 个
	地下停车位		2050 个

注：建筑密度也称建筑面积毛密度，是每公顷居住区用地上拥有的各类建筑的建筑面积或以居住区总建筑面积与居住区用地的比值表示。

9）设计说明

写好设计说明，并在文字中表达出自己独特的设计想法是优秀快题的必备要素。然而，很多学员对于设计说明的长篇大论不知所措。因此，本节为大家提供“三段式”的设计说明构成法：

第一段：分析基地概况。

围绕基址所处大环境进行分析，表明人流来向及周围所需提供的活动服务类型，并阐述针对基址内部需要处理的问题提出的解决方法。最后对场地的景观环境设计进行准确的功能及性质的定位。

第二段：阐述设计思想。

设计的主导思想以“生态保护、文化传播、美化环境、便民简洁”为主。充分发挥绿地效应，坚持“以人为本”，体现现代的生态环保型设计思想。如：

①本设计共分为 5 大功能区域。

②共设计 4 个入口，其中主入口为……，次入口为……。

③植物配置以乡土树种为主，疏密适当，高低错落，形成一定的层次感。色彩丰富，主要以常绿树种为“背景”，以各色花灌木搭配等。

④特色景点描述。

第三段：展望未来。如：

通过设计，满足……的需求，打造一个城市新的休闲地带。

1.2.3　排版式样参考

排版基本原则：保持对位关系——平面图与立面图最好保持一定的对位关系。排版时先主后次，先确定平面图、立面图、分析图的位置，再考虑效果图（或鸟瞰图）以及设计说明的位置。切忌挤在图纸边缘（图 1.19）。

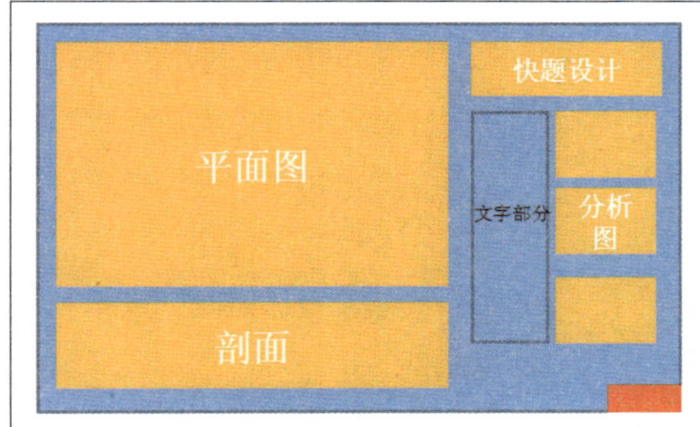

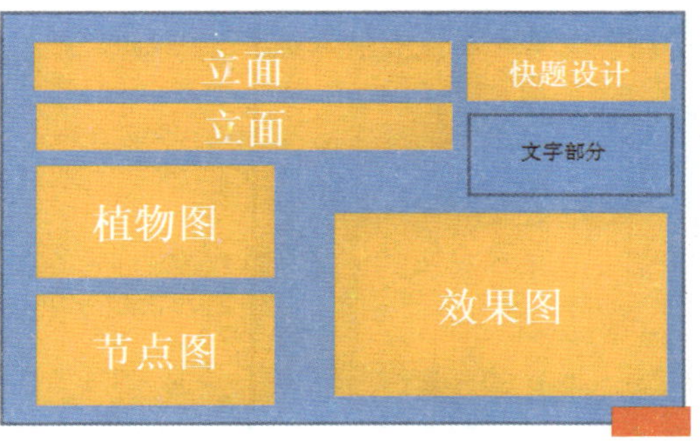

6 小时快题参考排版（A1 纸两张）

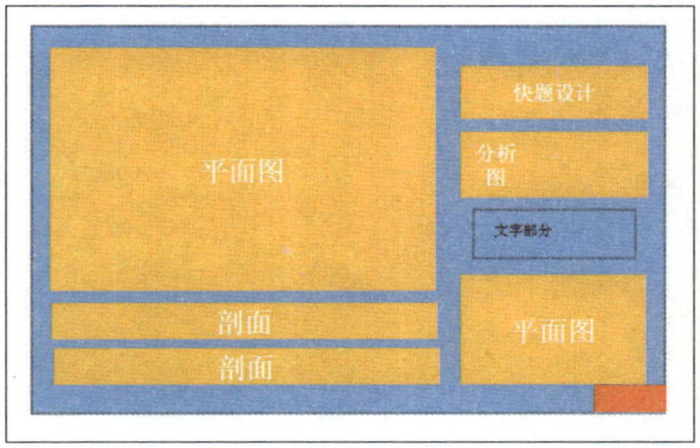

3 小时快题参考排版（A1 纸两张）

图 1.19　快题参考排版

1.3 学员必备素质

本书要求学员全面了解考点，以绘图的基本规范作为快题设计的基础。同时，注重培养学员的专业素质，以全面发展作为学习景观快题设计的目标。理解并熟记各类设计规范，掌握快题设计的方法，熟悉方案设计的技巧，培养洞察各类快题考点的能力，甚至对国内外设计潮流做一定程度的了解，学会在方案创作中借鉴国内外新颖的设计理念。

做到以上这些，学员在快题设计学习过程中才能学有所得，学有所长。望各位学员能打牢基础，学会方案设计的基本方法，并不断提高自身的设计能力。本书将在接下来几章中对景观快题设计的基本规范、学习方法、设计步骤以及冲刺提高做详细的讲解。希望广大学员在学习本书的内容时，能学会本书所展示的学习方法与思维过程，提高自己的方案设计能力。

第 2 章 景观快题设计基本规范

2.1 景观常用尺度规范

尺度问题对于快题设计的初学者而言，是最难解决的问题。然而，关于尺度问题，除了对不同尺度的方案进行对比做一定的了解与尝试之外，初学者首先需要掌握景观常用的各类尺度规范，从基础入手，扫清对景观设计中尺度把握的盲点。

2.1.1 各类景观要素的尺度

1）植物

植物的尺度大小是决定快题设计方案尺度的关键要素之一。在平面图表达中，植物的尺度大小主要体现在冠幅的大小上。在剖面图中，植物的高度则是决定其尺度大小的主要因素。因此，了解各类植物在快题设计表达中的常用尺寸非常重要（表 2.1）。

表 2.1 植物尺度控制表

植物种类	大乔木（基调树种）	景观树（孤植树）	小乔木	花灌木	绿篱
冠幅大小（m）	5~6	7~8	3~5	1~2	0.5~1
高度（m）	13~15	≥ 15（无固定高度）	5~10	≤ 5	无固定高度

2）道路

道路的尺度大小是除植物之外控制设计方案尺度的另一关键要素。在景观快题设计中，公园内道路的尺度常以机动车的尺寸为基础，在保证基本的消防车道宽度的条件下进行设计。不同尺度的公园，其道路设计尺度的范围大小也有所差异（表 2.2）。

在具体的设计中，可适当调节主路、支路及小路的相对宽度，突出道路的等级与层次。基址在 2~10hm^2 范围内的，主园路一般为 4m，次园路为 2.5m，游园小路为 1.5m。

表 2.2 道路尺度控制表

园路级别	公园面积（hm^2）			
	<2	2~10	10~50	>50
	园路宽度（m）			
主园路	2.0~3.5	2.5~4.5	3.5~5.0	5.0~7.0
次园路	1.2~2.0	2.0~3.5	2.0~3.5	3.5~5.0
游园小路	0.9~1.2	0.9~2.0	1.2~2.0	1.2~3.0

注：出自《公园设计规范》CJJ 48—1992

3）建筑物与构筑物

园林建筑按传统形式可分为亭、廊、台、轩、榭、舫、厅堂、楼阁等十余种，在现代园林中，亭、廊这两种形式最为常见。对于亭、廊的设计规范较多，常用的尺度为：

①亭：高 2.40 ~ 3.00m，宽 2.40 ~ 3.60m，立柱间距在 3.00m 左右。

②廊：高 2.20 ~ 2.50m，宽 1.80 ~ 2.50m。

③棚架：高 2.20 ~ 2.50m，宽 2.50 ~ 4.00m，长 5.00 ~ 10.00m，立柱间距 2.40 ~ 2.70m。

④柱廊：纵列间距 4 ~ 6m，横列间距 6 ~ 8m，立柱间距 2.40 ~ 2.70m。

⑤墙柱间距：3 ~ 6m（一般为 300mm 的倍数）。

⑥栏杆：净空不大于 0.11m，临水或凌空安全栏杆高度为 1.05m，6 层以上建筑栏杆高 1.1m。

矮栏杆：高 0.3 ~ 0.4m。

高栏杆：高 0.8 ~ 0.9m。

防护栏杆：高 1.0 ~ 1.2m。

⑦室外座椅：

普通座面：高 0.38 ~ 0.40m，宽 0.40 ~ 0.45m。

靠背倾角：100° ~ 110° 为宜，靠背宽 0.35 ~ 0.65m。

单人椅长度：0.60m 左右。

双人椅长度：1.20m 左右。

三人椅长度：1.80m 左右。

⑧室外四人桌：高 0.65 ~ 0.7m，宽 0.7 ~ 0.8m。

⑨道路车档隔断：高 0.70m，宽 0.60m。

路缘石：高 0.10 ~ 0.15m。

⑩水篦格栅：宽 0.25 ~ 0.30m。

4）地形设计

景观设计中叠山理水处处可寻，掌握叠山理水的要法尤为重要。地形的形状、大小、远近、高低会形成不同的空间效果，可以通过设计经营来丰富景观空间。学习地形设计时，首先需要了解不同尺度的地形所营造的不同景观空间效果。

不同体量土山所营造的空间类型如图 2.1 所示。

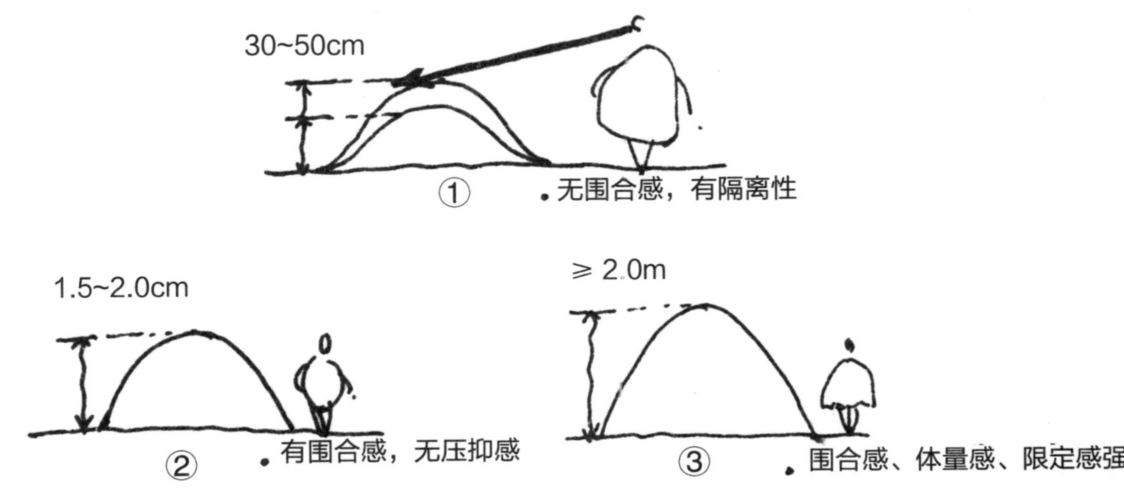

图 2.1　不同体量土山营造的空间类型

0.3 ~ 0.5m 的土山，形成开敞的包围形态，有一点隔离性，但其划分空间的效果、体量基本感觉不到；1.5 ~ 2.0m 的土山，形成具有体量感、围合感，但基本无压抑感的空间形态；2.0m 以上的土山，形成具有体量感、围合感、限定感强的空间形态，需根据空间的功能、景色、氛围意境来控制 *D/H* 的数值（*D* 代表土山的直径，*H* 代表土山的高）。

5）水体设计

水体作为景观设计中的五大造园要素之一，在进行设计时，除了要掌握理水要旨，遵循古典园林中“藏源收尾、开合有致、虽由人作、宛自天开”的设计要法外，了解水体设计的相关规范也非常关键。主要体现在水深的控制上，一般在进行竖向设计标注时，水面也需标注。

硬底人工水体近岸附近 2.0m 范围内的水深不得大于 0.7m，（不在规范范围内）面底坡度宜缓，控制在 1/3 ~ 1/5，否则应设护栏；无护栏的园桥、汀步附近 2.0m 范围内，水深不得大于 0.5m；儿童泳池水深以 0.6 ~ 0.9m 为宜，成人泳池水深 1.2 ~ 2m 为宜；养鱼的水体因鱼种类不同而异，一般池深 0.8 ~ 1.0m，并需设置保证水质的措施；水生植物水体深度因不同植物而异，一般浮水植物（睡莲）水深要求 0.5 ~ 2.0m，挺水植物（如荷花）水深要求 1.0m 左右；汀步设计，步距不宜大于 0.5m。

2.1.2 特殊场地设计尺度规范

1）停车场设计规范

① 停车场规划设计指标详见表 2.3。

表 2.3 游览场所停车位指标

类别		停车位指标（车位 /100 ㎡游览面积）	
		机动车	自行车
一类	市区	0.80	0.50
	郊区	0.12	0.20
二类		0.02	0.20

注：一类游览场所——古典园林、风景名胜区；二类游览场所——一般性城市公园。

根据上述表格的参照系数可以计算出各类游览场所需配备的停车位数量：

在市区的景区：$N=A\times0.80/100$。

在郊区的景区：$N=A\times0.12/100$。

城市公园：$N=A\times0.02/100$。

注：N——景区车位数；A——景区占地面积。

2）机动车停车场出入口设计要点

①出入口应有良好的视野，在机动车停车场出入口处切勿将空间设计得过于隐蔽，干扰司机进出停车场的视线（图 2.2）。

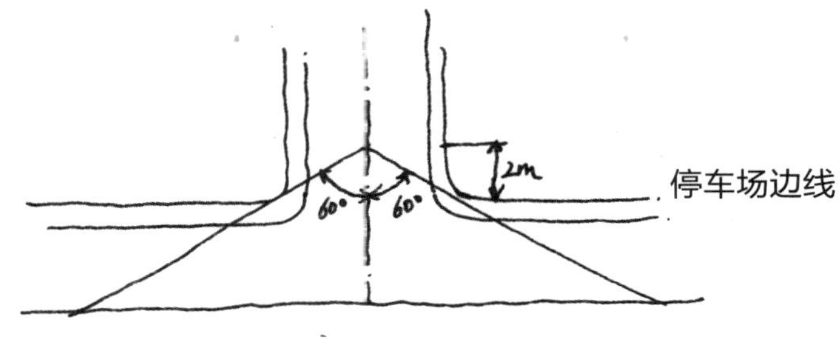

图 2.2 机动车停车场出入口视距范围

②停车场（库）出入口不宜设在主干道上，可在次干道或支路上开设。距城市主干道十字交叉路口应大于或等于 70m，且应有单独的车行道；距城市次干道十字交叉路口应大于或等于 50m；

距城市支路十字交叉路口应大于或等于 30m。

③机动车停车场车位指标：

小于 50 个时，只有一个出入口，其出入口通道宽度宜为 9 ~ 10m, 且需设置边长为 6m 的回车场地；

大于 50 个时，出入口不得少于 2 个，出入口之间的净距须大于或等于 10m，单个出入口的宽度须大于或等于 7m；

大于 500 个时，出入口不得少于 3 个，出入口之间的净距须大于 10m，出入口的宽度不得小于 7m。

④停车场内的主要通道宽度不得小于 6m。

3）各类停车场尺寸设计规范

①各类停车场单位面积：停车楼和地下停车库中，单位停车面积宜为 25 ~ 30m^2；摩托车停车场中，单位停车位面积宜为 2.5 ~ 2.7m^2；自行车停车场中，单位停车位面积宜为 1.5 ~ 1.8m^2。

注：其面积包含停车场中通道所占面积。

②各类停车场停车位尺寸：小型汽车停车位尺寸一般为 2.5m × 5.0m 或 3.0m × 6.0m；公共汽车停车位尺寸一般为 4m × 12m；自行车停车带宽度：单排为 2m，双排为 3.2m，车辆横向间距为 0.6m；过道宽度：单排为 1.5m，双排为 2.6m。

注：在快题设计中，自行车的单个停车位不需要清晰地表示出来，给定停车范围、总面积及出入口位置即可。

③各类车型最小转弯半径：小型汽车为 6m，中型车为 8 ～ 12m，消防车为 9m（图 2.3）

注：在进行回车场及道路转角的设计时，需考虑各类车型最小转弯半径的需要。

④地下停车场设计规范：停车数量 100 ≤ N ≤ 500 辆时，需设置 2 个出入口；N>500 辆时，出入口不应少于 3 个；两个出入口之间间距应大于或等于 15m；出入口汽车坡道的疏散宽度：单行 4.0m，双行 7.0m，净高不小于 2.5m；通车道坡道设计时，坡道长度的计算方式如图 2.4 所示；按地下停车场楼层净高不小于 3.5m 计算，通车道坡道总长应大于或等于 16m；地下车库出入口距离城市道路红线应大于或等于 7.5m，距出入口区域内 2m 处作视点的 120° 范围内至区域外 7.5m 以上不应有遮挡视线的障碍物，如图 2.5 所示。

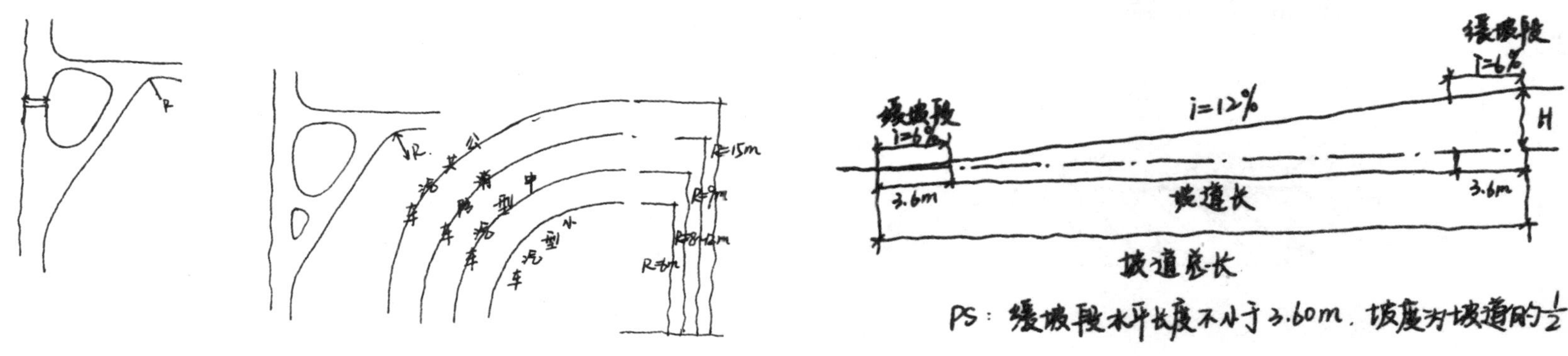

图 2.3　各类车型最小转弯半径

图 2.4　地下车库入口坡道设计计算原理

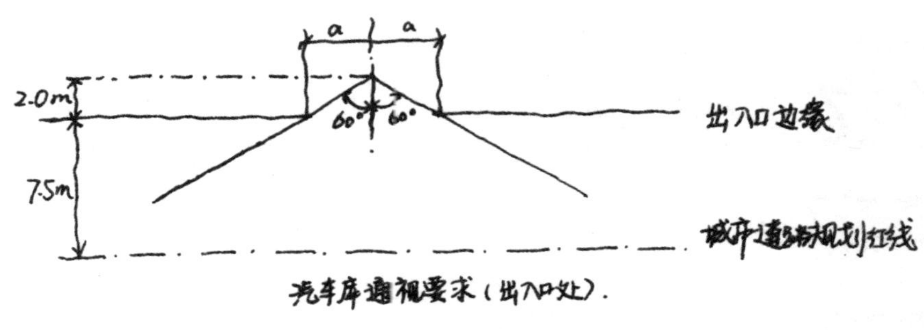

图 2.5　地下车库出入口视距范围

4）停车场表达形式分类

常见的停车场按停放方式主要分为三大类：单排停车场、双排停车场以及多排停车场，每种类型的停车场又有垂直和和倾斜两种形式。在快题设计中表现停车场时，不仅要注意根据尺寸规范进行表达，还要注意表达方式的正确性与规范化。出入口处应打破基址双线中的人行横道线，如图 2.6~图 2.15 所示。

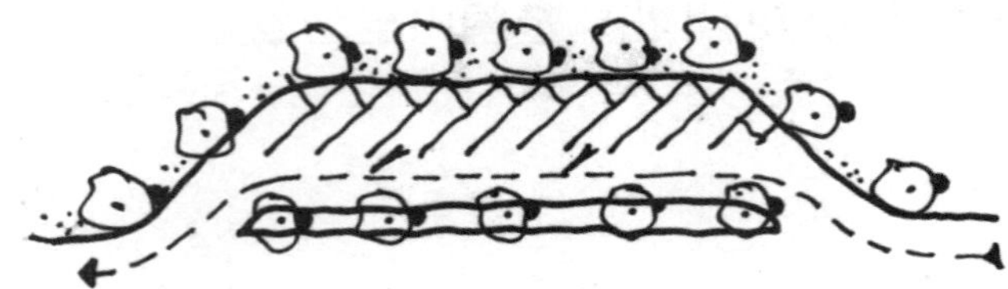

图 2.6　有分隔岛的路边停车

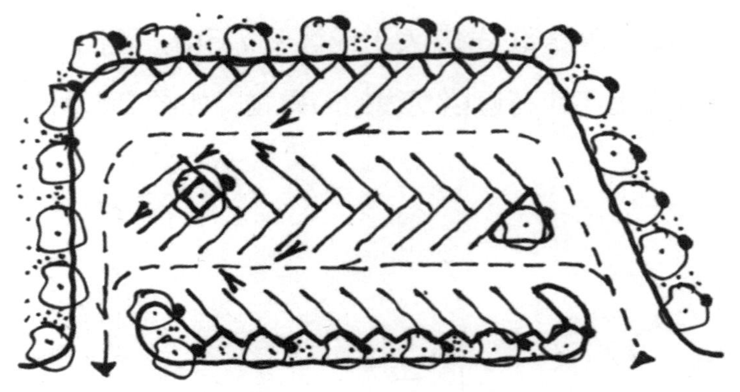

图 2.9　多排式停车场表达形式（出入口分设）

图 2.7　港湾式路边停车带

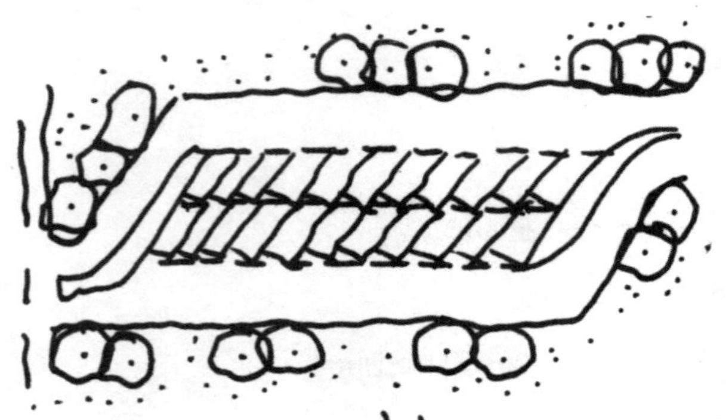

图 2.8　双排式停车场表达形式

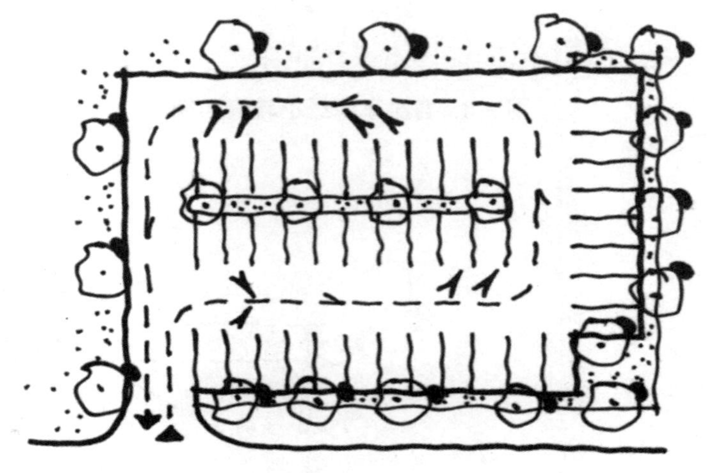

图 2.10　多排式停车场表达形式（出入口合一）

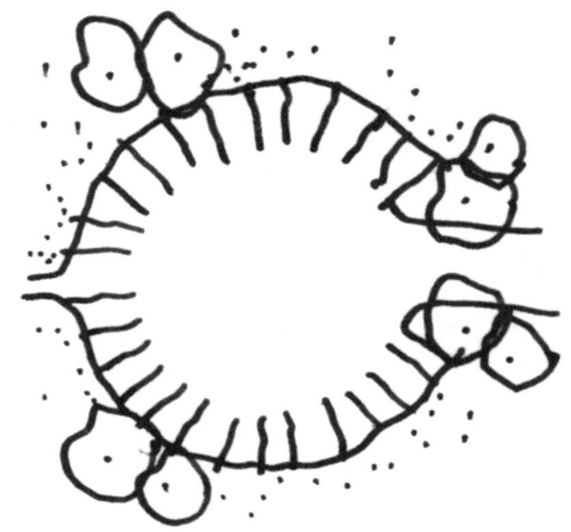

图 2.11 不规则停车场表达形式一

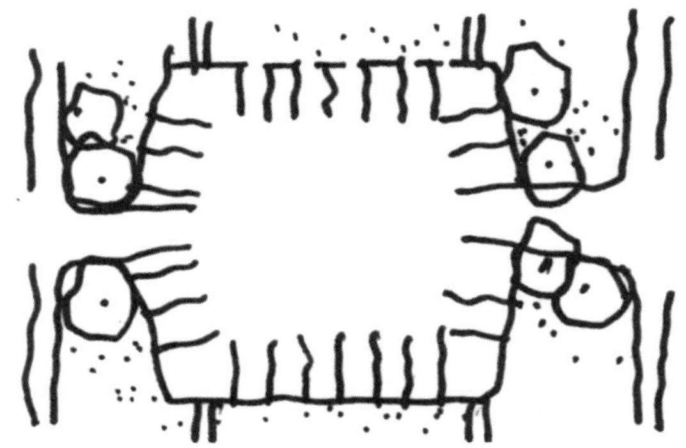

图 2.12 不规则停车场表达形式二

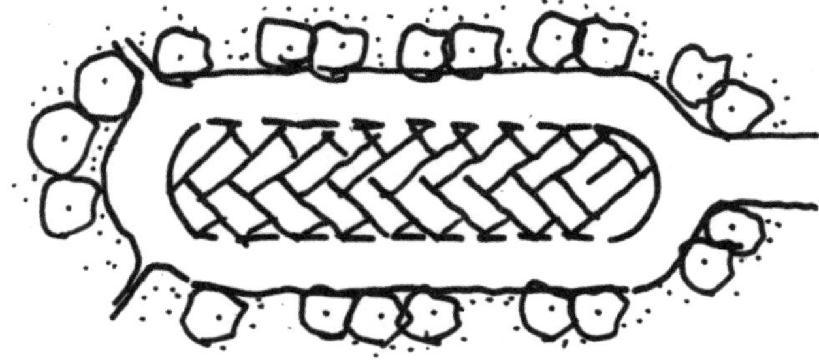

图 2.13 不规则停车场表达形式三

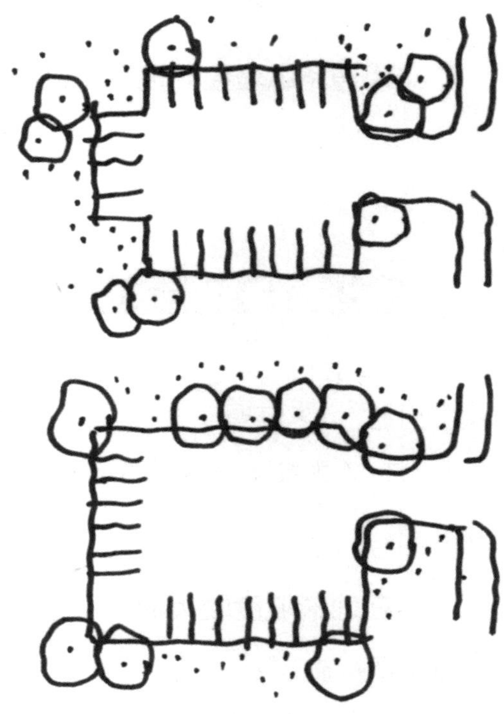

图 2.14 不规则停车场表达形式四

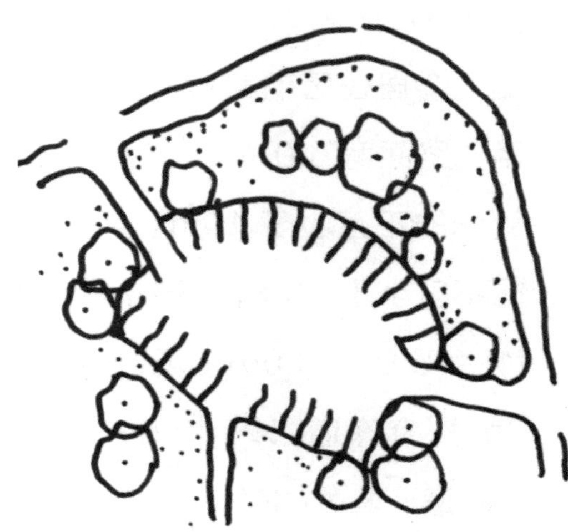

图 2.15 不规则停车场表达形式五

注：单排式停车场可沿路边设置，可加设绿化分隔导；双排式停车场应注意回车场地的设置；多排式停车场，出入口可分设也可合二为一，具体数量根据停车场设计规范而定。

5）车道设计规范

①道路纵坡控制规范（以居住区道路为例）如表 2.4 所示。

表 2.4 居住区道路纵坡控制坡度（%）

道路类型	最小纵坡	最大纵坡	多雪严寒地区最大纵坡
机动车道	≥ 0.2	8.0（∠ ≤ 200m）	5.0（∠ ≤ 600m)
非机动车道	≥ 0.2	3.0（∠ ≤ 50m）	2.0(∠ ≤ 100m)
步行道	≥ 0.2	≤ 8.0	≤ 4.0

注：∠ 为坡长，摘自《城市居住区规划设计规范》（GB 50180—1993）（2002 年版）。

在地形坡度较大的个别困难地段，道路纵坡极限值不宜大于 11%，坡长不大于 80m，路面应有防滑措施。

道路横坡控制规范中规定，机动车、非机动车道路横向坡度为 1.5% ~ 2.5%，人行道横坡则为 1.0% ~ 2.0%。

②居住区道路宽度设计规范中规定，居住区级道路：红线宽度不宜小于 20m。小区级道路：路面宽 6.0 ~ 9.0m；建筑控制线之间的宽度，需敷设供热管线的不宜小于 14m，无供热管线的不宜小于 10m。组团路：路面宽 3 ~ 5m；建筑控制线之间的宽度，需敷设供热管线的不宜小于 10m，无供热管线的不宜小于 8m。宅间小路：路面宽不宜小于 2.5m。双车道：*W* = 6.0 ~ 9.0m（场地主干道双车道宽度，小型车双车道最小宽 6m，大型车双车道最小宽 7m）；单车道：*W* = 3.5 ~ 4m（车道兼具回车通道作用，应按照停车场标准设计车道宽度）。园路、人行道、坡道：*W* = 1.20m。路牙要求：车行与人行道之间路牙地面高度在 100 ~ 200mm 之间。人行道与草坪之间宽度宜为 0 ~ 120mm。*W* 代表宽度。

③道路与建筑物间距关系设计规范如表 2.5 所示。

表 2.5　道路边缘至建构筑物的最小距离（m）

<table>
<tr><th>与建筑物关系</th><th colspan="2">道路级别</th><th>居住区道路</th><th>小区路</th><th>组团路及宅间小路</th></tr>
<tr><td rowspan="3">建筑物面向道路</td><td rowspan="2">无出入口</td><td>多层</td><td>5.0</td><td>3.0</td><td>2.0</td></tr>
<tr><td>高层</td><td>3.0</td><td>3.0</td><td>2.0</td></tr>
<tr><td>有出入口</td><td></td><td>—</td><td>5.0</td><td>2.5</td></tr>
<tr><td rowspan="2">建筑物山墙面向道路</td><td colspan="2">高层</td><td>4.0</td><td>2.0</td><td>1.5</td></tr>
<tr><td colspan="2">多层</td><td>2.0</td><td>2.0</td><td>1.5</td></tr>
<tr><td colspan="3">围墙面向道路</td><td>1.5</td><td>1.5</td><td>1.5</td></tr>
</table>

注：摘自《城市居住区规划设计规范》（GB 50180—1993）（2002 年版）。

④消防通道设计规范：消防通道的设计是进行公共环境设计安全考虑的关键，在居住区景观设计中尤为重要。《高层民用建筑设计防火规范》第 4.3.1 条规定：高层建筑必须设置环形消防车道，当设环形消防车道困难时，可以放宽为沿高层建筑两个长边设消防车道，其总长度不超过 220m。对于沿街长不超过 150m 的建筑群则不需要设穿过建筑物的消防车道。

消防通道宽度不小于 4m，净高不小于 4m；消防车道距高层建筑外墙宜大于 5m，其转弯半径不应小于 10m，重型消防车则不应小于 12m，供消防车操作的场地坡度不宜大于 3%；尽端式车行道长度超过 35m 就需要设置回车场，而且车行道长度不宜大于 120m，且应设置不小于 12m × 12m 的消防回车场；多层建筑群回车场面积不应小于 12m × 12m，高层建筑回车场面积不宜小于 15m × 15m，供大型消防车的回车场不宜小于 18m × 18m；回车场表现式样参考如图 2.16 所示。

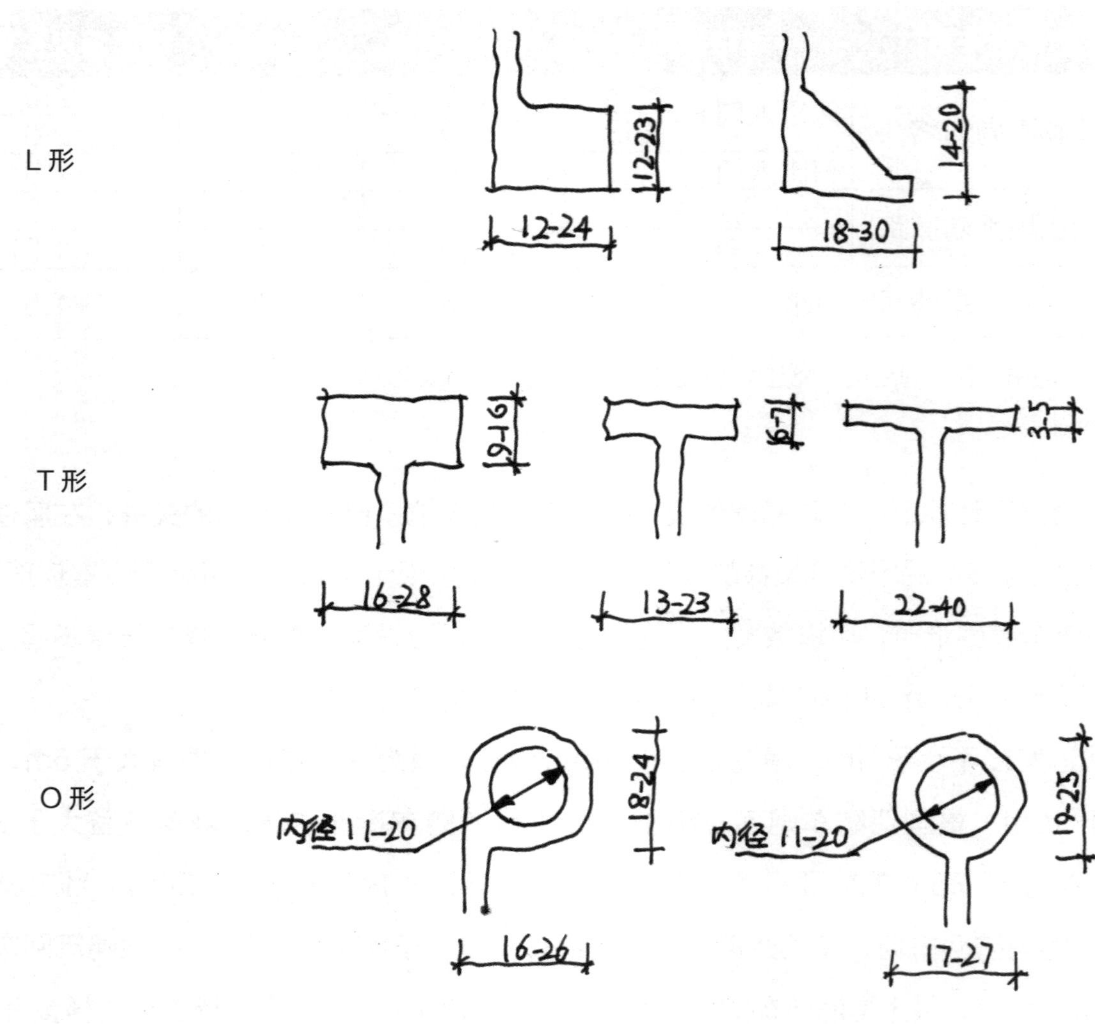

图 2.16　回车场表现形式（单位：m）

注：图中下限值适用于小汽车（车长 5m，最小转弯半径 5.5m），上限值适用于大汽车（车长 8~9m，最小转弯半径 10m）。

6）楼梯、坡道及无障碍设计规范

楼梯、坡道设计规范对园路坡度范围、无障碍通路和残疾人专用停车位的设计都有一定的说明。

（1）园路坡度范围

《城市公园设计规范》中明确指出：城市公园的主路纵坡宜小于 8%，横坡宜小于 3%；公园的支路和小路纵坡则宜小于 18%；纵坡超过 15% 的路段，路面应做防滑处理；纵坡超过 18%，宜按台阶、梯道设计；台阶踏步数不得少于 2 级，坡度大于 58% 的梯道应做防滑处理，并应设置护拦设施；山地公园的主园路纵坡应小于 12%，超过 12% 应做防滑处理；主园路不宜设梯道，必须设梯道时，纵坡宜小于 36%。

坡度计算公式：坡度 =（高程差 / 水平距离）× 100%。坡道设计规范：坡道最小净宽为 1.5m，休息平台最小净则深为 2m。

楼梯踏步设计规范关于踏步高度有以下规定：室内踏步高不大于 0.15m，踏步宽不小于 0.26m；室外踏步高 0.12 ~ 0.16m，踏步宽 0.30 ~ 0.35m；可坐踏步高 0.20 ~ 0.35m，踏步宽 0.40 ~ 0.60m；当台阶长度超过 3m（即连续踏步数超过 18 级）时或需改变攀登方向的地方，应在中间设置休息平台，平台宽度应大于或等于 1.20m。

（2）无障碍通道设计规范

根据《城市道路和建筑物无障碍设计规范》的相关规定，供残疾人使用的门厅、过厅及走道等，地面有高差时应设坡道。

坡道和两级台阶以上的两侧应设扶手，且坡道宽度不应小于 0.90m，扶手高度应在 0.68 ~ 0.85m 之间。供轮椅通行的坡道应设计成直线形，不应设计成弧线形和螺旋形。按照地面的高差程度，坡道可分为单跑式、双跑式和多跑式坡道。双跑式和多跑式坡道休息平台的深度不应小于 1.50m，在坡道起点及终点应留有深度不小于 1.50m 的轮椅缓冲地带。

建筑入口的坡道宽度不应小于 1.20m，室内走道的坡道宽度不应小于 1.00m，室外道路的坡道宽度不应小于 1.50m；建筑入口及室内坡道的坡度不应大于 1/12，室外人行道路坡道的坡度不应大于 1/16。

残疾人坡道坡度、最大高度及水平长度设计规范如表 2.6 所示。

表 2.6 每段坡道的坡度、允许最大高度和水平长度规定

坡道坡度（高 / 长）	1/8	1/10	1/12
每段坡道允许高度（m）	0.35	0.60	0.75
每段坡道允许水平长度（m）	2.80	6.00	9.00

注：每段坡道的高度和水平长度超过本表规定时，应在坡道中间设休息平台。休息平台的深度不应小于 1.20m；坡道转弯时应设休息平台，休息平台的深度不应小于 1.50m。

自动升降平台占地面积小，适用于改建、改造困难的地段。升降平台的净面积不应小于 1.50m × 1.00m，平台应设栏板或栏杆及轮椅进出口和启动按钮。

（3）残疾人专用停车位的设计

近年来实施的《城市道路路内停车泊位设置规范》相关条例规定：停车场应该考虑设置残疾人专用停车泊位，数量不应少于总停车位的 2%（即有 65 个停车位就应当设置一个残疾人停车位）。残疾人车位必须比普通车位宽 1.2m，以供轮椅停放，否则就会出现轮椅下不来车的情况。车位宽度应为普通车位宽度的 1.6 倍，即 2.5m × 1.6=4.0m，长度为 5m。建筑物出入口最近地段和停车场（楼）出入口最方便的地段，应设残疾人的小汽车和三轮机动车专用的停车车位（一辆小汽车的停车位置可停放两辆三轮机动车）。专用停车车位的一侧，应留有宽度不小于 1.20m 的轮椅通道，轮椅通道应与人行通道衔接。停车车位的轮椅通道与人行通道的地面有高度差时，应设符合轮椅通行的坡道。在停车车位的地面上，应涂有停车线、轮椅通道线和轮椅标志，在停车车位的尽端宜设轮椅标志牌（图 2.17）。

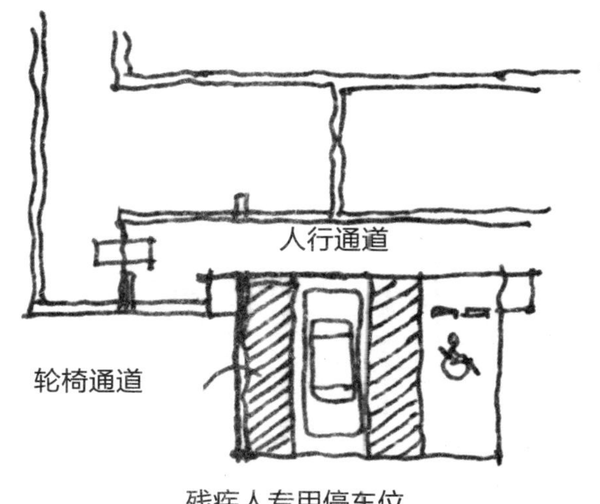

图 2.17　残疾人专用停车位示意

7）各类运动场地设计规范（图 2.18、图 2.19）

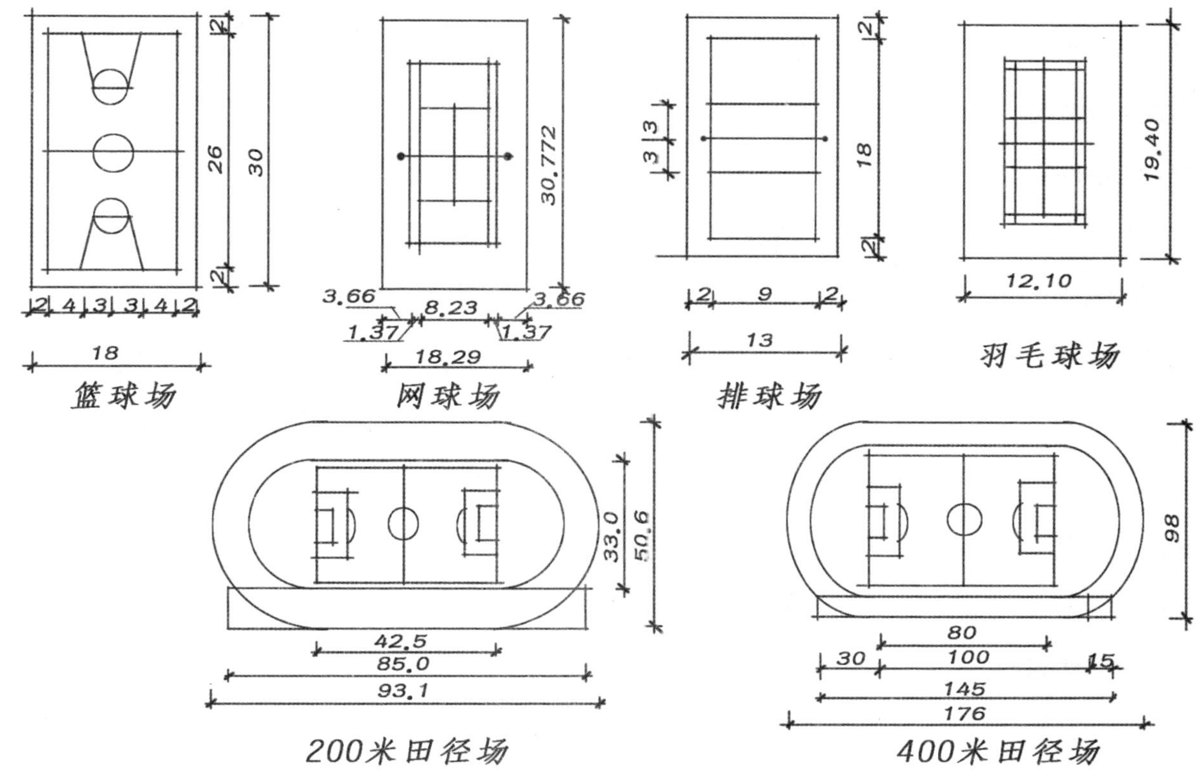

图 2.18　运动场地表达规范

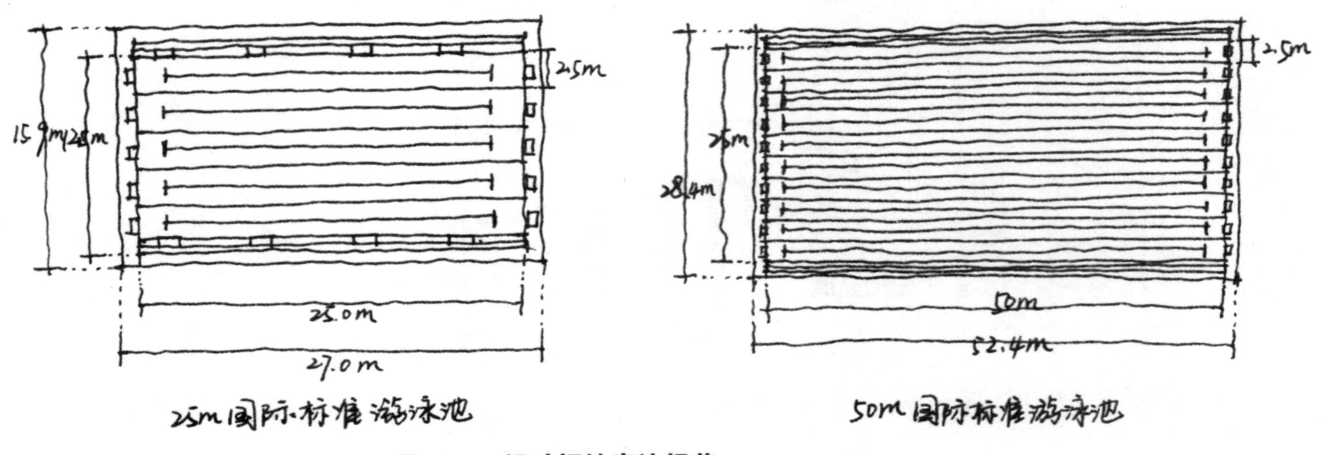

图 2.19　运动场地表达规范

各类球场的尺寸，篮球场为 28m×15m，网球场为 36.6m×18.3m（双打）/ 23.77m×10.98m（单打），羽毛球场为 13.40m×6.10m（双打）/5.18m（单打）；排球场为 18m×9m，壁球场为 13.72m×7.62m×6.1m（双打）/9.75m×6.4m×5.53m（单打），足球场为 105m×68m。

关于 400m 跑道的设计规范，国际田联比赛的标准跑道有三种规格，半径分别为 36m、36.5m 及 37.898m；一般分为八个跑道，中间设有标准足球场及两个半圆区内的铅球、跳高、跳远等项目。球场总面积为 7140m^2。

关于 200m 跑道的设计规范是长 124m，宽 43.5m，这是小学常用的跑道类型，便于学生运动。国际标准短泳池的尺寸是长 25m，宽 12.5m，水深 1.4 ~ 2.0m；国际标准泳池为长 50m，宽 25m，水深 1.4 ~ 2.0m。

在快题设计当中，常见的室外运动场地主要为篮球场、网球场与羽毛球场三种。首先，球场总是南北朝向的，并列球场之间间距最少为 2m。除此之外，各类球场的尺寸规范也必须牢记于心。在进行设计时，需要依照球场设计的规范来进行表达。

2.1.3 空间感知尺度

1）观赏视距

观赏视距为观察者距离所观察物体的距离与物体自身高度的比值，即 *D/H*。在场地设计中，*D/H*=1、2、3 为最广泛应用的数值。实验证明：*D/H*=1，即当处于 45° 仰角时，是观赏任何建筑细部的最佳位置，相当于视点距离建筑物等高的位置。*D/H*=2，即当处于 27° 仰角时，视点距建筑物有建筑物 2 倍的距离，这时，既能观察到建筑的细部，又能感觉到对象的整体性，进则观察细部，退则观察整体，乃观察建筑的最佳观察点。*D/H*=3，即当处于仰角 18° 时，视距相当于建筑物高度的 3 倍，能感觉到以周围建筑为背景的十分清楚的主体对象（图 2.20）。

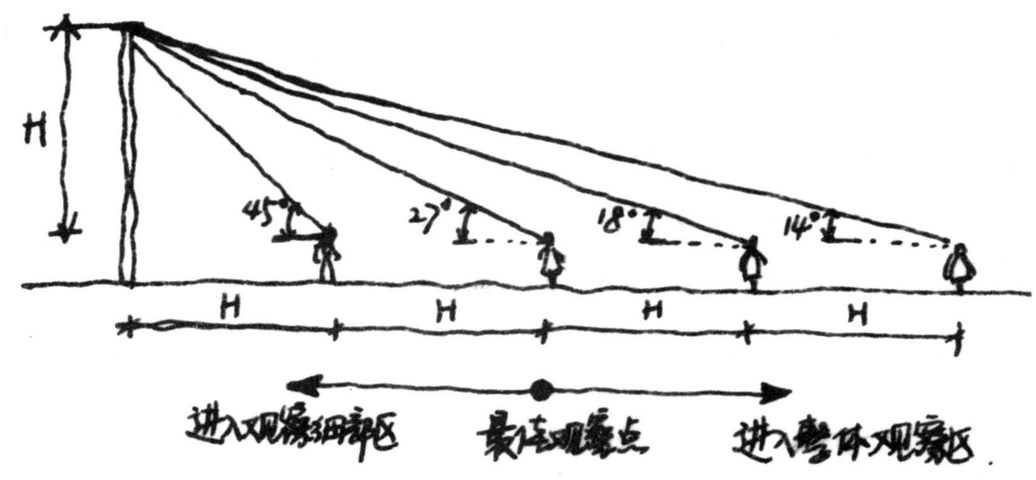

图 2.20　观赏视距示意

人观赏景物的最佳水平视野范围在 60° 以内，观赏建筑的最短距离应等于建筑物的宽度，即相应的最佳视区是 54° 左右，大于 54° 便进入了细部审视区。

2）空间体验尺度

垂直界面对空间的划分与控制作用，与其高度及相对距离有很大的关系，因而在处理外部空间时，还要考虑建筑的高度（*H*）与围合空间的间距（*D*）之间的比例关系。

以人站在建筑围合空间的正中央为例：*D/H* 在 1 ~ 2 之间时空间最为紧凑，苏州园林中经常见到此类型空间；*D/H*=2 时，中心垂直视角为 45°，可观察到界面全貌，视线仍集中于界面细部，具有较好的封闭感；*D/H*=4 时，中心垂直视角为 27°，是观察完整界面的最佳位置，为空间封闭感的上限，故欲在广场和庭院营造围合感，其空间 *D/H* 不宜大于 4。此点是界定围合与开敞的分界点；*D/H* > 4 时，两界面间相互间的影响已经很薄弱了，没有围合之感。

3）广场空间尺度设计

广场空间尺度可大致划分成近景、中景和远景。近景一般 6m 左右可看清花瓣，20 ~ 25m 可看到人的面部表情。这一范围通常组织为近景，作为框景、导景，以增加广场景深层次。中景：为 70 ~ 100m，可看清人体活动。一般为主景，要求能看清建筑全貌。远景：为 150 ~ 200m，可看清建筑群体与大轮廓，作为背景起衬托作用。

作为人们休闲、活动的文化性广场，尺度是由其共享功能、视觉要求、心理因素和规划人数等综合因素决定的。其长、宽一般应控制在 20 ~ 30m。在居住建筑或一般公共场地，尤其应该注意，忌大而空的广场设计。

4）其他尺度（表 2.7）

表 2.7 各类观赏尺度最适距离

类型	步行适宜距离	负重行走距离	正常目视距离	观枝形的距离	赏花的距离	心理安全距离	谈话距离
距离∠（m）	500.0	300.0	≤ 100.0	≤ 30.0	9.0	3.0	≥ 0.70

2.2 城市公园设计常用规范

根据国家发布的公园设计规范，选取与快题设计相关的条例罗列整理，以便学员查阅。

2.2.1 城市公园设计一般规定

1）不同类型城市公园设计规范

①综合性公园：应包括多种文化娱乐设施、儿童游戏场和安静休憩区，也可设游戏型体育设施。在已有动物园的城市，其综合性公园内不宜设大型或猛兽类动物展区。全园面积不宜小于 10hm^2。

②儿童公园：应有儿童科普教育内容和游戏设施，全园面积宜大于 2hm^2。

③动物园：应有适合动物生活的环境，游人参观、休息、科普的设施，安全、卫生隔离的设施和绿带，饲料加工场以及兽医院。检疫站、隔离场和饲料基地不宜设在园内。全园面积宜大于 20hm^2。专类动物园应以展出具有地区或类型特点的动物为主要内容。全园面积宜在 5 ~ 20hm^2 之间。

④植物园：应创造适于多种植物生长的立地环境，应有体现本园特点的科普展览区和相应的科研实验区。全园面积宜大于 40hm^2。

专类植物园应以展出具有明显特征或重要意义的植物为主，全园面积宜大于 20hm^2。盆景园应以展出各种盆景为主要内容。独立的盆景园面积宜大于 2hm^2。

⑤风景名胜公园：应在保护好自然和人文景观的基础上，设置适量游览路、休憩、服务和公用等设施。

⑥历史名园修复设计：必须符合《中华人民共和国文物保护法》的规定。为保护或参观使用而设置防火设施、值班室、厕所及水电等工程管线，也不得改变文物原状。

⑦其他专类公园：应有名副其实的主题内容，全园面积宜大于 2hm^2。

⑧居住区公园和居住小区游园：必须设置儿童游戏设施，同时应照顾老人的游憩需要。居住区公园陆地面积随居住区人口数量而定，宜在 5 ~ 10hm^2 之间。居住小区游园面积宜大于 0.5hm^2。

⑨带状公园：应具有隔离、装饰街道和供短暂休憩的作用。园内应设置简单的休憩设施，植物配置应考虑与城市环境的关系及园外行人、乘车人对公园外貌的观赏效果。

⑩街旁游园：应以配置精美的园林植物为主，讲究街景的艺术效果并应设有供短暂休憩的设施。

2）园内相关附属设施配置比例

①服务型商业建筑：公园内不得修建与其性质无关的、单纯以营利为目的的餐厅、旅馆和舞厅等建筑。公园中方便游人使用的餐厅、小卖店等服务设施的规模应与游人容量相适应。

②关于公共厕所分布的要求中规定，游人使用的厕所面积在大于 $10hm^2$ 的公园，应按游人容量的 2% 设置厕所蹲位（包括小便斗位数）；小于 $10hm^2$ 者按游人容量的 1.5% 设置，男女蹲位比例为 1 ~ 1.5 ：1；厕所的服务半径不宜超过 250m，各厕所内的蹲位数应与公园内的游人分布密度相适应；在儿童游戏场附近，应设置方便儿童使用的厕所；公园宜设方便残疾人使用的厕所。

③休闲设施分布：公用的条凳、坐椅、美人靠（包括一切游览建筑和构筑物中的在内）等，其数量应按游人容量的 20% ~ 30% 设置，但平均每 $1hm^2$ 陆地面积上的座位数最低不得少于 20 个，最高不得超过 150 个，且分布应合理。

④停车场的设计：停车场和自行车存车处的位置应设于各游人出入口附近，不得占用出入口内外广场，其用地面积应根据公园性质和游人使用的交通工具确定。

2.2.2 城市公园总体设计相关规范

1）公园游人容量计算方法

公园设计必须确定公园的游人容量，作为计算各种设施的容量、个数、用地面积以及进行公园管理的依据。

公园游人容量计算公式：$C = A/A_m$

式中　C——公园游人容量（人）；

A——公园总面积（m^2）；

A_m——公园游人人均占有面积（m^2/人）。

2）各类型公园游人人均占有面积相关规范

市、区级公园游人人均占有公园面积以 $60m^2$ 为宜。居住区公园、带状公园和居住小区公园以 $30m^2$ 为宜。近期公共绿地人均指标低的城市游人人均占有公园面积可酌情降低，但最低游人人均占有公园的陆地面积不得低于 $15m^2$。风景名胜公园游人人均占有公园面积宜大于 $100m^2$。水面和坡度面积之和超过总面积的 50% 的公园，游人人均占有公园面积应适当增加，并应符合表 2.8 的规定。

表 2.8 特殊类型公园游人人均占有公园面积

水面和陆坡面积占总面积比例（%）	0 ~ 50	60	70	80
近期游人占有公园面积（m^2/ 人）	≥ 30	≥ 40	≥ 50	≥ 75
远期游人占有公园面积（m^2/ 人）	≥ 60	≥ 75	≥ 100	≥ 150

3）公园各类设施设计规范

出入口设计应根据城市规划和公园内部布局要求，确定游人主、次和专用出入口的位置。需要设置出入口内外集散广场、停车场、自行车存车处者，应确定其规模要求。

园路的路网密度宜在 200 ~ $380m/hm^2$ 之间，主要园路应具有引导游览的作用，易于识别方向。游人大量集中地区的园路要做到明显、通畅、便于集散，通行养护管理机械的园路宽度应与机具、车辆相适应，通向建筑集中地区的园路应有环行路或回车场地，生产管理专用路不宜与主要游览路交叉。

公园管理设施及厕所等建筑物位置应隐蔽又方便使用。公园内不宜设置架空线路，必须设置时，应避开主要景点和游人密集活动区，不得影响原有树木的生长。公园内景观最佳地段，不得设置餐厅及集中的服务设施。

4）公园竖向设计规范

竖向控制应根据公园四周城市道路规划标高和园内主要内容，充分利用原有地形地貌，提出主要景物的高程及对其周围地形的要求，地形标高还必须适应拟保留的现状物和地表水的排放。

竖向控制应包括山顶，最高水位、常水位、最低水位，水底，驳岸顶部，园路主要转折点、交叉点和变坡点，主要建筑的底层和室外地坪，各出入口内、外地面，地下工程管线及地下构筑物的埋深，园内外佳景的相互因借观赏点的地面高程。

大高差或大面积填方地段的设计标高，应计入当地土壤的自然沉降系数。改造的地形坡度超过土壤的自然安息角时，应采取护坡、固土或防冲刷的工程措施。土壤自然安息角指土壤自然堆积，经沉落稳定后，形成的稳定的、坡度一致的土体表面，此表面即称为土壤的自然倾斜面。自然倾斜面与水平面的夹角就是土壤的自然倾斜角，即安息角。

5）公园现状处理规范

公园范围内的现状地形、水体、建筑物、构筑物、植物、地上或地下管线和工程设施，必须进行调查，做出评价，提出处理意见。

在保留的地下管线和工程设施附近进行各种工程或种植设计时，应提出对原有物的保护措施和施工要求。

园内古树名木严禁砍伐或移植，并应采取保护措施。古树名木保护范围的划定必须符合下列要求：成林地带外缘树树冠垂直投影以外 5.0m 所围合的范围；单株树同时满足树冠垂直投影及其外侧 5.0m 宽和距树干基部外缘水平距离为胸径 20 倍以内。保护范围内，不得损坏表土层和改变地表高程，除保护及加固设施外，不得设置建筑物、构筑物及架（埋）设各种过境管线，不得栽植缠绕古树名木的藤本植物。保护范围附近，不得设置造成古树名木处于阴影下的高大物体和排泄危及古树名木的有害水、气的设施；采取有效的工程技术措施和创造良好的生态环境，维护其正常生长；原有健壮的乔木、灌木、藤本和多年生草本植物应保留利用；有文物价值和纪念意义的建筑物、构筑物，应保留并结合到园内景观之中。

第 3 章 景观快题设计方法讲解

景观快题设计的基础知识与常用规范为学习快题设计奠定了基础，而作为必备技能的景观快题设计方法的学习与掌握，则是广大学员入门开窍的关键。对设计方法的领悟程度决定着广大学员的设计水平，也成为高分快题划分档次的分水岭。因此，掌握并理解快题设计的基本方法，有助于学员在学习过程中快速入门，不断提升设计水平。本章将快题设计的方法与技能总结为“五步曲”，希望广大学员能在这五步曲中找准节奏，游刃有余。

3.1 快题设计五步曲

3.1.1 第一步：基址分析

所谓基址分析，在《园冶》一书中称之为相地，相地的关键在于合宜。如何做到设计合理，顺应基址，充分挖掘基址内在的潜力是设计的根本。对基地进行地文、水文、人文三方面的分析考察，即对基址周边环境与内部条件做全面合理的 SWOT 分析。在此基础上做好设计定位并进行进一步的设计是基址分析的重点。

设计定位，即为对基地类型的定位。不同的基址类型有不同的侧重点与布局形式。因此，设计定位往往是对考题类型最为基础的解读。近年来，各大高校及设计院为了划分档次，提高应试者的基本水准，愈加趋向于考察各具特色的基地。一般而言，分为绿地与广场两个大类。根据其基地性质的不同，其设计定位也有相应的差别。最为突出的是，在进行广场设计时，对其交通引导与疏散以及功能活动区域的设置要尤为重视。而公园的设计则以自然风景的组织、丰富的空间体验、优美的生态环境为设计重点。因此，在设计进行前期，合理的定位是造园的基础。

基址周边环境与内部条件的分析是对考题的深度解译，是揣摩出题人思维的必备要素，也是不同类型考题的区分点。设计的过程实质上就是对场地的一种思辨和经营，因此，深入了解场地，对场地进行合理的解读是设计过程的精髓，也是优秀设计作品的主要评价标准。

1）基址周边环境分析

常见的基址外环境类型包括商业区（商业步行街、电影院、博物馆等），居住区，行政中心，城市绿地，山地，车站，滨湖、河、江，工业区，汽修街等。

①商业区可借鉴处理手法：人流量最大的区域，且具有同时段群聚性，以集散、通行以及短暂休憩为主要功能需求。

设计时，推荐使用“线性开敞空间”，使其在满足集散、通行的同时，提供大量的临街休憩空间。

②居住区可借鉴处理手法：人流量较多的区域，具有分时段流动性与人群类型复杂的特点，且与居住区相邻，需要安静私密的居住环境以及适应各类人群活动的休闲区域，尤以老人儿童活动区域为主。

设计时入口位置的选择要尽量保证各方居民的可达性，入口的功能主要以通行为主，可结合入口适当设置一些具有一定私密性的小空间，并在临居住区的片区设置种植隔离带，减少园中活动对居民生活的影响。

③行政中心可借鉴处理手法：城市的政治中心，其周边绿地的设计要具有行政中心的标志性，符合行政区域的整体氛围。主要为该片区提供集散、通行、休闲所需的服务场地。

设计空间丰富、构图规整、功能多样的广场空间与行政中心的轴线相互关联，烘托行政区域严谨的氛围，为办公人员提供空间丰富、可达性强的休憩活动场地。

④城市绿地与山地可借鉴处理手法：为城市中的绿色廊道，需要一定的保护并建立与周围绿地的联系。

设计时，在靠近城市绿地与山体的区域应考虑与现有绿道的衔接，以自然生态化的林地为主，适当布置休憩活动场地。

⑤车站附近可借鉴处理手法：人流交替强度最大的区域，临近该区域的城市公园在设计时应避免将公园的主要出入口及停车场设置在车站人流集散处附近，应错开一定距离以达到分散人流的效果。

⑥滨湖、河、江的区域可借鉴处理手法：为城市中优越的景观资源片区，也是人群偏好聚集、

游憩的区域。

设计时需考虑如何借水景，如何处理生态敏感性较强的滨水、临水空间，有防洪需求的水域如何在满足防洪的基础上营造丰富的景观效果。水域开阔、水景优美地带需将视线引向滨水区域，植物围合空间时以开敞空间为主，有防洪要求的，根据水位设置不同层次的亲水活动区域，在满足防洪要求的前提下以生态驳岸设置为主，从而在合理利用现状水域的基础上，保护现状水域。

⑦工业区可借鉴处理手法：需考虑与工业区域的防护隔离以及对污染物的净化处理，在设计时选用具有净化功能的树种进行层次丰富的种植隔离，使公园内部不受外部工业区环境的干扰，同时降低工业区对整个区域的环境污染程度。

2）基址内部条件分析

常见的基址内部考点类型包括：保留类［建筑物（古建筑、古塔）、古树名木、保留树木、道路等］、地形处理类（陡坎、山地、矿坑等）、特殊水文条件类（鱼塘、河道、水渠、排污渠等）、基础设施类（高架桥、铁轨、高压线路铁塔等）、地下建筑类（地下商场、地下停车场、屋顶花园等）、工业遗址类（废弃工业生产基地、垃圾填埋厂、工业污染地等）。

可借鉴处理手法应遵循保护、强调、美化、改造的原则。保留遗址的处理上，完全保留类古建筑需圈定一定范围的保护区域，周围景观需突出建筑的文化特色及形式，并设置适宜大小的供观赏、停留活动的集散区域。保留古树应根据城市公园设计规范要求，在其树冠覆盖区域 5m 以内不得有施工活动，因此在处理时需划定符合规范的保护范围，在保护范围以外设置相应的观赏停留、通行的区域。未标明为古树名木的保留树，在处理时虽无须考虑划定保护范围，但表现时应将保留树木与规划设计的树木在颜色与形态上区分开，并将保留树木作为特色进行设计，切忌无所作为。如设置树池进行保护或让出一定的开敞空间作为观赏树等。

在设计现状道路流线时，需将保留道路纳入首要考虑因素，使其与新规划设计的道路相互联系形成系统。遇到被保留道路分割的地块，应进行整体设计，切忌两地块分别考虑。

关于地形的处理，陡坎的处理应根据陡坎现状及其功能定位来进行不同的处理，如表 3.1 所示。

表 3.1　陡坎处理类型参考

功能类型 / 处理方式	交通连接需要型			观赏活动需要型		
保留陡坎	旋转楼梯	挂壁式楼梯	高架连接	观景平台	艺术墙	攀岩
改造陡坎	缓坡	台阶	蹬道	花台 / 草台	跌瀑	游憩车道

注：1. 在对陡坎进行处理时，若要对陡坎进行改造，应首先梳理等高线，在需要放坡的情况下进行一定的地形设计。特别是对于无利用价值的小陡坎，可考虑整体的放坡，对地形进行整理。

2. 有利用价值且放坡工程量较大的陡坎，可采取设置观景平台、台地、磴道、分层花台、跌水、叠水、攀岩、艺术墙等处理方式，进行局部放坡的处理。

体量较大的山体需进行保护性的利用，以营造生态的绿色环境为主，借山势营造山环水绕的自然景观，或利用山体的制高点营造全园借景的主体、登高望远的高台。此外，要注意山体的山形、山势所形成的汇水面，以确定所开池沼的位置；对于体量不大的山体，可根据需要加强或者减弱其围合感。

矿坑作为人类活动所形成的具有特色的地形，最流行的处理方式是对其进行保护性的利用。如朱育帆设计的上海辰山植物园的矿坑花园，展示了对原基址进行的巧妙了保留性利用，营造的特殊氛围与丰富的空间体验让人百般回味。除此之外，对于矿坑的解读方法可参照德国科特布斯露天矿区生态恢复的方法，营造具有特色的大地艺术景观。

特殊水文条件的处理应具体情况具体分析，遵循“可用则用，不可用则不动”的原则。

比如鱼塘的设计，基地内部有鱼塘时，需根据鱼塘的大小及水质的不同给予不同的处理方式。鱼塘面积大、水质好时，应尽量保留并加以利用，营造丰富的水景观；鱼塘面积小时，设计时可以不做考虑，若开凿水面，其大小应慎重。鱼塘水质若受到污染，面积小的可以不保留，面积较大者可以进行污水处理，用多样性丰富的水生植物进行水质的改善与净化。但有污染的水塘周围尽量不要设置供人长时间停留的亲水活动区域，主要以少量的穿行空间为主。

基地内部若有城市河道横穿而过，或者在基地的一侧时，要根据需要先满足通行的需求，再进行深化的设计，但对河道本身切勿改动。在条件允许、河道宽度适宜的情况下，可在滨临河道的区域营造丰富的亲水活动空间和具有观赏性的开敞空间。

基地中的水渠要分清是城市水源还是排污渠。一般而言，水质较好的水渠要进行保护，污水渠则应与内部活动隔离开，且可在其周围设计具有净化功能的绿道。另外，在题目未说明水渠性质及功能时切勿引水。

基地若与湖泊河流相邻，应根据河流水位条件适当设置游憩点，打开临水面的视线，营造开敞的观水景空间，并可对岸线进行适当的美化处理。

基础设施的处理主要涉及高架桥、铁轨、高压线路及铁塔。

城市若有高架桥穿过基地，处理时除进行种植隔离、满足桥下通行需要外，可进行有防护性的开发，利用桥底连续的废空间，但主要以短暂停留的活动空间为主。如设置桥下漫步栈道，作为通行需要；利用连续性空间做运动场所的路径；利用桥墩高度做特色攀岩；利用桥下同质的小空间设置一系列小休憩空间等。

铁轨可分为已废弃和还在使用两种情况。第一种情况是保留一部分铁道作为场地记忆景观进行设计，其余可拆除（参考美国高线公园的铁轨景观设计）。如利用铁轨做树池、花池（营造野草之美或者花境等），做特色游径或铺装纹理，形成具有特色的大地艺术景观或雕塑，与火车头结合做展示性景观，利用铁轨做游览小车的游步道等。第二种情况的重点是植物防护隔离，确保场地游人安全。

高压线路及铁塔以保护隔离、禁设活动区为原则，可利用灌木草本在内圈隔离保护，外围用乔木丛植保护，除交通穿行必要之外，禁设任何长期停留、高空性的活动区域。

地下建筑类的处理主要包括地下商场和地下停车场，其设计重点是考虑上层承重、采光、通风及交通联系的问题。

不要种植根系发达的植物，开大面积的深水体；当地下停车超过 50 辆时，要考虑通风采光口的设置。采光口的形式不限，可为方形。通风一般为机械通风，可结合出入口和采光口设计。两个采光通风口最好有一定的距离，按照《民用建筑供暖通风与空气调节设计规范》（GB 50736—2012）规定的风速取值，一个防火分区按照 4000m^2 计算，地下车库通风天井要达到 20m^2。地下商场还应根据要求设置商场的出入口，同时考虑出入口前集散广场的设置。

屋顶花园的设计重点是考虑屋顶承重的问题，还应根据需要丰富屋顶的活动空间，满足居民的休闲需求；植物配置上需考虑选择耐旱、浅根性、易于养护的物种。

工业遗址类的处理涉及废弃工业生产基地和垃圾填埋场、工业污染地。废弃工业生产基地的处理以尽量保留基地内可利用的原有要素（如废弃材料）构建具有工业历史特色的景观为原则，赋予工业遗址地新的观赏或使用功能，利用工业废弃材料进行再生设计（如做地面铺装面材、大型标志物及休闲游憩设备），营造具有特色的人工机械景观等。垃圾填埋场、工业污染地的处理以保留基址并以生态化修复为主，处理时应对垃圾进行分类，部分废旧垃圾进行循环再利用（如设计成雕塑小品、景观墙、作为景观铺设材料等），并运用植物、微生物进行净化处理。

通过全面的基址分析来确定基地的设计方向与重点，并将此打造成设计方案中最大的亮点，这将是广大学员在学习快题设计过程中快速掌握基地分析方法，做出准确恰当设计最为关键的一步。

3.1.2 第二步：功能分区

完成全面的基址分析后，对于如何处理基地也就逐渐清晰起来。作为造园的第二步，功能分区即对园区的规划与设计，也是方案构思的雏形。在进行功能分区时，要学会画泡状图，并对基址的定位与功能进行准确的把控，了解常见的分区类型，设置满足周围不同人群活动需求的景观空间。一般而言，所划分的活动空间具有功能的丰富性和空间开合变化的多样性。

城市公园的常见分区类型有：中心活动广场区、水上活动区、安静休息区、生态氧吧（丛林体验区）、休闲健身区、儿童游戏区等。

3.1.3 第三步：确定景观结构

对场地进行合理的功能设置之后，接下来需要将园中各个活动区域联系起来，需要对整块基地进行合理的布局。如何将散落在园中的各个活动区域连接成体系，需要确定整个基地的景观骨架，即各个节点的具体位置、主次轴线结构、主次园路的交通流线以及主次入口的定位等。

景观结构的确立，要从整体出发，以主次分明、虚实对比为原则进行景观轴线的确立。各个景观节点在设计时要有大小主次对比关系，把握画面的均衡统一。而作为园中通行的主要元素园路的设计，要以“主园路贯穿全园，到达各个功能区域，次级园路连接各个活动场地，与主园路一起环成体系”为设计依据。

快题设计的初级学员，在面对景观结构确立的难题时，最为有效的学习方法是参考实际案例中的景观结构的布局形式，反思其构成方式，将精彩的结构形式变形加工后，运用到自己的设计方案中。而对于有一定基础的学员而言，仅仅借鉴好的景观结构是不够的，要想快速地提高，创作新颖、现代感强的构图方式，则需要在不断的积累中学会自己构图。

为方便学员掌握构图技巧，本节给出系列经典百搭的现代公园的构图方式供学员参考学习，详见图 3.1~ 图 3.7。

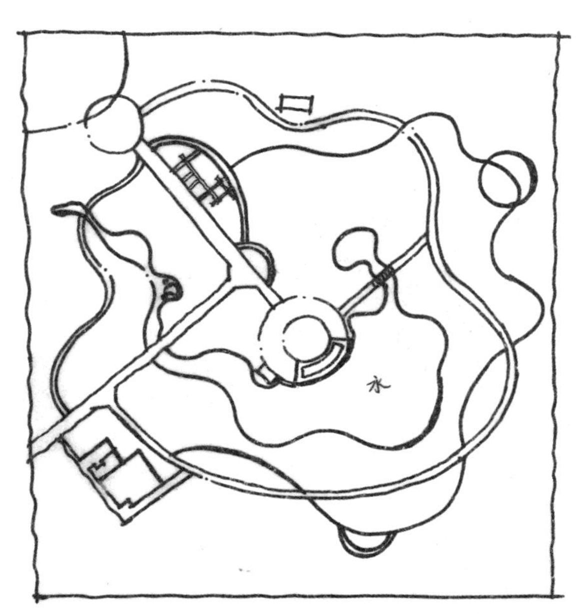

图 3.1　公园构图参考一

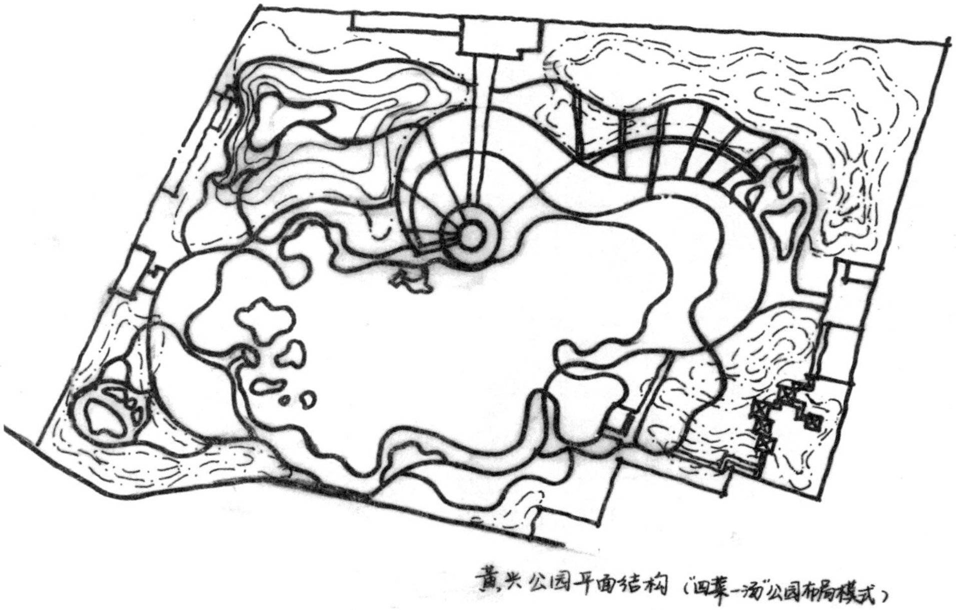

图 3.2　公园构图参考二

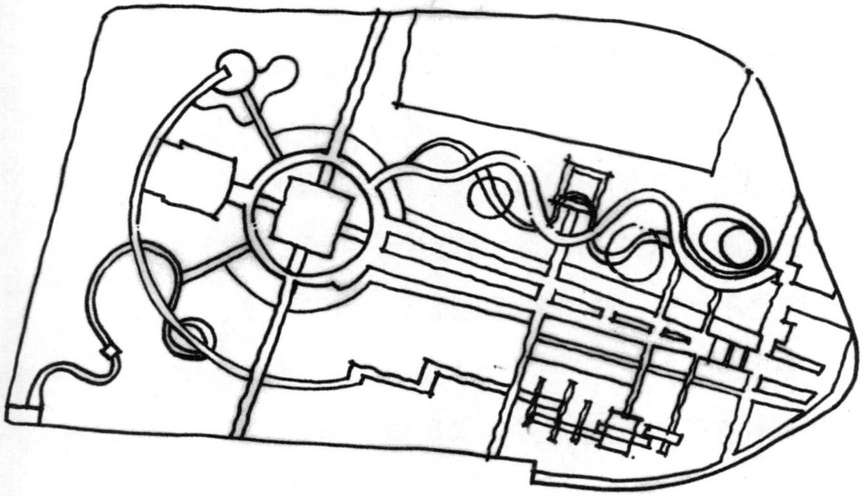

延中绿地感觉园平面构图

图 3.3 公园构图参考三

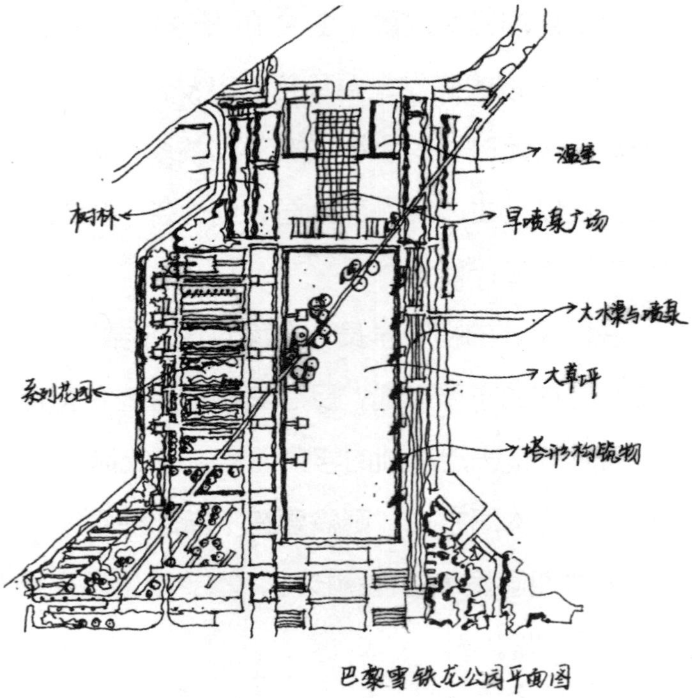

温室
树林
旱喷泉广场
大水渠与喷泉
系列花园
大草坪
塔形构筑物
巴黎雪铁龙公园平面图

图 3.4 公园构图参考四

草地
折线型步道
不规则地形

图 3.5 公园构图参考五

延中绿地芳草园

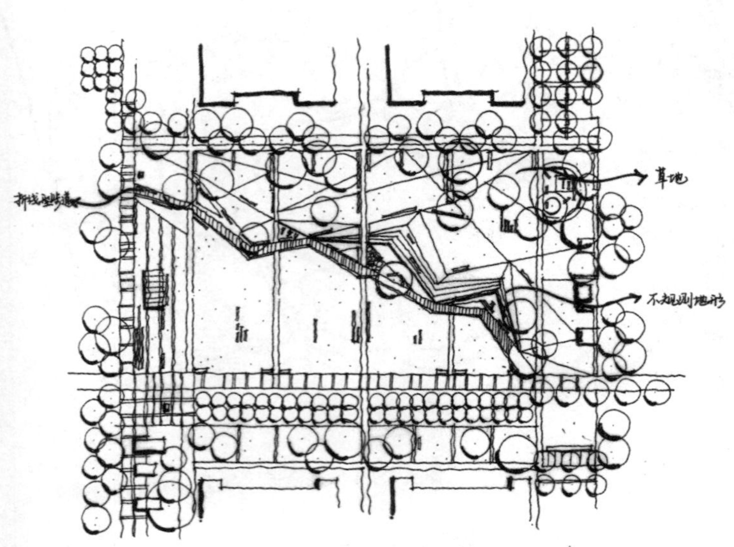

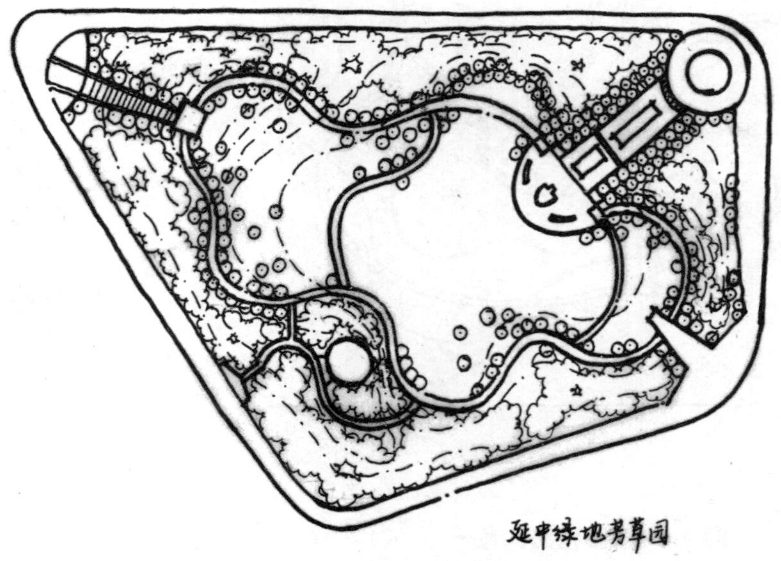

图 3.6 公园构图参考六

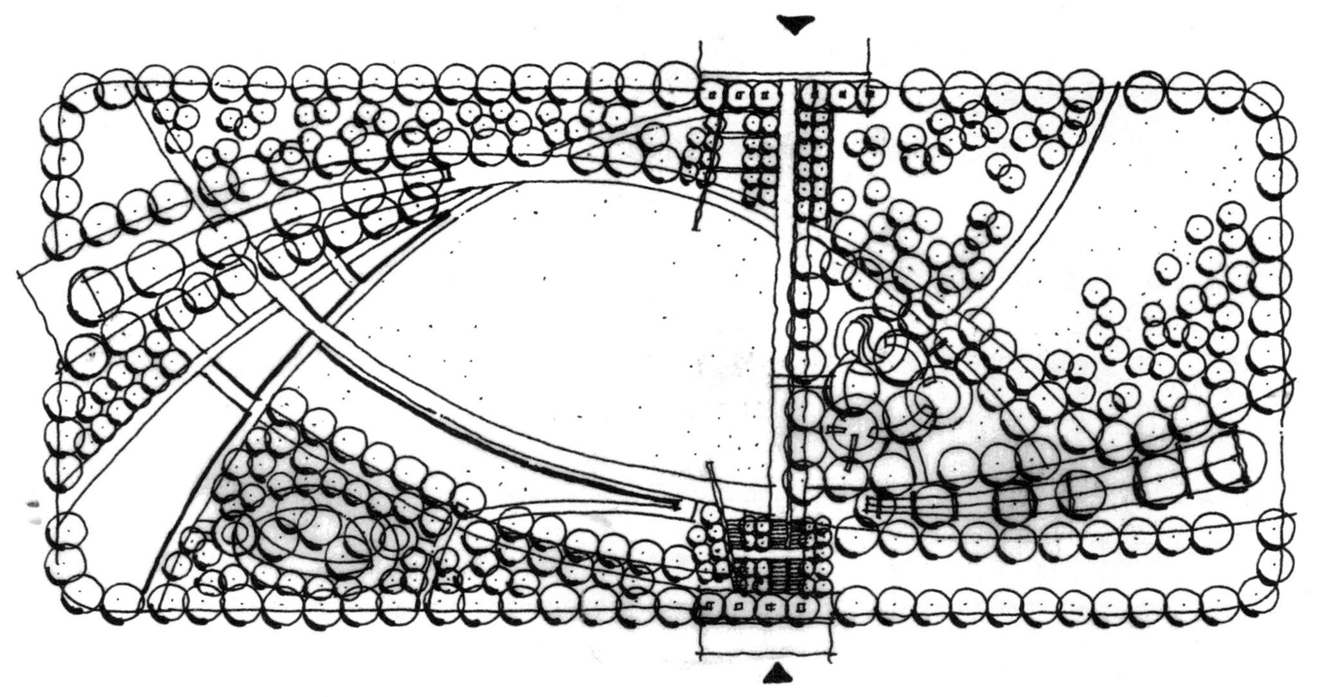

图 3.7　公园构图参考七

3.1.4　第四步：空间营造

前三步确定之后，方案的整体感就已经形成了，之后方案是否出彩，下面两步非常关键。其中之一的空间营造决定了整个方案的成败及设计者思维的高度，也是衡量方案趣味程度的标准，需要广大学员足够重视。

一般而言，常见的空间划分形式有开敞空间、半开敞空间以及私密空间，这三者之间的相互关系与分配比例需要根据基地的定位与需求进行合理的设计。在大的空间划分确立之后，需要以此为根据进行下一步的设计，每一个大范围的空间其细化设计也尤为重要。总之，空间营造需要合理的开合对比关系，不同性质的空间之间需把握节奏、相互渗透。

空间营造亦为“场所的设计”，不同开合与大小的空间对应着不同的需要服务人群。

开敞的活动空间对应着开敞的视线与公共的活动空间，一般为主要的中心活动广场区域或者大面积的开敞草坪，为群集性的人群服务，承载着多样化的活动类型。

半开敞的活动空间相对开敞空间而言，视野较为封闭，活动类型较为单一，所服务的人群较少。私密空间则更为单一，所服务的人群针对性较强，外界干扰较少。空间营造可以理解为所营造的活动场地是为一个人、几个人还是一群人的设计。

3.1.5 第五步：细节设计

空间营造控制着整个景观的空间格局，而细节设计则是支撑整个图面的关键要素，是空间营造的深化。在植物围合、竖向设计以及节点细化方面，都涉及空间的起承转合变化。作为快题设计五步曲的最后一步。如何将图面细化下去，将成为脑洞空空的初学者最大的挑战。这也是本书将重点为大家解决的问题。

对于细节设计中的以下三个方面，本节分别对其相关要点进行概述：

1）植物围合

植物种类的不同造成其空间营造的差异，一般而言将植物划分为乔木、灌木、草本植物三个层次，这三个层次所营造出来的空间效果也有所差异。

乔木因其高度及冠幅而具有限定空间的顶面、分割水平空间的作用，配以灌木即可达到良好的限定垂直面上空间的效果，使其枝干部分的空间得到一定程度的限定；而草本植物限定着空间的底面，却无法限定空间的垂直面与顶面，因而有助于营造开敞空间。

植物围合空间的类型有五种，包括开敞空间、完全封闭空间、半开敞空间、覆盖空间以及垂直空间。

①开敞空间：由低矮的灌木和草坪限定的一定范围内的开敞区域（图 3.8）。

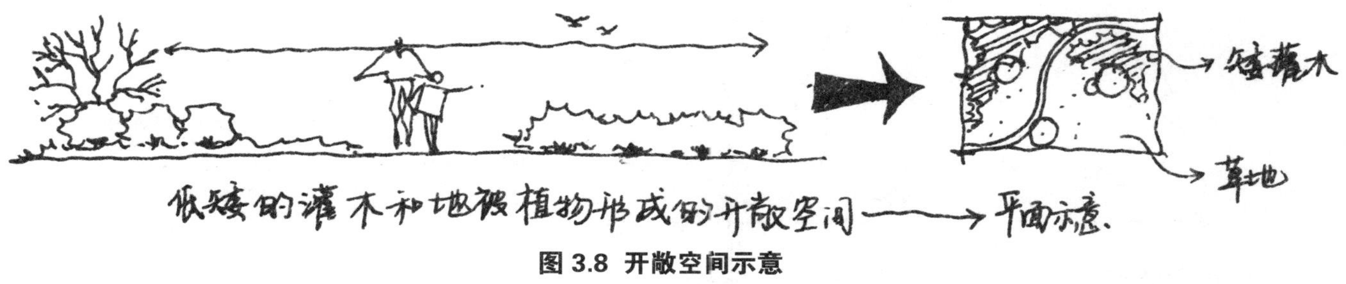

图 3.8 开敞空间示意

②完全封闭空间：由乔木、灌木、草本植物三者围合形成的密不透风的私密空间（图 3.9）。

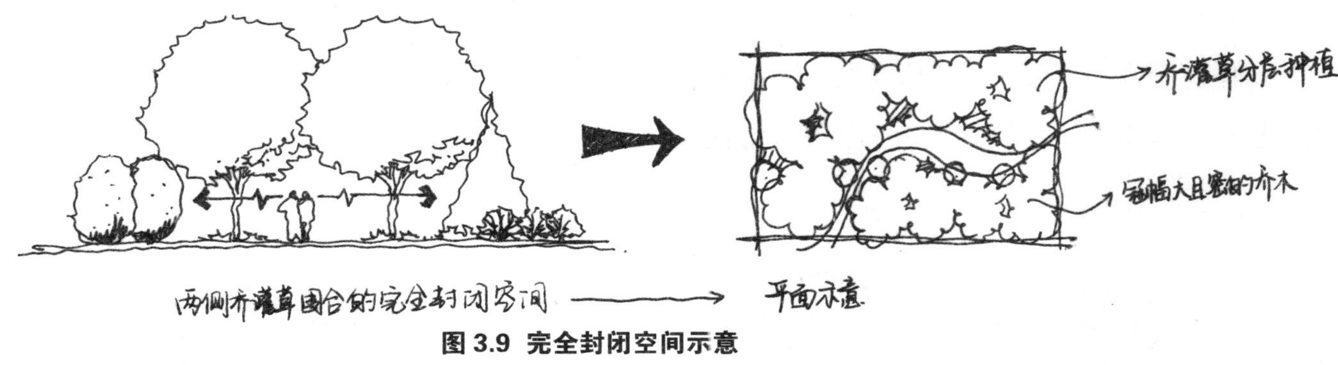

图 3.9 完全封闭空间示意

③半开敞空间：一侧由乔木、灌木、草本植物将视线封闭，另一侧则以低矮的灌木与草本植物将视线敞开，从而构成半开敞的空间类型（图 3.10）。

图 3.10 半开敞空间示意

④覆盖空间：由冠幅较大的乔木丛形成的顶层封闭的覆盖空间（图 3.11）。

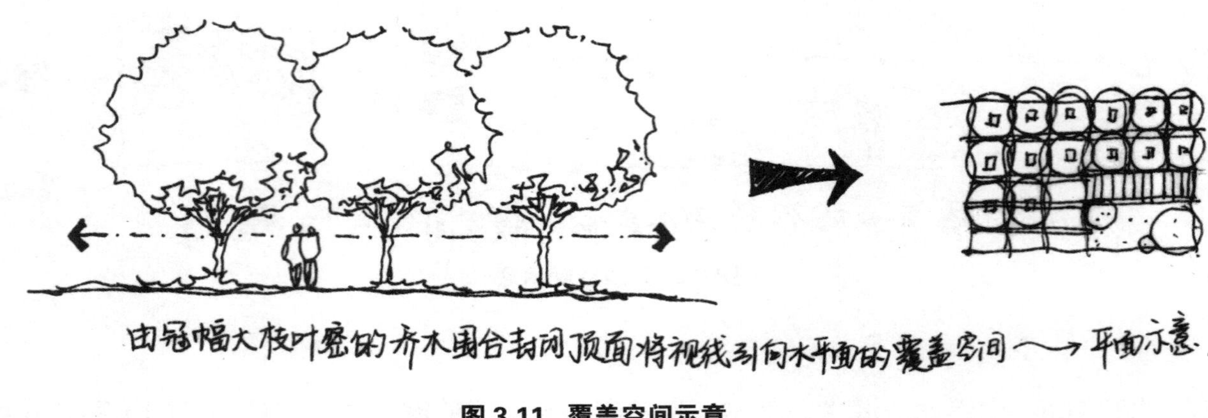

图 3.11　覆盖空间示意

⑤垂直空间：利用高大且冠幅较小的乔木与灌木、草本植物搭配，封闭两边的视线，将视线引向上方，形成封闭垂直面、开敞顶平面的垂直空间（图 3.12）。

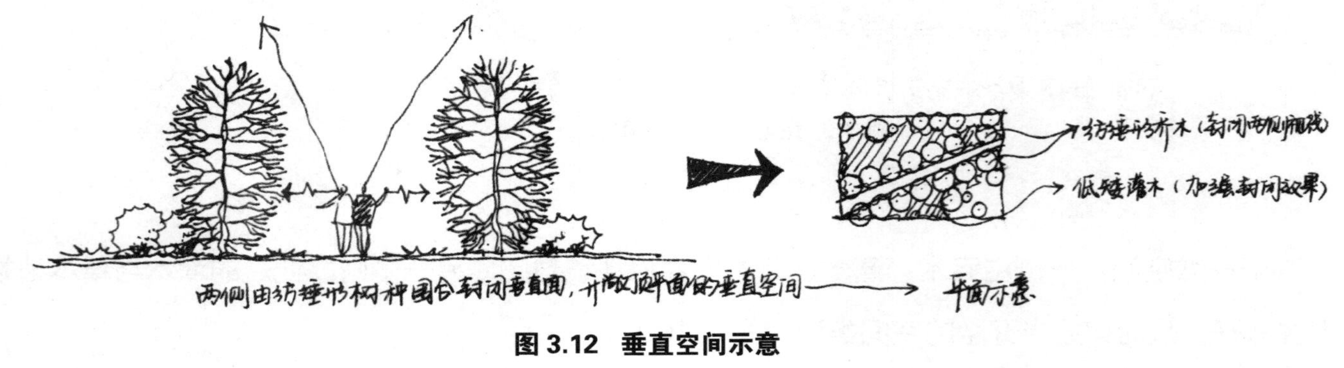

图 3.12　垂直空间示意

关于植物围合的空间效果，集中布置可营造统一均衡的效果（图 3.13）。

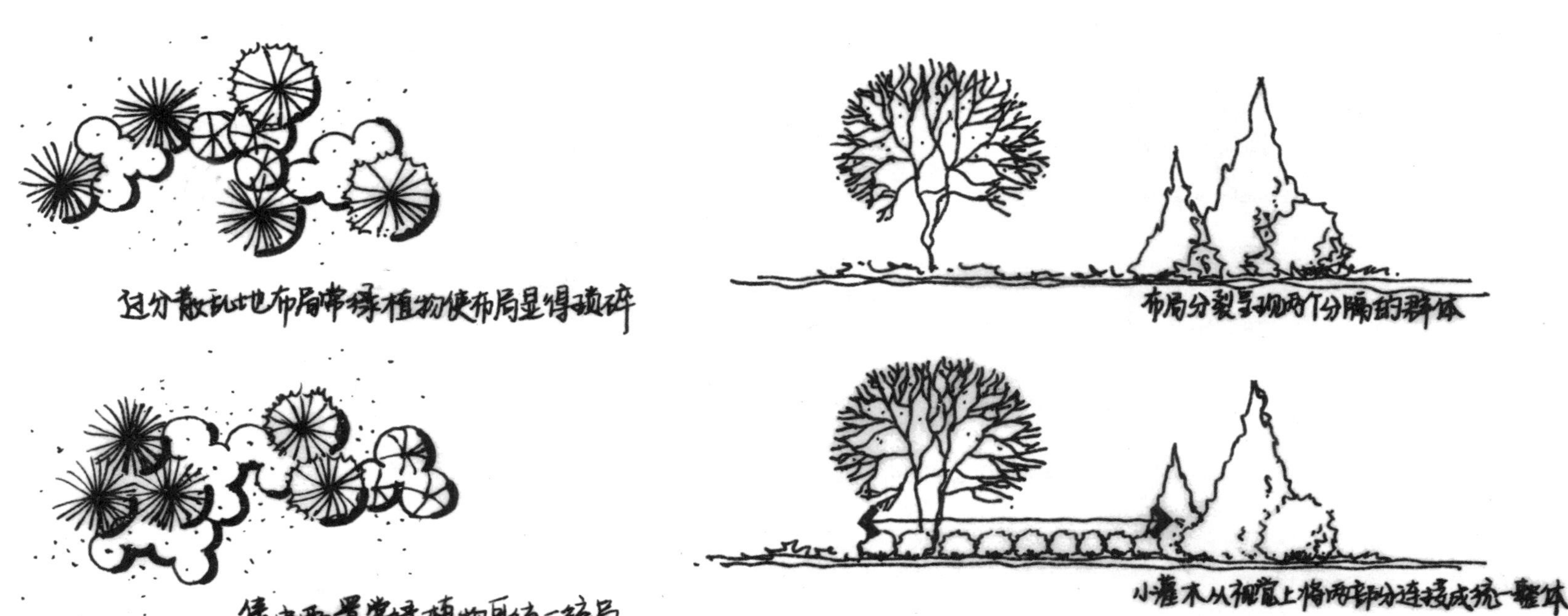

图 3.13　集中与分散布置的植物景观示意一

植物的各类景观空间主要起到形成焦点、突出主景、限定空间、配合形式以及阻挡隔离的作用（图 3.14~ 图 3.17）。

图 3.14　集中与分散布置的植物景观示意二

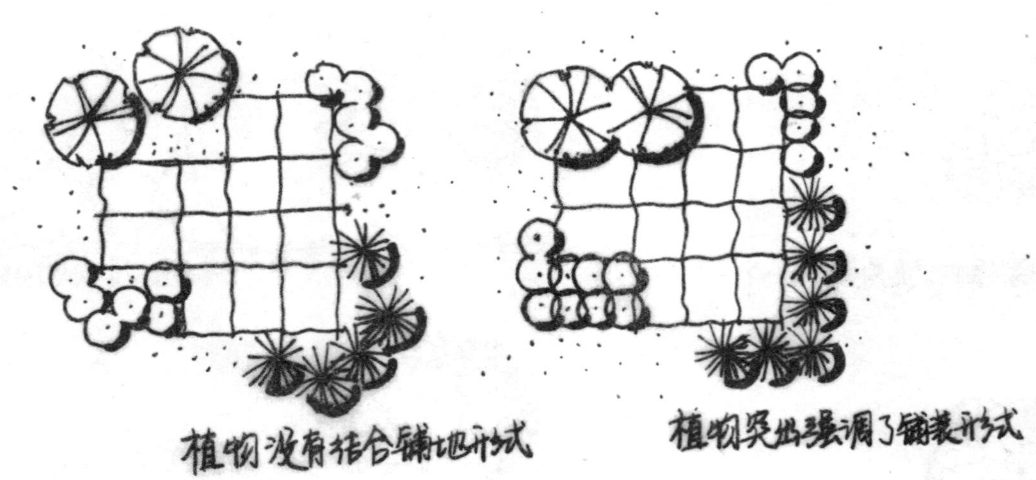

图 3.15 集中与分散布置的植物景观示意三

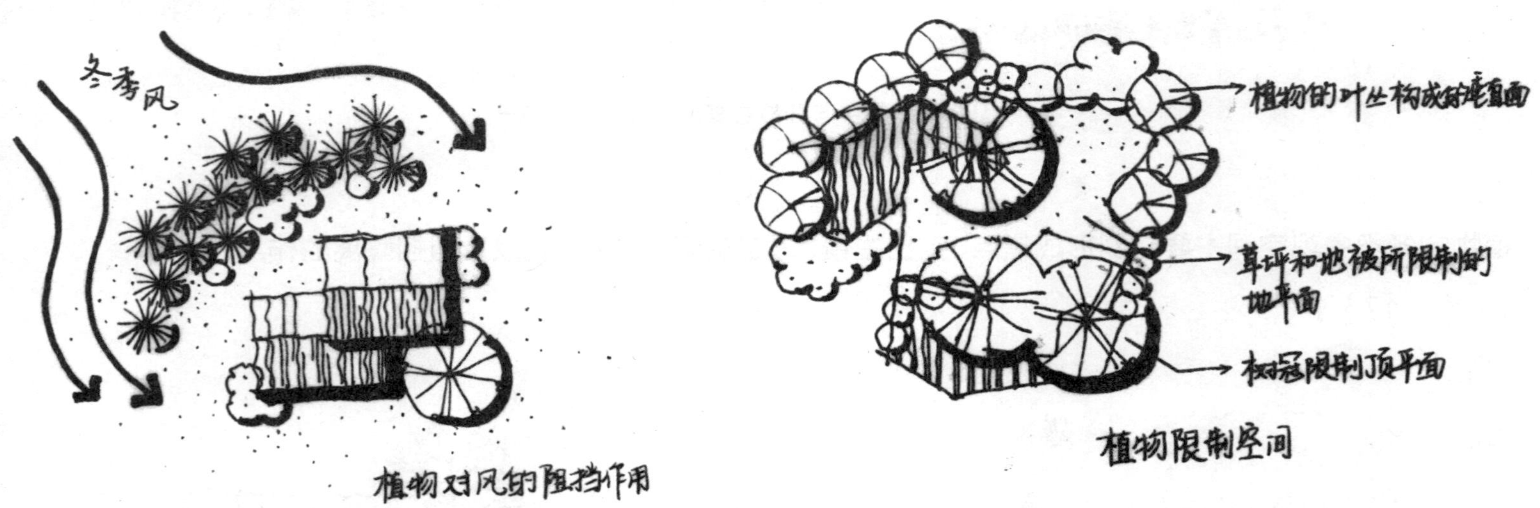

图 3.16 集中与分散布置的植物景观示意四

图 3.17 集中与分散布置的植物景观示意五

植物具有围合空间、组织视线的功能，在设计中常常利用植物的空间组织功能来实现景观视线设计的转换（图 3.18）。

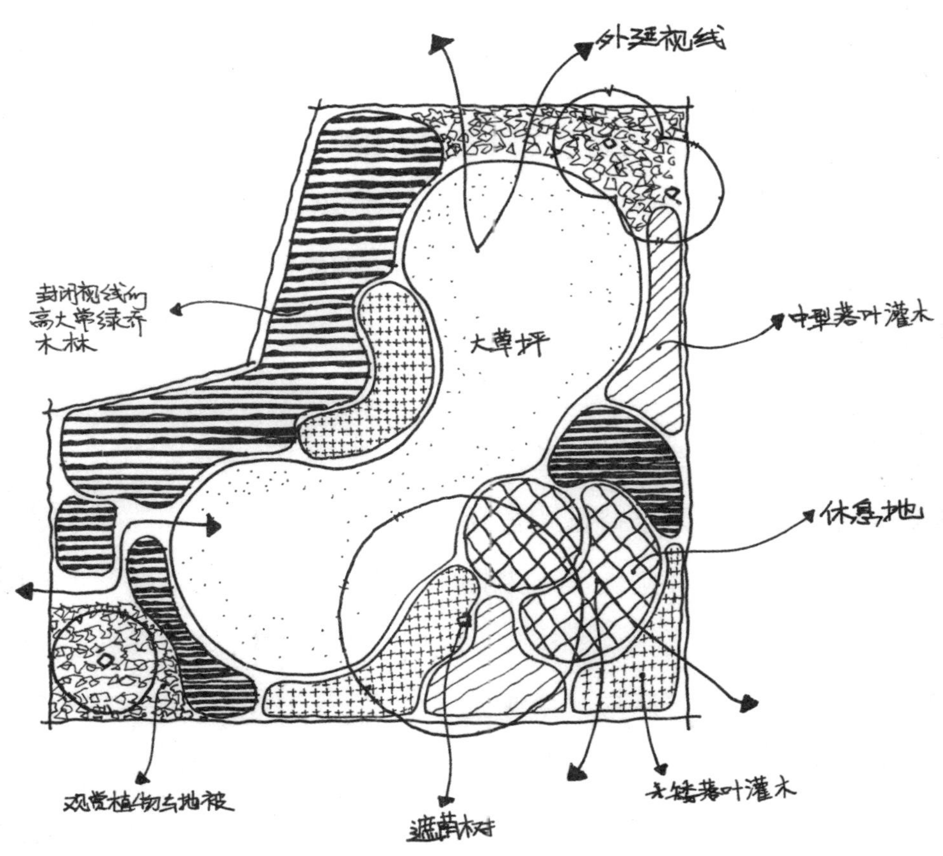

图 3.18　植物组织景观视线示意

2）竖向设计

竖向设计作为方案中空间层次呈现的重要组成部分，是各大高校考查的重难点。场地中竖向的合理利用与把握可凸显设计者的水平与设计深度。一般而言，体现竖向设计的表达方式有规则或者不规则的微地形、台阶与坡道，以及自然山体、缓坡等。丰富的地形具有组织、丰富游览路线，分隔空间，形成主景以及作为背景的功能。

①微地形设计：不同高度起伏的地形会给人不同的空间感受，当土山高度在 0.3~0.5m 之间时，可形成开敞的包围形态，目光略有阻挡，有点隐蔽性与划分空间的效果，土山的体量基本感觉不到；当土山高度在 1.5~2.0m 之间时，土山的体量感、围合感增强，但基本没有压抑感；当土山高度在 2.0m 以上时，土山的体量感、围合感以及空间限定性增强，需根据空间的性质进行观赏视距 *D/H* 的控制（可参考第 1 章地形设计的尺度规范）。

②台阶与坡道的设计：台阶与坡道除了具有解决地形高差所带来的交通问题的功能之外，还具有丰富广场空间，引导、丰富视线的作用（设计时，需遵循第 2 章中楼梯与坡道的设计规范）。

③自然山体的设计：自然山体的设计可参考中国古典园林的堆山要法，最为典型的为“艮岳”，如图 3.19 所示。

艮岳是一座叠山、理水、花木和建筑完美结合的具有浓郁诗情画意而少皇家气派的人工山水园，代表着宋代皇家园林风格特征和宫廷造园艺术的最高水平。艮岳以其掇山理水为特色，全园为“左山右水”格局。

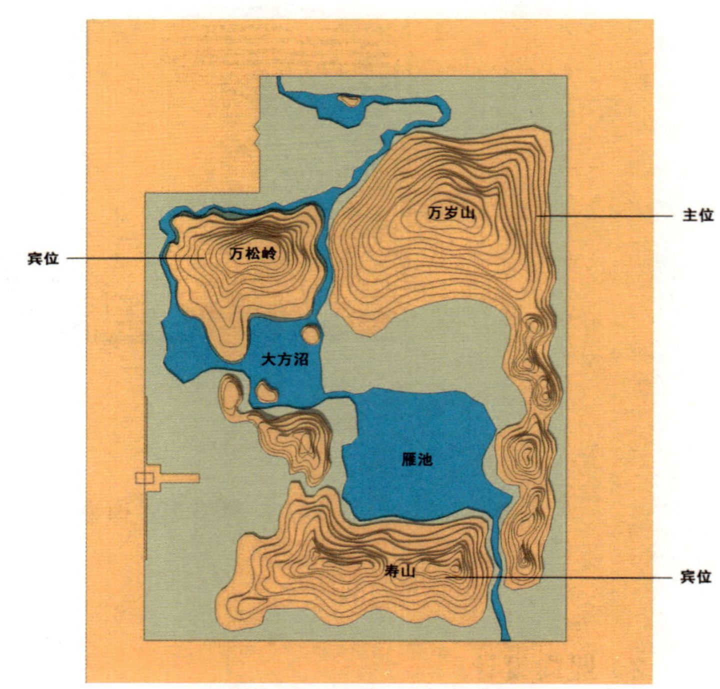

图 3.19 艮岳平面示意图

筑山是对“主宾分明，远近呼应，余脉延展”的天然山岳典型化的概括。万岁山雄壮敦厚，是整个山岭中高大的主岳；万松岭和寿山石是宾辅，形成主从关系，体现了“山贵有脉、岗阜拱状、主山始尊”的造园手法。

理水指一套完整的水系，包罗内陆天然水体的全部形态：河、湖、溪、涧等。

山体设计要法：

意在笔先，功能明确（把握基址特征，遵循场所精神）；

主次分明，组合有致（先立宾主之位，次定远近之形；主山高耸，客山奔趋）；

层次深远，起伏曲折（山之三远：高远、平远、深远）；

虚实相生，幽旷两宜（疏密有致，前喧后寂）；

麓峰相宜，延伸变化（有缓有陡，底盘足够）；

急缓得当，顾盼呼应（左缓右急，主山始尊）。

总之， 在进行竖向设计时，需要我们遵循因地制宜的原则，合理地利用基地自然的地形地貌，减少土方工程量，并利用丰富的竖向营造多样的空间体验，实现“虽由人作，宛自天开”的意境。

3）节点细化

植物围合与竖向设计实现了整体的空间布局，节点的细化则占据着空间细分的关键地位。作为画面中的焦点、高潮点与重要的观景点、游憩活动点，景观节点的形式、空间划分以及分布等显得尤为重要。学会丰富、细化景观节点是学习景观快题设计的基础，也是学员必须加强重视、不断提高的关键环节。

一般而言，景观节点的丰富与细化可以从以下几个方面入手：

①铺装形式的分割：把握铺装形式的“疏密对比、主次对比、明暗对比”关系，形成丰富的空间底面；

②植物分割空间：运用“树阵、树池、特色景观树、绿篱池、花带、花镜、绿墙”等丰富的植物要素分隔空间，引导视线；

③水景的利用：灵活设计“镜面水池、跌水、叠水、瀑布、喷泉、水帘、自然水体”等水景要素，成为场地视线的焦点或转折点；

④建构筑物的设置：利用“亭、台、桥、阁、景墙、构架、灯柱、石块”等建构筑物，点缀或形成主景；

⑤竖向设计：形成“微地形、台阶、上下沉空间、缓坡”等竖向上的变化，作为垂直面上丰富空间的方法。

从以上五个方面去思考节点的划分有利于广大学员学会分析景观节点，掌握创作景观节点的方法，也是快题设计入门的必备基础。本章会着力对景观节点的设计做详细的图文介绍，帮助广大学员快速度过入门期，逐步走向提高阶段。

3.2 植物种植设计指导

在快题设计中，植物占据着划分整体画面、控制空间布局的关键地位。除了学会植物营造空间的手法，我们也需要对植物配置的最适模式有所了解，明确不同类型的植物、不同种类的植物在空间划分中产生的效果与作用，得到最为合理、生态群落最为丰富、多样性最高的植物配置模式。

本节为广大学员提供常见的 50 种植物配置模式，并对常用的园林植物做简要介绍，指出植物配置中需要掌握的配置要点，供广大学员快速掌握基础的植物配置方法。

3.2.1 植物配置模式典型案例参考

水杉 + 黄连木 + 乌桕 + 连香树—卫矛 + 石楠 + 十大功劳 + 粉花绣线菊 + 棣棠—鸢尾

马尾松 + 栓皮栎 + 麻栎—山茶 + 垂丝海棠 + 棣棠—酢浆草

全缘栾树 + 合欢—洒金东瀛珊瑚 + 海桐 + 南天竹—沿阶草

全缘栾树 + 合欢—栀子 + 金丝桃 + 大吴风草

悬铃木 + 垂柳 + 黑松—金钟花 + 紫珠 + 麻叶绣球—二月兰

垂柳 + 丁香—桃花 + 桂花 + 红叶李—阔叶麦冬

鹅掌楸 + 广玉兰 + 桂花—八仙花 + 天目琼花 + 珍珠梅—萱草 + 玉簪

广玉兰 + 白玉兰—山茶—阔叶麦冬

广玉兰 + 白玉兰—含笑 + 八角金盘—玉簪

雪松 + 龙柏 + 红枫—大叶黄杨球 + 锦绣杜鹃—雏菊 + 沿阶草

重阳木 + 乌桕 + 金钱松 + 黑松—毛白杜鹃 + 锦绣杜鹃—连钱草

鸡爪槭 + 红枫 + 桂花—海桐 + 锦带花 + 金钟花—花叶蔓长春花

雪松 + 腊梅 + 红枫—毛杜鹃 + 扶芳藤—马尼拉草

刺槐—棣棠 + 紫珠—二月兰

栾树—天目琼花 + 糯米条—鸢尾

泡桐—柳叶绣线菊 + 连翘—白三叶

楝树 + 龙柏—黄杨 + 石楠 + 棣棠—二月兰

银杏—石楠 + 胡颓子—麦冬

香樟 + 银杏 + 马尾松—木本绣球 + 杜鹃 + 洒金东瀛珊瑚—沿阶草

香樟—海桐 + 栀子花—红花酢浆草

香樟 + 榔榆 + 乌桕—小棕榈 + 石楠—二月兰

香樟 + 乌桕—南天竹 + 蚊母—狗牙根

香樟 + 榉树—八仙花 + 卫矛—自然地被

猴樟 + 无患子—八角金盘 + 海桐—自然地被

深山含笑 + 桂花—阔叶十大功劳 + 南天竹—马蹄金

三角枫 + 枫香 + 乌桕—八仙花 + 蝴蝶绣球—花叶长春蔓

湿地松 + 池杉 + 水杉 + 香樟—鸡爪槭 + 红花继木 + 南天竺 + 杜鹃—高羊茅

池杉—红枫 + 鸡爪槭 + 杜鹃—黄菖蒲

黄连木—红枫 + 杜鹃 + 红花继木—高羊茅

三角枫—红枫 + 杜鹃—高羊茅

马褂木—杜鹃 + 红枫 + 毛鹃 + 海桐

朴树—鸡爪槭 + 冬青—高羊茅

杜英 + 池杉—杜鹃

香樟—石楠 + 海棠 + 杜鹃—簇绛草

玉兰—卫矛 + 杜鹃

池杉 + 香樟—山麻杆 + 胡颓子—野胡萝卜草

池杉＋落羽杉—大吴风草

水杉—芦苇＋花叶芦竹

香樟—紫荆＋八角金盘

水杉＋香樟—鸡爪槭＋桂花＋胡颓子—芦苇＋黄菖蒲＋再力花＋睡莲

枫香—罗汉松＋紫叶李＋狭叶十大功劳—金钟花＋细叶麦冬

香樟—红枫—细叶麦冬＋鸢尾

垂柳＋池杉—毛鹃＋八角金盘—马尼拉草

女贞—八角金盘＋石楠—细叶麦冬

池杉＋桂花—八角金盘＋红叶石楠—细叶麦冬

香樟＋垂柳—罗汉松＋云南黄馨—黄菖蒲

罗汉松＋鸡爪槭—绣线菊＋云南黄馨

银杏—杨梅＋南天竺—细叶麦冬

香樟＋红枫—云南黄素馨＋海桐—红花酢酱草

香樟＋罗汉松＋日本晚樱—八角金盘＋八仙花—百木大

香樟＋杜英—八角金盘＋杜鹃—扶芳藤

银杏＋水杉＋桂花—海桐＋毛杜鹃＋红花继木—马尼拉草

香樟＋白玉兰＋红叶石楠—红花继木＋大叶黄杨—细叶麦冬

水杉＋香樟＋石楠＋夹竹桃—洒金桃叶珊瑚—细叶麦冬

水杉—桂花＋火棘＋南天竺—细叶麦冬

3.2.2 景观常用园林植物

本节重点介绍各类常见的乔木、灌木、草本植物、特殊树种及其种植类型分类。

1）常绿乔木

①观叶常绿乔木见表 3.2。

表 3.2 观叶常绿乔木名录

植物名称	习性及园林应用原则	植物名称	习性及园林应用原则	植物名称	习性及园林应用原则
小叶榕	阳性，怕霜冻，行道庭荫树	石楠	中性，庭园点缀，丛植	橡皮树	阳性，不耐寒，盆栽
香樟	阳性，行道树，庭园边缀	女贞树	阳性，干道树	橄榄树	阳性，行道树，丛植，草坪点缀
广玉兰	阳性，庭园点缀，行道树	杜英	阳性，庭园点缀，行道树	槟榔	阳性行道树，丛植，草坪点缀
红豆杉	阳性，名贵珍稀树，庭园点缀	红叶石楠	中性，庭园色彩点缀丛植	海枣	阳性，行道树，丛植，草坪点缀
楠木	阳性，庭园点缀，庭道树	五针松	耐阴，盆景，山石点缀	蒲葵	阳性行道树，丛植，草坪点缀
桢楠	阳性，庭园点缀，庭道树	枇杷	中性，观果，庭园点缀	棕榈	阳性，行道树，丛植，草坪点缀
天竺桂	半阴，行道树，盆栽	龙柏	阳性，列植，庭园点缀，行道树	巴西木	耐阴，不耐寒，室内观赏盆景
雪松	阳性，行道树，草坪点缀	苏铁	中性，著名盆景，草坪点缀	夏威夷	耐阴，不耐寒，室内观赏盆景
白皮松	耐阴，不耐寒，假山点缀	竹柏	半阴，庭园点缀，盆景	大王椰	耐阴，不耐寒，室内观赏盆景
罗汉松	阴性，庭园点缀，盆景	南洋杉	阳性，不耐寒，庭园点缀	发财树	耐阴，不耐寒，室内观赏盆景

②观花常绿乔木见表 3.3。

表 3.3 观花常绿乔木名录

植物名称	习性及园林应用原则	植物名称	习性及园林应用原则
金 桂	阳性，传统名贵庭荫树	八月桂花	阳性，传统名贵庭荫树
日香桂	阳性，传统名贵庭荫树	四季桂花	阳性，四季花，庭荫树
红花木莲	阳性，庭道树	乐昌含笑	阳性，庭道树
峨眉含笑	阳性，庭道树	深山含笑	阳性，庭道树

2）落叶乔木

①观叶落叶乔木见表 3.4。

表 3.4 观叶落叶乔木名录

植物名称	性及园林应用原则	植物名称	习性及园林应用原则	植物名称	习性及园林应用原则
黄角树	阳性，怕霜冻，行道庭荫标志树	白腊树	中性，庭荫行道树，堤岸树	五角枫	中性，行道护岸树，绿篱
银 杏	阳性，行道庭荫标志树	法国梧桐	阳性，公路行道庭荫树	元宝枫	中性，行道庭荫点缀树
马褂木	阳性，彩叶庭荫行道树	灯台树	半阴，庭荫行道树	鸡爪槭	中性，庭园色彩点缀，盆栽
三叶树	中性，庭荫树，行道树	红 枫	中性，庭园著名彩色树	黄 栌	中性，庭园色彩点缀，片植
皂角树	阳性，庭荫标志树	红 栌	中性，庭园著名彩色树	柳 树	阳性，行道护岸树，水景点缀
重阳木	阳性，堤岸庭荫树	红叶李	中性，庭园色彩点缀，行道树	垂 柳	阳性，行道护岸树，水景点缀
青 枫	中性，庭园著名彩色树	三角枫	中性，行道护岸树，绿篱	龙爪槐	阳性，庭园点缀，庭道树

②观花落叶乔木见表 3.5。

表 3.5 观花落叶乔木名录

植物名称	习性及园林应用原则	植物名称	习性及园林应用原则	植物名称	习性及园林应用原则
白玉兰	中性，行道庭荫点缀树	木 棉	阳性，行道庭荫树	碧 桃	阳性，庭园片植、列植
紫玉兰	中性，庭园点缀，丛植	花石榴	阳性，耐寒，庭院点缀，盆栽	木 兰	中性，行道庭荫点缀树
红玉兰	中性，行道庭荫点缀树	美人梅	阳性，庭远点缀，庭道树	垂丝海棠	阳性，庭园丛缀，庭道树
珙 桐	阳性，名贵珍稀树，公园庭园点缀	国 槐	阳性，名贵珍稀树，庭园点缀	黄金槐	阳性，名贵珍稀树，庭园点缀
刺 桐	阳性，冬花，庭园点缀，行道树	樱 花	阳性，庭园点缀，庭道树	芙蓉花	阴性，庭园丛植、列植
紫 薇	阳性，庭园丛缀，路道树	黄果兰	阳性，怕霜冻，庭园点缀	贴梗海棠	阳性，庭园名贵丛缀树
海 棠	阳性，传统庭园门亭点缀	紫 荆	阳性，庭园丛缀	辛夷花	阳性，庭园点缀，庭道树
香花槐	阳性，耐寒，庭园点缀，行道树	红 梅	阳性，庭园点缀，庭道树	红花紫荆	阳性，庭园点缀，庭道树

3）灌木

八角金盘、龟甲冬青、变叶木、海桐球、大叶黄杨、红花继木、小叶黄杨、六月雪、金边黄杨、红瑞木、洒金珊瑚、红叶女贞、法国冬青、金叶女贞、大叶棕竹、小叶女贞、小叶棕竹、丁香球、万年青、花叶万年青、南天竹、龙舌兰、铺地柏植、洒金柏、十大功劳、茶花、茶梅、夹竹桃、春夏杜鹃、木槿、大栀子花、米兰、西洋鹃、红千层、小叶含笑、茉莉、扶桑、大花月季、腊梅、黄栌、棣棠。

4）草本植物

麦冬、石蒜、百合花、蝴蝶兰、彩色马蹄莲、唐菖蒲、葱兰、玉簪、福禄考、花叶玉簪、酢浆草、满天星、美人蕉、石竹、大花蕙兰、石斛兰、萱草、天竺葵、绣线菊、万寿菊、鸢尾、一串红、郁金香、富贵竹、朱顶红、金边过路黄、文竹。

5）藤本植物

常春藤、扶芳藤、紫藤、凌宵、爬山虎、蔷薇、夜来香、三角梅、迎春花、五叶地锦、龟背竹、金银花、绿萝。

6）水生植物

睡莲、石菖蒲、荷花、水葱。

7）竹类

凤尾竹、紫竹、佛肚竹、金刚竹、孝顺竹。

8）特殊树种名录

①耐旱树种：雪松、继木、栀子花等。

②耐涝树种：垂柳、桑、榔榆等。

③喜光树种：水杉 、臭椿、乌桕等。

④耐荫树种：冷杉 、云杉、千金榆。

⑤中性树种：樱花 、枫杨（偏阳）、槐、圆柏（偏阴）。

⑥抗污染树种：刺槐 、臭椿、华北卫矛、银杏等。

⑦有色树种可分为红色系、黄色系、白色系及蓝紫色系。红色系：海棠花、榆叶梅、凤凰木、刺桐、扶桑、石榴等。黄色系：蜡梅、迎春、连翘、黄刺玫、金丝桃、黄蝉、黄花夹竹桃。白色系：流苏、刺槐、白玉兰、珍珠梅 、太平花、白丁香、梨花、白碧桃。蓝紫色系：紫藤、 紫花泡桐、 紫丁香、紫荆、 紫薇、杜鹃（紫）。

9）树种种植类型分类

①孤植树是利用树冠、树型特别优美的乔木树种，单独种植形成一个空间或图面的主要景物的配置形式。常见孤植树种主要有：雪松、南洋杉、松、柏、银杏、玉兰、凤凰木、槐、垂柳、樟、栎类；适合草坪孤植的树种：雪松、白皮松、圆柏、南洋杉、榕、七叶树、悬铃木、鹅掌楸、灯台树、泡桐、栾树、合欢、槐、刺槐、广玉兰、榉树、榆、朴树、柳树、白杨等。

②庭荫树是以遮荫为主要目的的树木又称绿荫树、庇荫树。东北、华北、西北地区主要有：毛白杨、加拿大杨、青杨、旱柳、白蜡树、紫花泡桐、榆树、槐、刺槐等；华中地区主要有：悬铃木、梧桐、银杏、喜树、泡桐、榉、榔榆、枫 杨、垂柳、三角枫、无患子、枫香、桂花等；华南、台湾和西南地区主要有：樟树、榕树、橄榄、桉树、金合欢、木麻黄、红豆树、楝树、楹树、凤凰木、木棉、蒲葵等。

③行道树是指种在道路两旁及分车带，给车辆和行人遮荫并构成街景的树种。华中地区主要有：乌桕、黄连木、五角枫、无患子、梧桐、榉树、香樟、毛白杨、广玉兰、竹柏、重阳木、南酸枣；华南地区主要有：木棉、柠檬桉、红千层、铁刀木、凤凰木、台湾相思、羊蹄角、南洋楹、楹树、细叶榕、香樟、马褂木、白兰花、广玉兰。

④绿篱植物可大致分为花篱、树篱、竹篱、和墙。其中，花篱包括山茶、珍珠花、绣线菊、栀子、杜鹃花、瑞香、木槿、六月雪、连翘、迎春等；树篱包括女贞、大叶黄杨、黄杨、马甲子、珊瑚树；竹篱包括紫竹、观音竹、慈竹、刺竹等；墙包括珊瑚树、青冈栎、竹、木槿、朱槿、女贞、火棘、黄杨、柳杉、柏类等。

3.2.3 植物配置相关要点

①与周围环境相适应：进行种植设计时，基调树种的选择需要结合基址本身的氛围以起到烘托环境的作用。如纪念性园林与休闲游憩型公园相比，基调树种的选择应有所差异。纪念性园林常选用松柏作为基调树种，烘托肃穆庄重的氛围；而休闲游憩型的园林则应选用色彩活泼、景观空间丰富的树种作为基调树种，常见的有樟树、梧桐树、栾树、广玉兰、杨树等。

②注重层次：分层配置、合理搭配是种植设计的关键，注重植物的乔、灌、草搭配，营造丰富的自然群落。在选用树种时，要注意常绿与落叶树种的比例，使其具有时空上的空间变化。

③营造丰富的季相景观：利用植物的季相变化特点，选择具有不同叶色、花色的植物进行搭配，错开花期以延长观赏期。如叶色紫红的红叶李、红枫，秋季变红的红叶槭，黄叶银杏，红叶柿子均很漂亮，与观花植物组合可延长观赏期；绿叶树种也有不同程度的观赏效果，如深绿色柳树、草坪、浅绿色法桐、淡绿色雪松、云杉等。

不同花期的植物：春季开花的白玉兰、珍珠梅、迎春花、樱花，夏季开花的紫薇、合欢、广玉兰，秋季开花的菊花、月季、一串红及色叶木等。

在进行季相搭配时，也要注重其配置的主次关系，使景观效果丰满而不杂乱。如将杜鹃、合欢、紫薇、金丝桃、红叶李、鸡爪槭配置在一起，可延长观赏期半年；石榴、紫薇、夹竹桃配置在一起，观赏期可达 5 个月。梅花花期短，盛花期仅两周，若配植一串红、菊花，就可改善景观效果。

④选用乡土植物：在树种选择时，尽量选用当地本土的树种，对于种植效果的快速形成具有极大的帮助，也是更为生态合理的选择。

总之，园林植物配置应当在色泽、花型、树冠形状和高度、植物寿命和生长速度等方面相协调，同时还应考虑到每种组合内部植物构成的比例及这种结构本身与游览路线的关系。设计每种组合还应考虑周围裸露地面、草坪、水池、地表及各组合之间的关系。而在实际现场，上述因素以不同方式结合在一起，不可能很理想地绘成一个现成的方案，植物配置组合首先取决于具体立地条件，其次取决于设计者的审美观。

第 4 章　景观节点专题分析

本章为全书重点，将为广大学员提供类型丰富、空间多样、形式新颖的各类景观节点，供广大学员抄绘、借鉴与学习。但对于景观节点的学习，抄绘与借鉴也需要掌握一定的方法，学会对各类景观节点进行深刻的分析有助于快速掌握景观节点的设计方法。

4.1 景观节点分析方法讲解

对于一个丰富美观的景观节点的分析主要应从三个方面入手：景观节点的结构形式、空间组织方法以及细节设计。

4.1.1 景观节点结构形式的剥离

景观节点的结构形式是其最为直观的形态表现，也是感受景观节点的观察者对该节点最为基础的表象认识。如何从景观节点的外形轮廓上去了解设计师的设计思维，需要广大学员在基于节点外形的基础上，对其进行结构形式的剥离。剥离景观节点的结构形式即对节点基本形式语言的提炼，并最终将其解译成为简单的线型结构的组合。分析各结构线之间的相互关系及连接方式，掌握形式之间的衔接方法与切割技巧是这一步的主要目的。应在不断训练的基础上，总结各类景观节点的线型组合方式，为自身进行节点的设计积累经验，并形成后期设计中平面构成的技巧库。具体的剥离方法如图 4.1、图 4.2 所示。

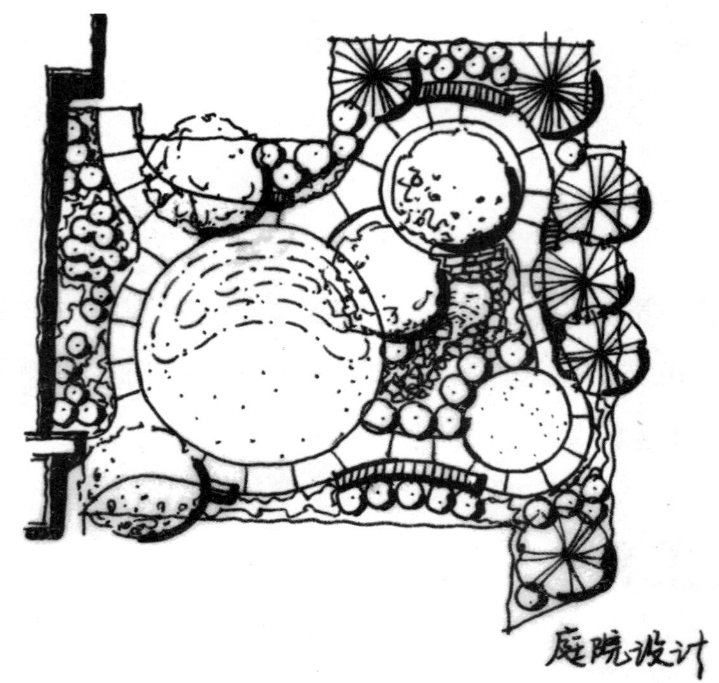

图 4.1　结构剥离方法一

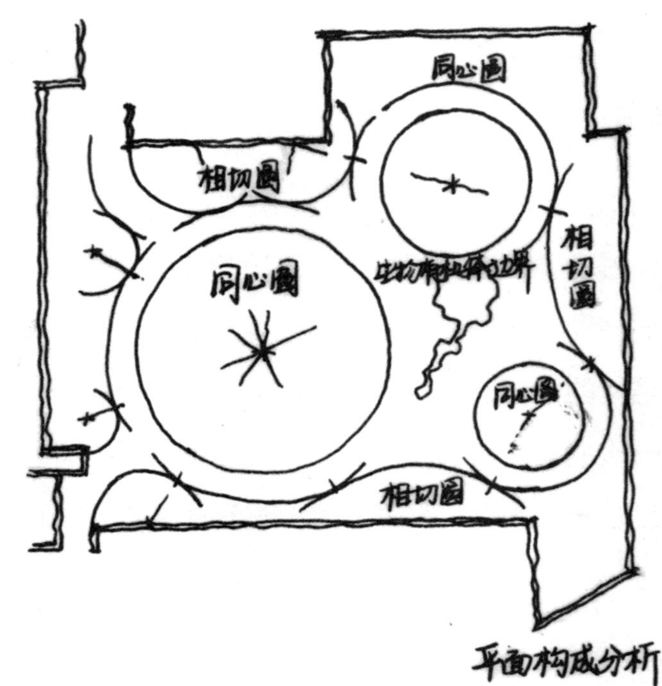

图 4.2　结构剥离方法二

注：图中的节点其主要结构由半径大小不同的同心圆相切组合构成，圆形为其基本的形式语言。

4.1.2 景观节点空间组织方式的分析

剥离景观节点的结构形式，学习其平面构成技巧只是节点分析借鉴中基础层次的学习方式。如何从形似过渡到神似，从表象的学习过渡到空间思维方式的学习，需要广大学员认真分析精彩的景观节点空间组织的方式，进行景观节点空间组织方式的分析。

首先要明确景观节点的空间布局及其组成方式，确立其视觉焦点，梳理交通组织流线，深入分析整个景观节点的空间开敞与私密的对比关系，学习其空间分隔方式，为自身进行景观节点设计积累方法与经验。具体分析方法如图 4.3 所示。

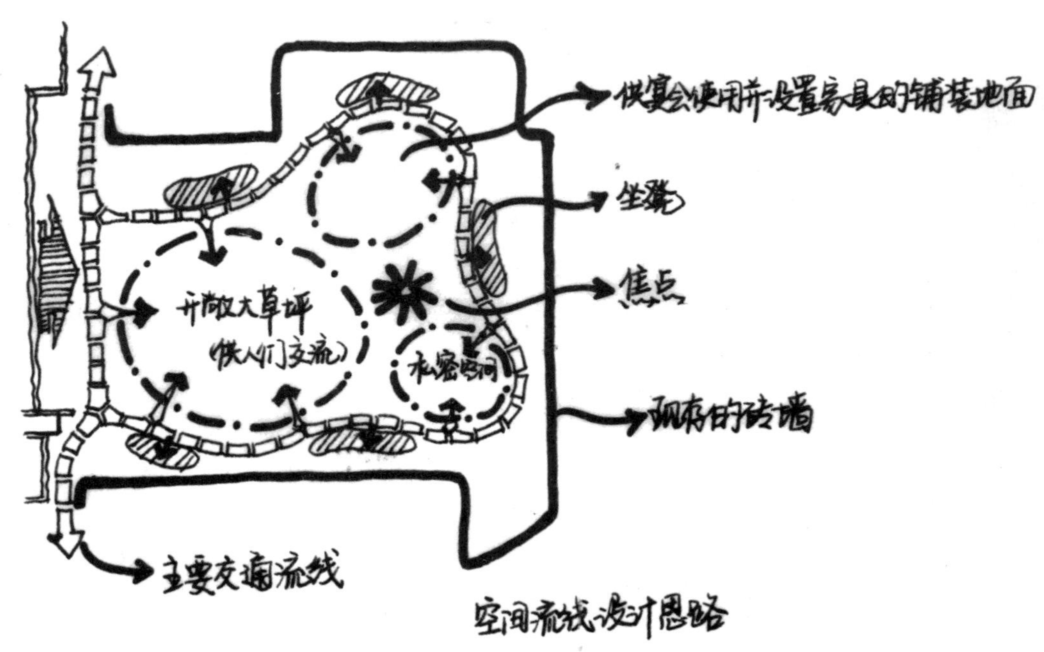

图 4.3 空间分析方法示意

4.1.3 景观节点细节设计手法分析

景观节点的细节设计是在进行完空间组织及平面构成设计之后，对方案的进一步落地深化的过程。这一过程能够反映出设计者的设计功底及对各类景观构成要素的敏感度。在满足多功能需求的条件下，丰富且细腻的细节设计是初学者入门的关键。对于景观节点细节设计的核心手法有：丰富的铺装形式，巧妙的植物围合，不同类型、不同形态的景观小品及设施的布置，以及各类景观要素之间的合理多变的搭配方式。这也是对景观节点进行细节分析的初衷，学习各类精彩的景观节点的细节设计手法，有助于广大学员在进行快题设计时迅速地进行各景观要素的设计与组织。

掌握细节设计的核心手法非常关键，对于同一地块也可以通过景观要素多样化的组织呈现不同的设计，如图 4.4 所示。

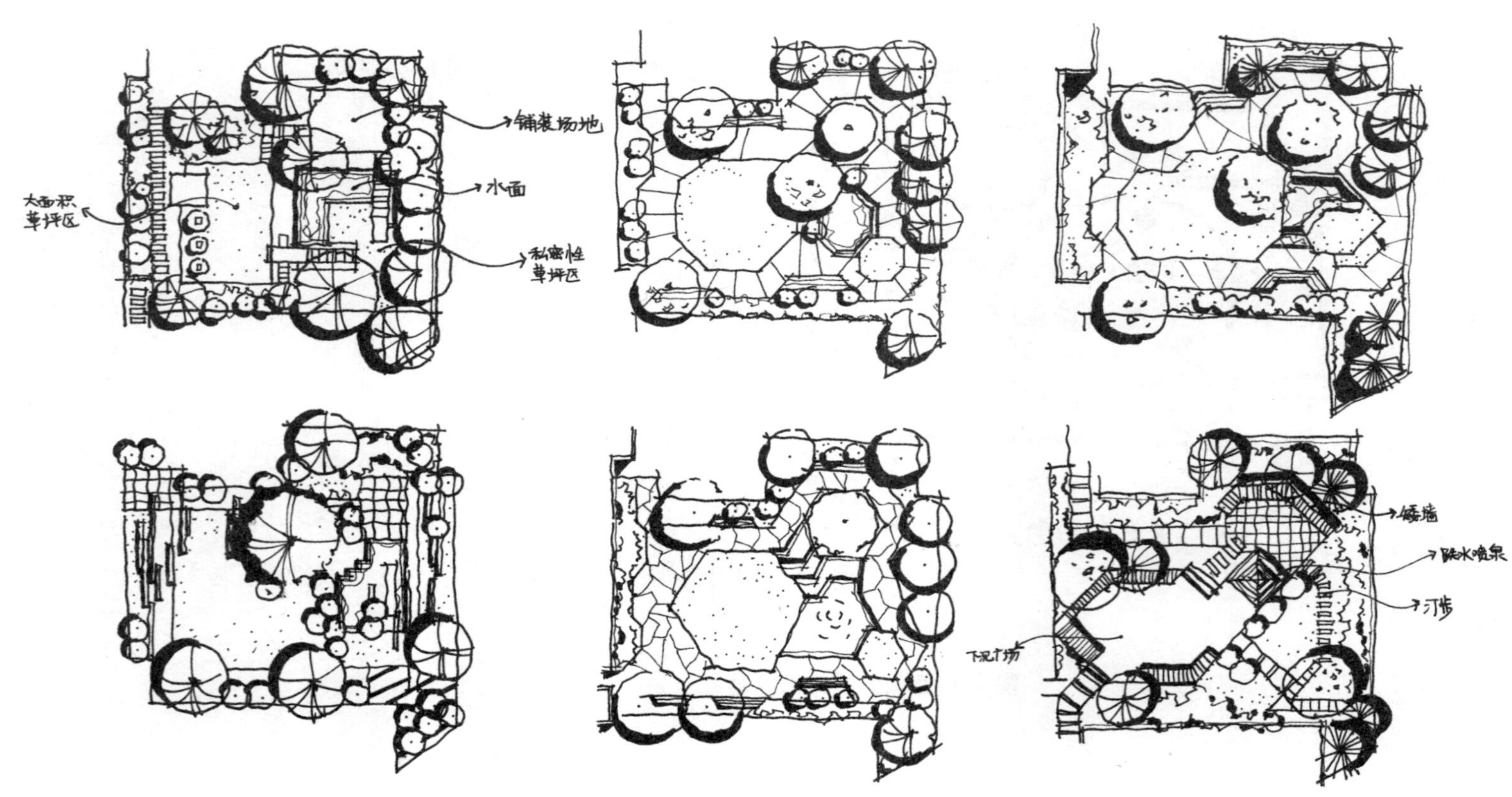

图 4.4　同一地块多样化的设计

4.2 景观节点分类展示

掌握景观节点的分析方法，分类积累精彩的景观节点，有利于广大学员灵活处理各种不同类型的设计场地，提高学员的快题设计的能力。本节为广大学员提供大量内容丰富、手法新颖的景观节点，方便学员查阅、抄绘、借鉴。

4.2.1 入口广场设计

了解入口广场的设计方法，首先要明确其承担的功能。一般而言，入口广场除了具有引导人流进入绿地内部，作为整个绿地设计的形象展示窗口，以及人流集散的功能之外，因入口等级的差异，还兼具短暂游憩与休闲的功能，因而可根据需要在主入口处增设作为入口管理咨询服务的景观建筑。因此，在进行入口的设计时，需要首先明确入口的等级与性质，确定其承担的主要功能。在此基础上来确定入口的体量、组成要素以及空间构成方式。

1）入口的等级

入口的等级一般由基址红线外围环境的特点及其定位决定，其主要影响因素为服务人群的需求量、基址外环境的主次关系以及基址外围道路交通等级。主要入口通常设置在人流量较大、可达性较高的区域。但对于行政区域这类较为特殊、具有重要意义的基址环境，其主入口设计需考虑城市整体形象的构建，将主入口设置在临近该区域一侧。

2）入口的体量

入口的体量大小要根据其主次关系来确定，且主次入口在大小、内容、空间组织以及精细程度上都应有所差异，以此来体现主次关系。一般主入口体量最大，其承担的功能也最为丰富，是整个公园的形象展示窗口。因此，在进行各个入口的设计时要明确把握主次关系。

3）入口的组成要素

入口的组成与其功能息息相关，因其承担的功能不同，在进行景观要素的选择与组成时也应有所不同。

①引导功能：入口具有引导游人进入园内的功能，其各类要素在组织时要考虑具有一定的交通引导性。如利用植物、水景、铺装纹路等景观要素进行入口空间的分割与引导；另外，种植设计的方向性也能对人流的走向起到一定的引导作用。

②构成主景：入口丰富的景观具有一定的吸引力，因而入口的设计中要考虑设置具有一定特色的主要景观，作为公园的形象展示，构成入口处的视觉焦点。如利用水景（喷泉、跌水等）、景墙、构筑物、具有特色的种植等营造入口的特色景观。

③休憩功能：对于有游憩停留需要的开放性入口，需设计一系列具有休憩、游玩功能的小空间，并配置适量座椅，以满足游人在入口处短暂停留、驻足游赏的功能。

4）入口的空间构成

入口的空间构成方式丰富，手法多样。一般而言，入口空间的处理方式有开门见山式、先抑后扬式、外场内院式以及“T”字障景式等（图 4.5）。

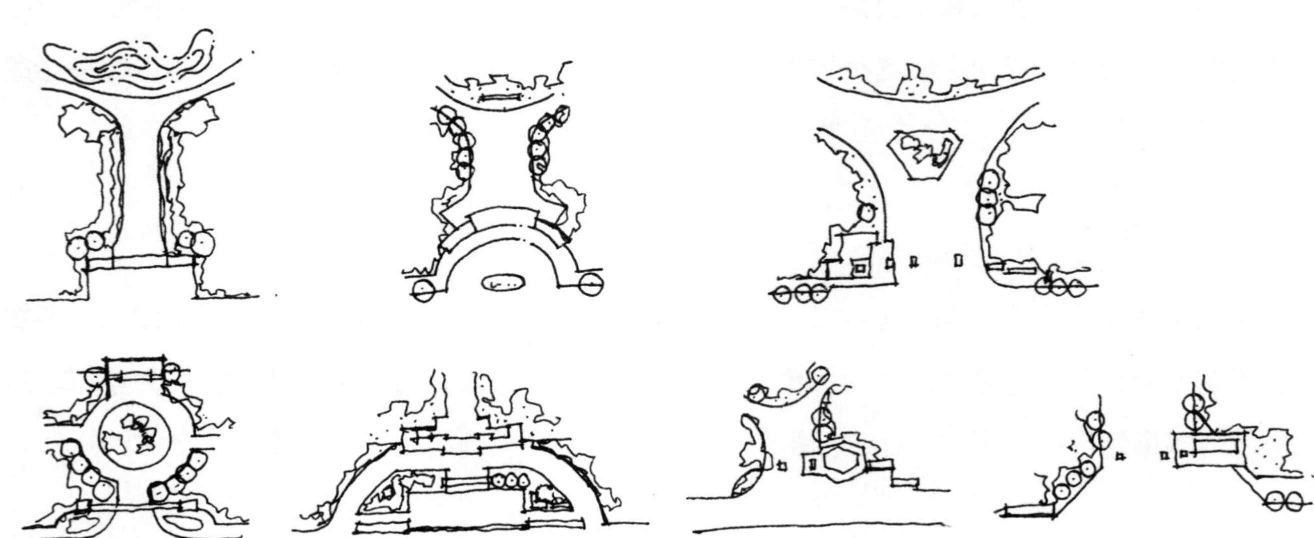

图 4.5 入口空间的处理方式

5）各类入口景观节点展示（图 4.6~ 图 4.39）

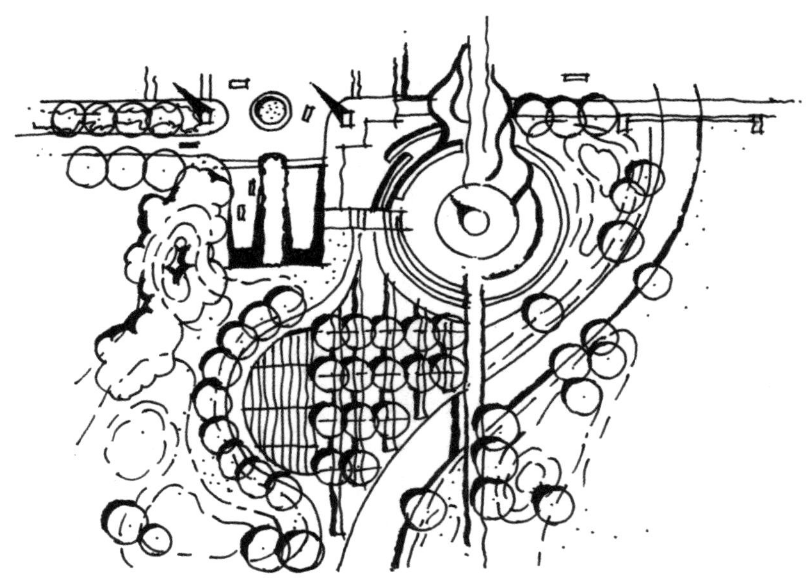
图 4.6　景观节点一

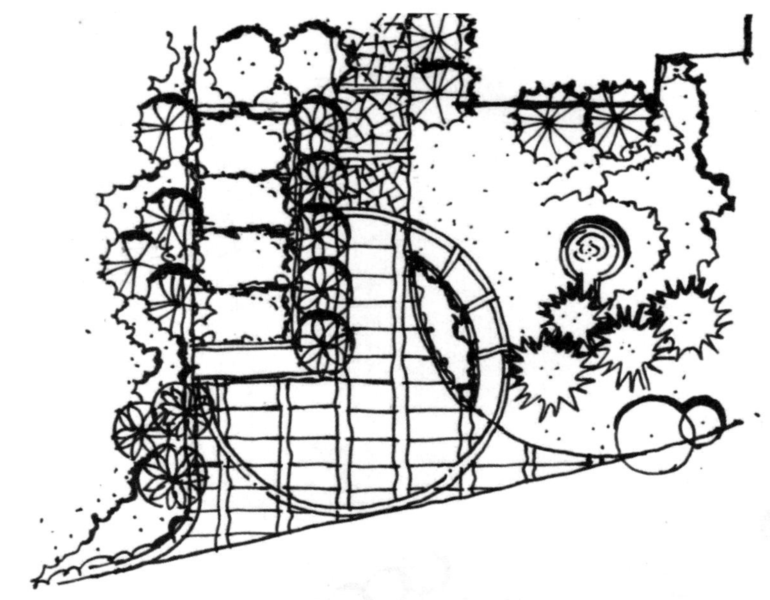
图 4.7　景观节点二

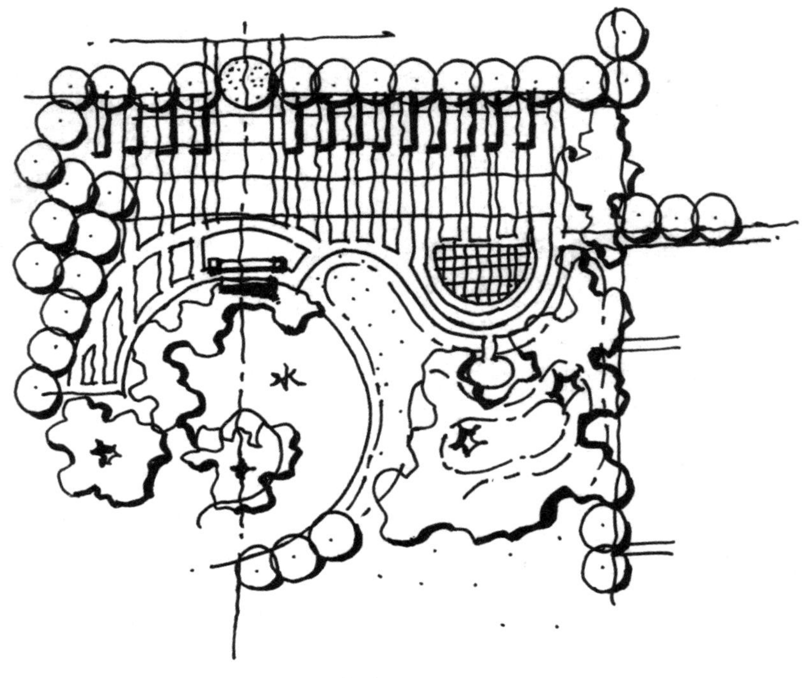

图 4.8　景观节点三

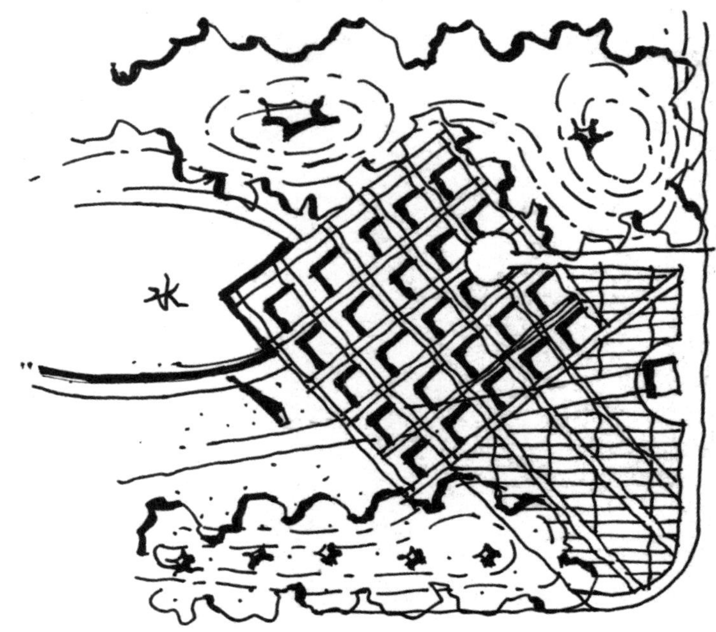

图 4.9　景观节点四

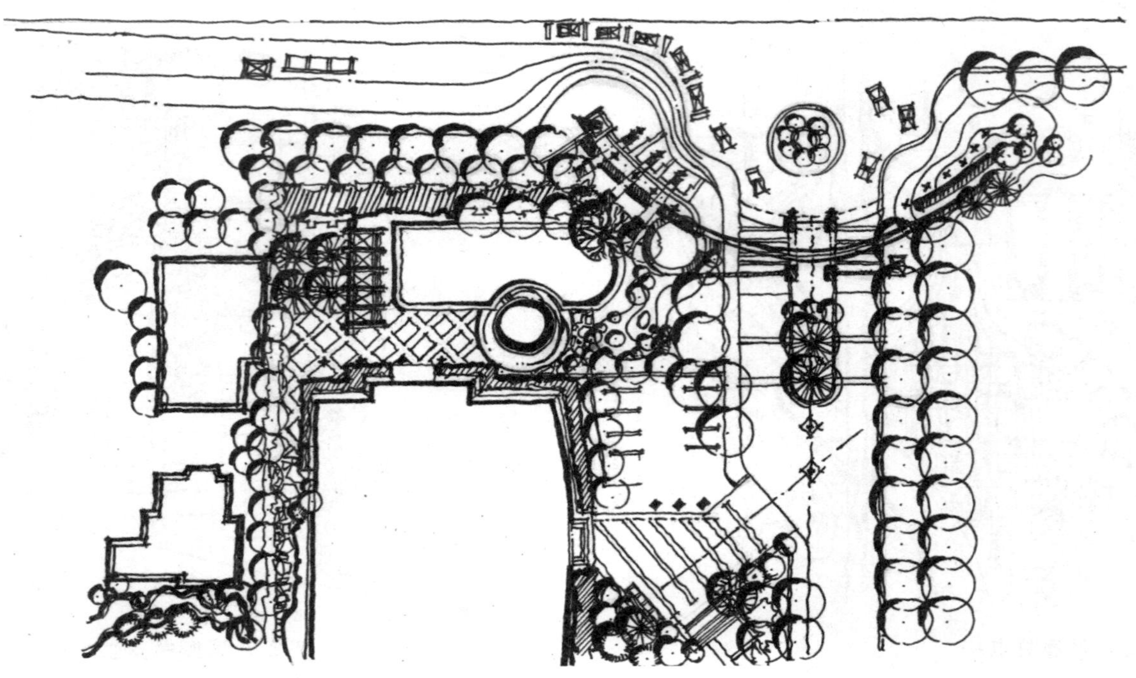

图 4.10 景观节点五

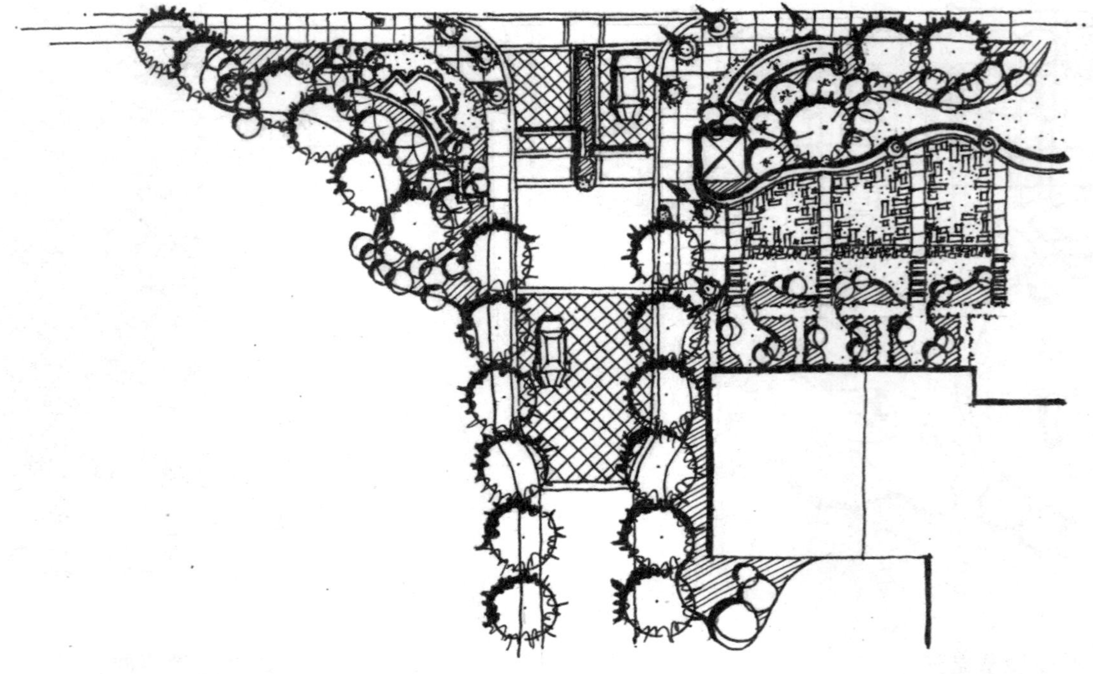

图 4.11 景观节点六

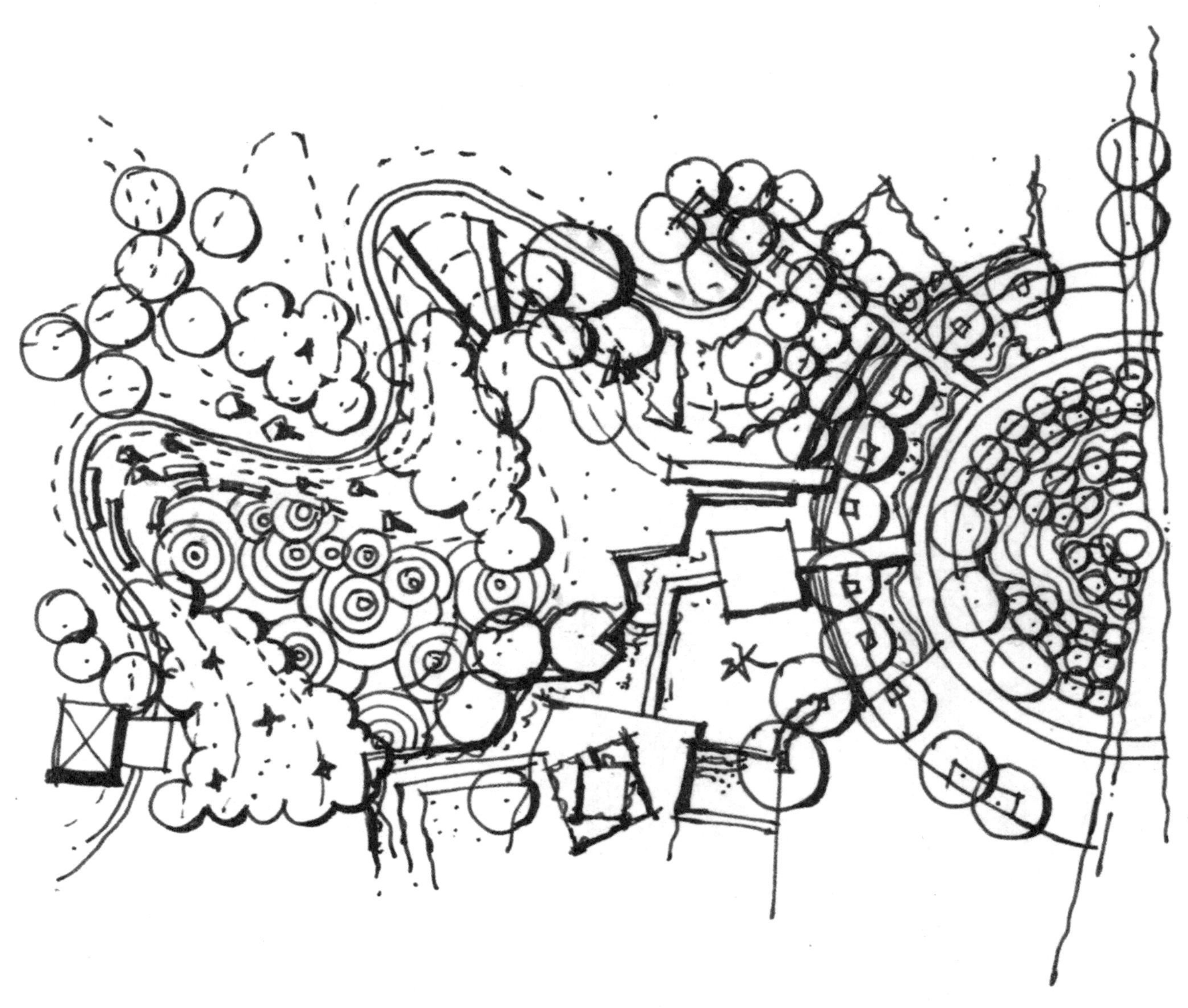

图 4.12 景观节点七

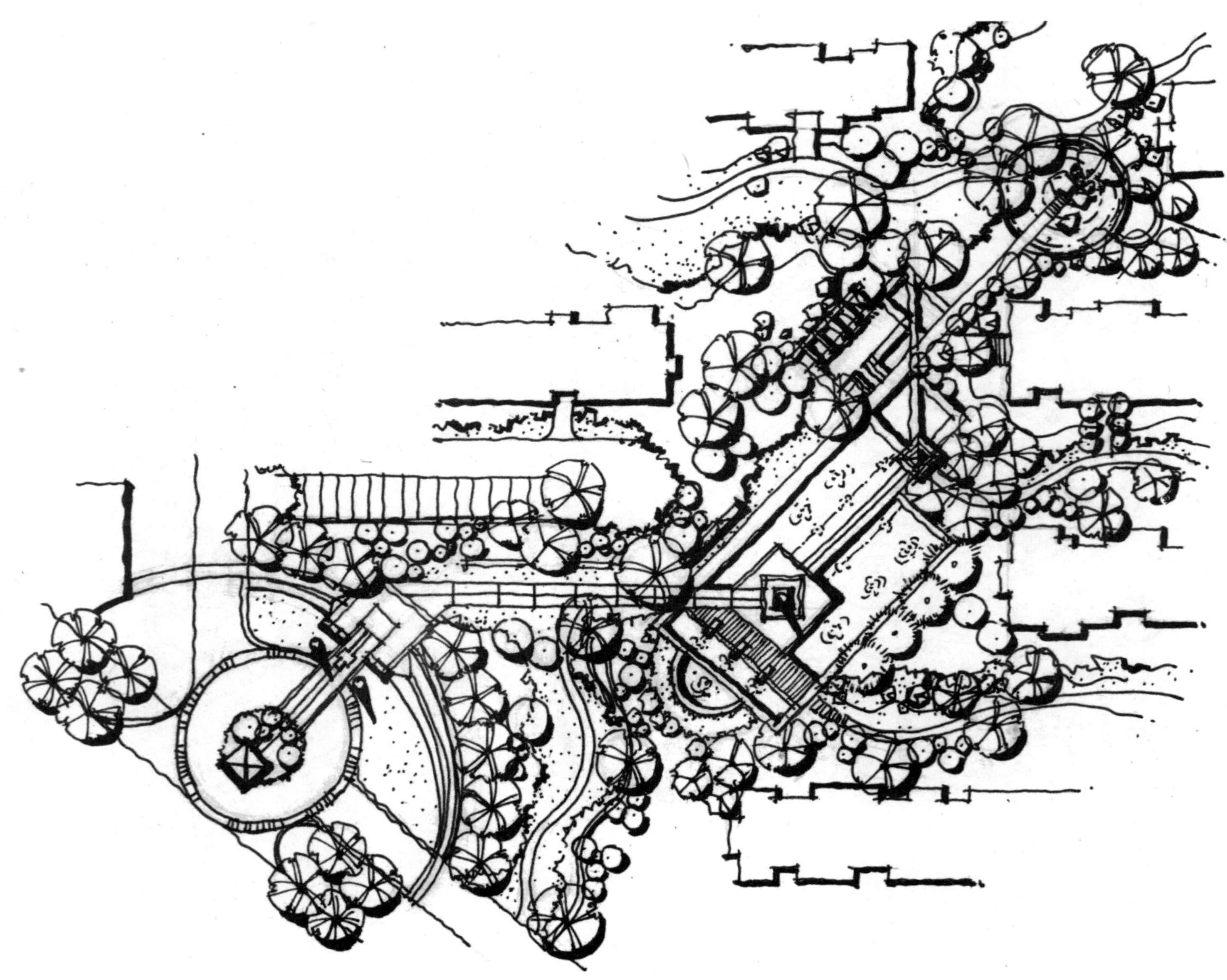

图 4.13 景观节点八

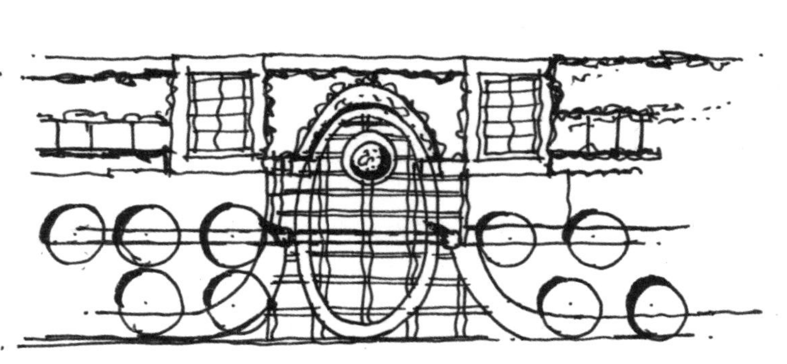

图 4.14 景观节点九

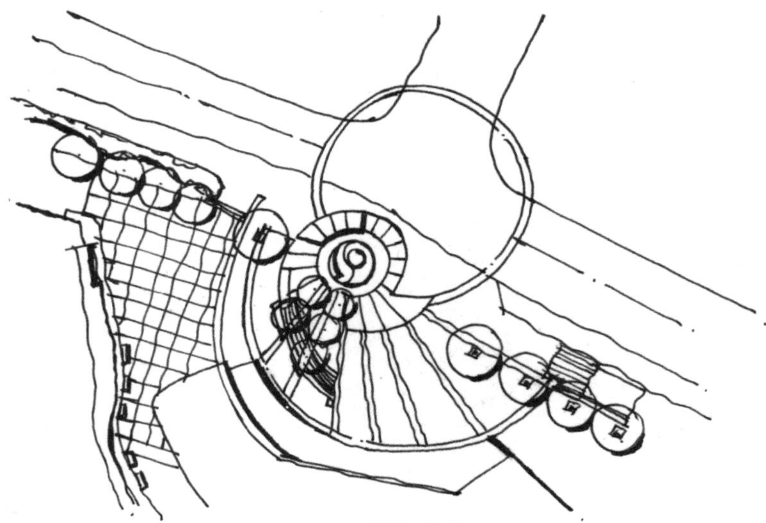

图 4.15 景观节点十

图 4.16 景观节点十一

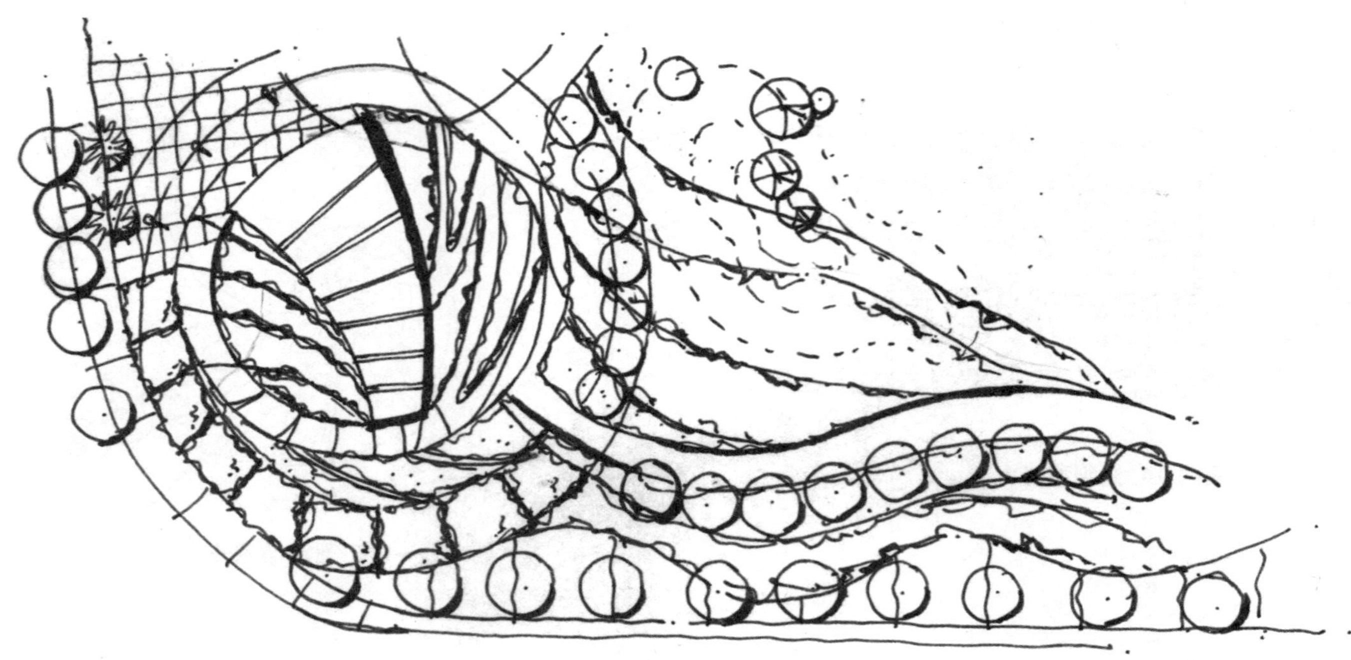

图 4.17 景观节点十二

图 4.18 景观节点十三

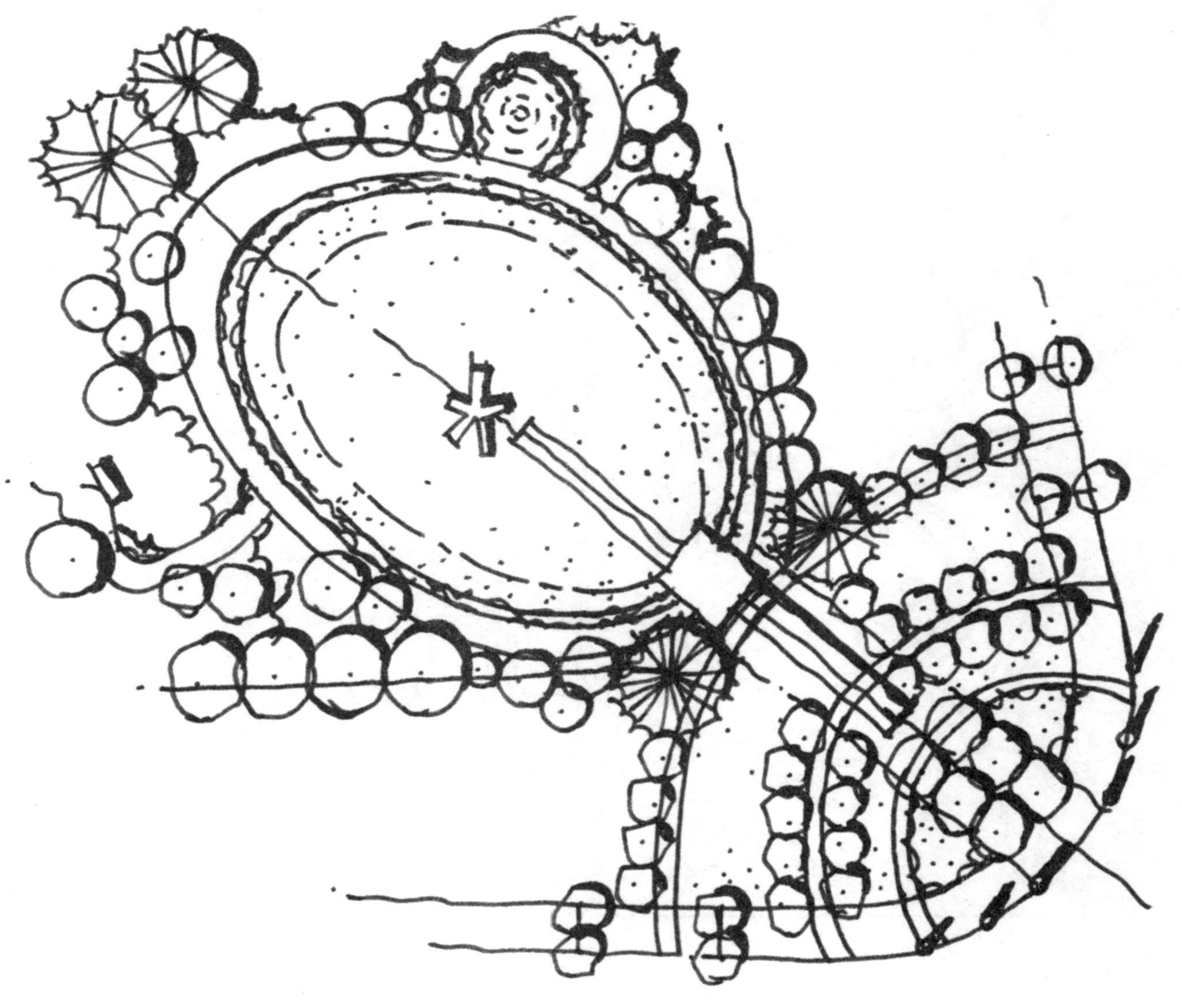

图 4.19 景观节点十四

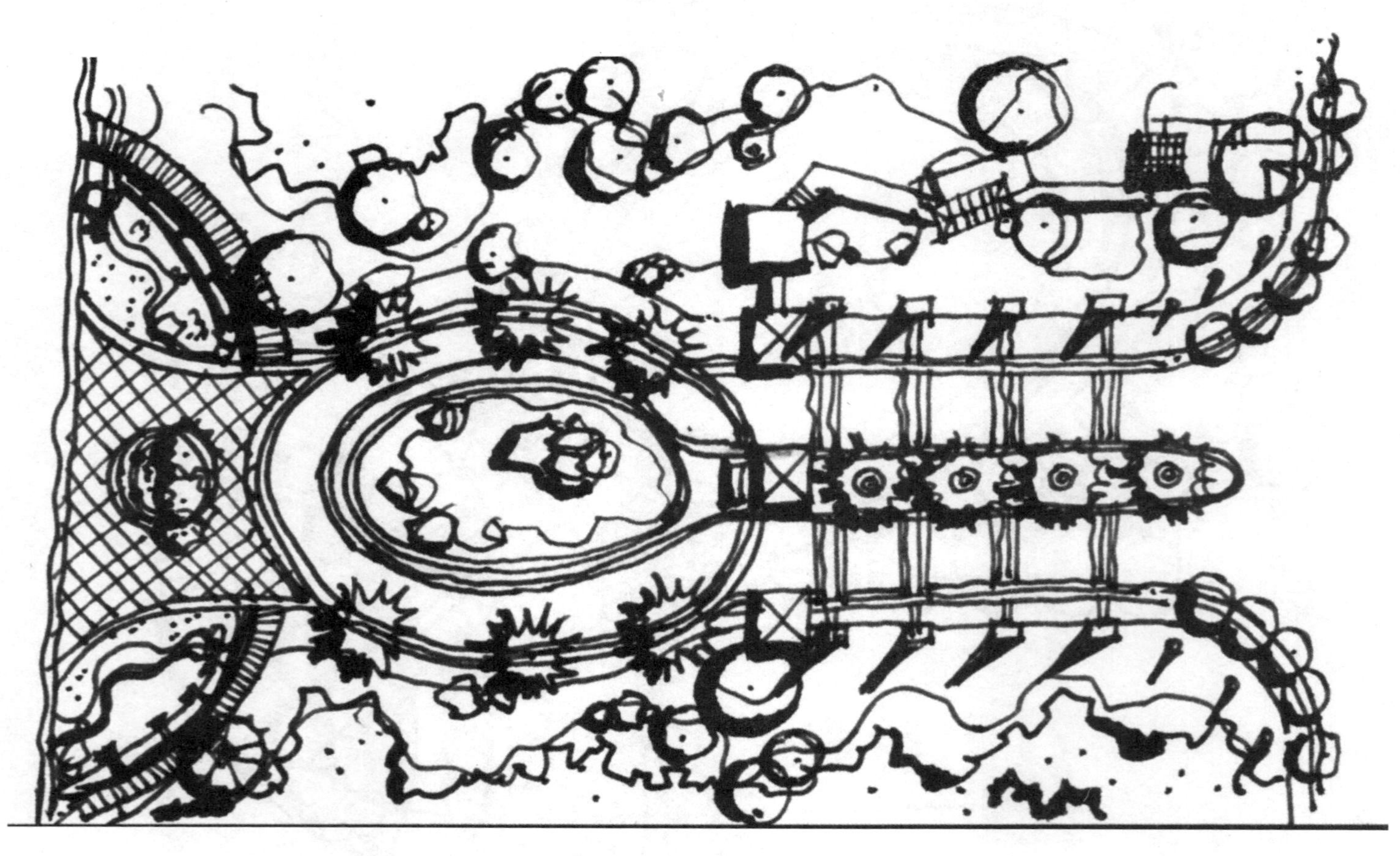

图 4.20 景观节点十五

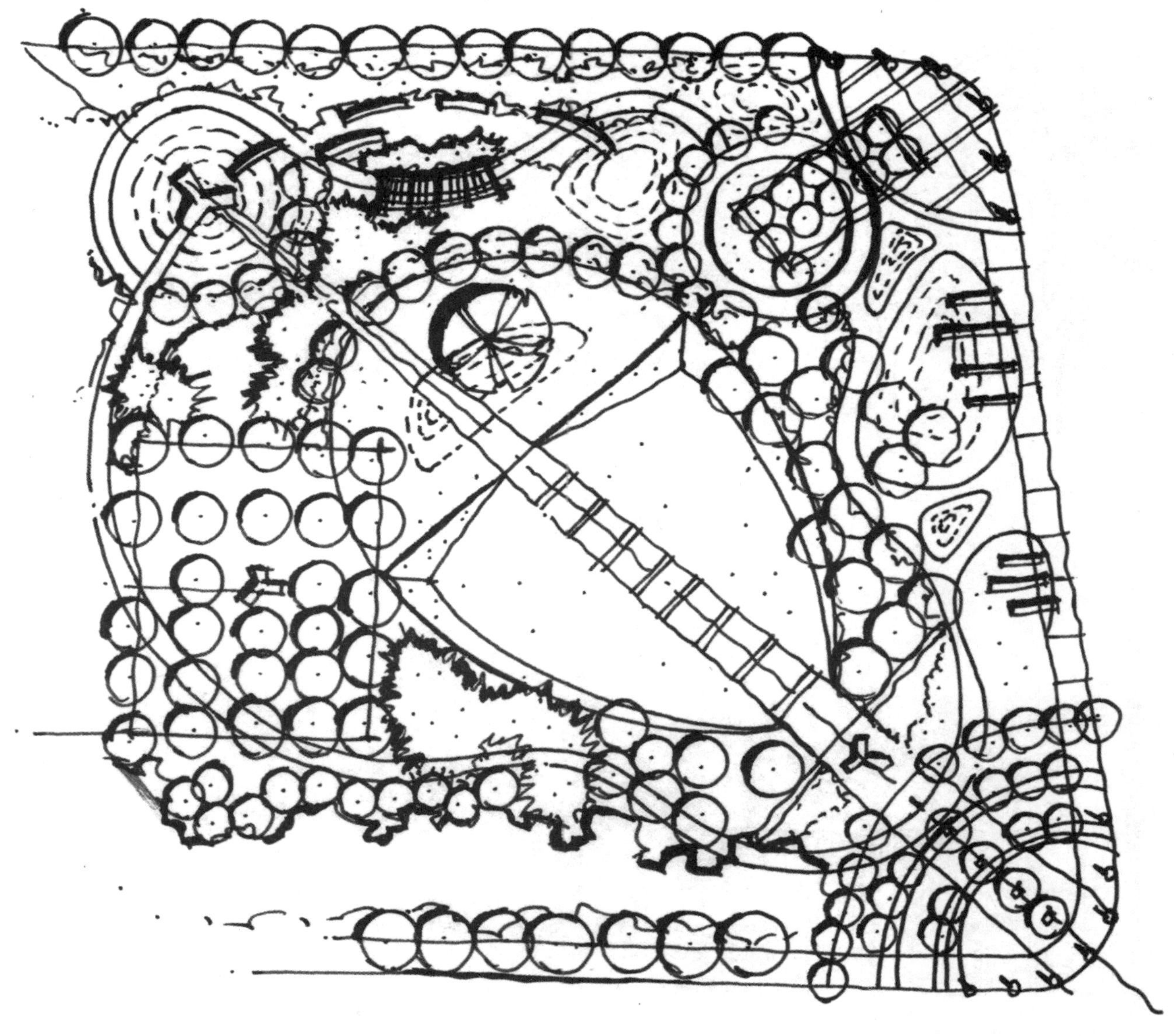

图 4.21 景观节点十六

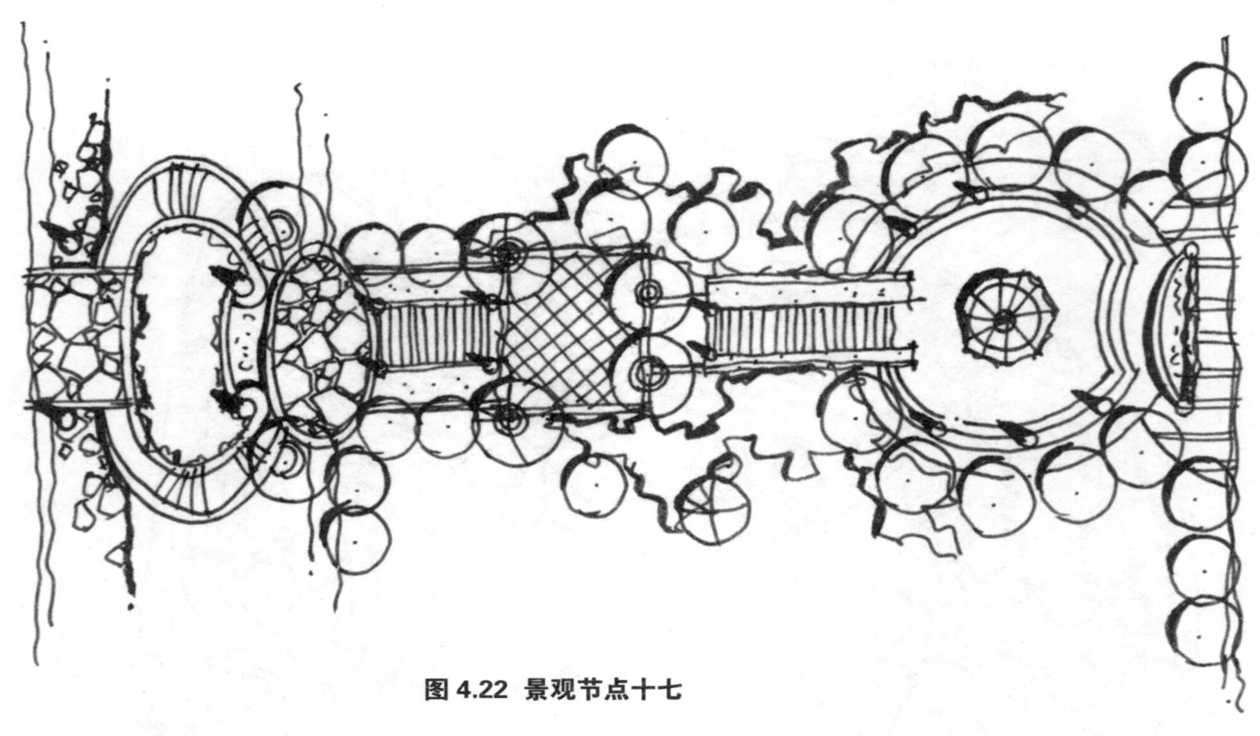

图 4.22 景观节点十七

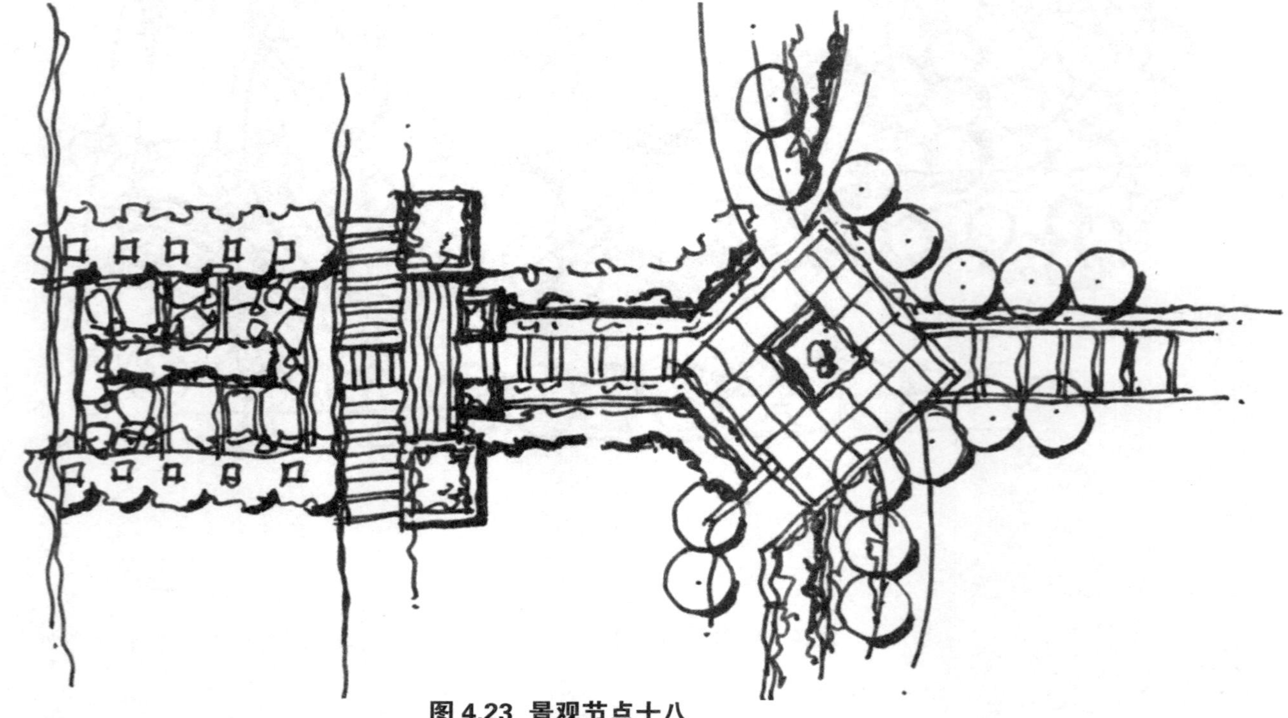

图 4.23 景观节点十八

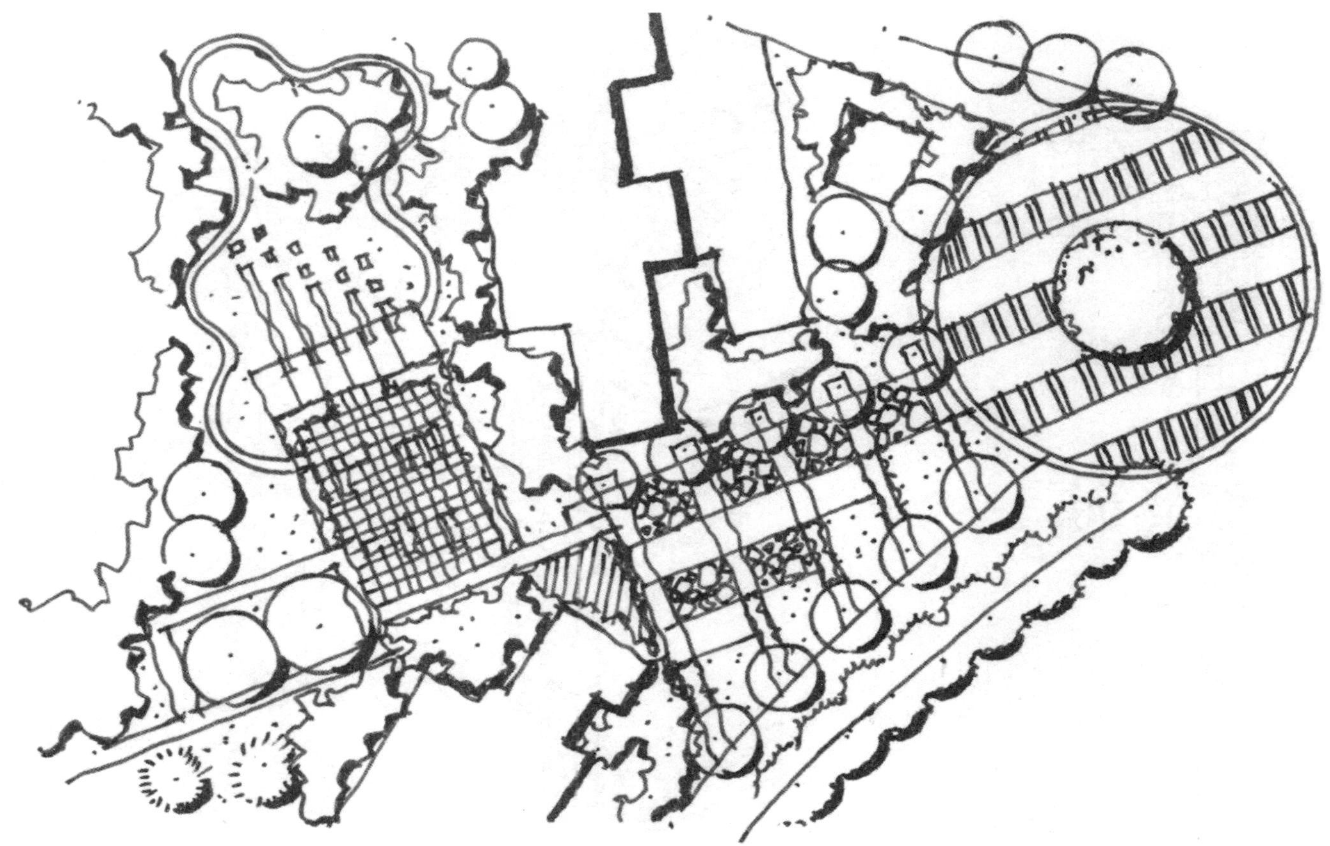

图 4.24 景观节点十九

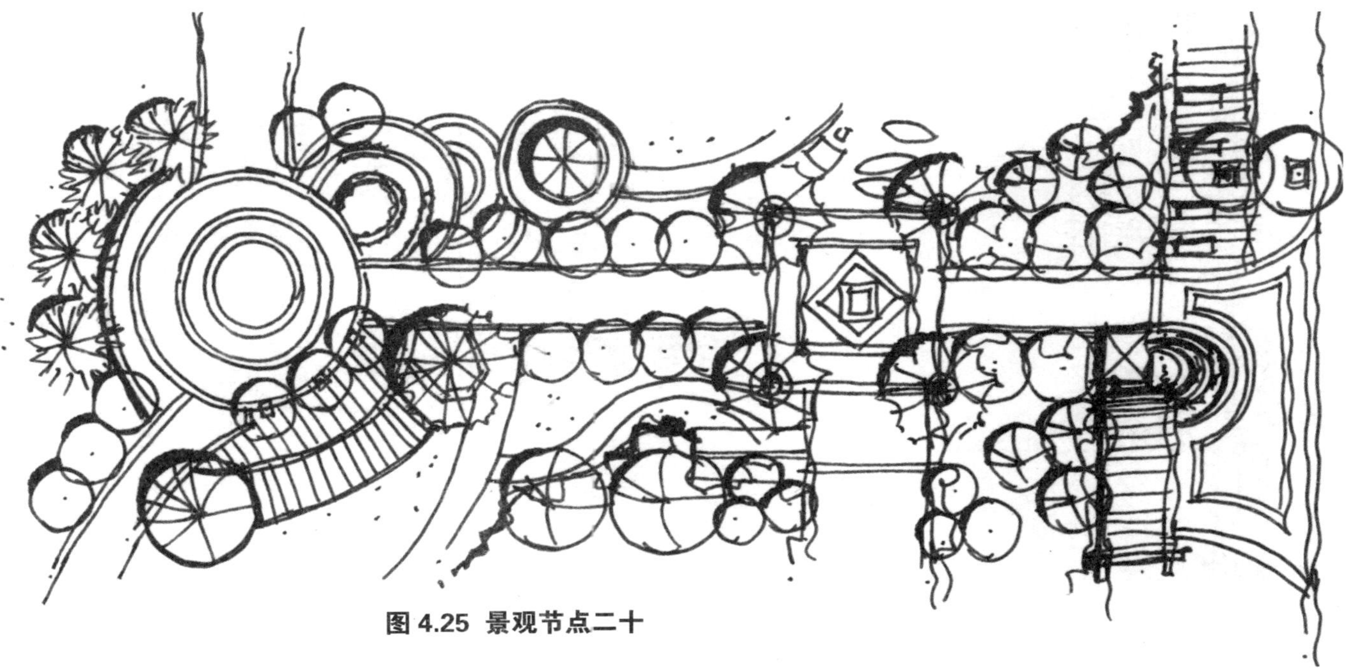

图 4.25 景观节点二十

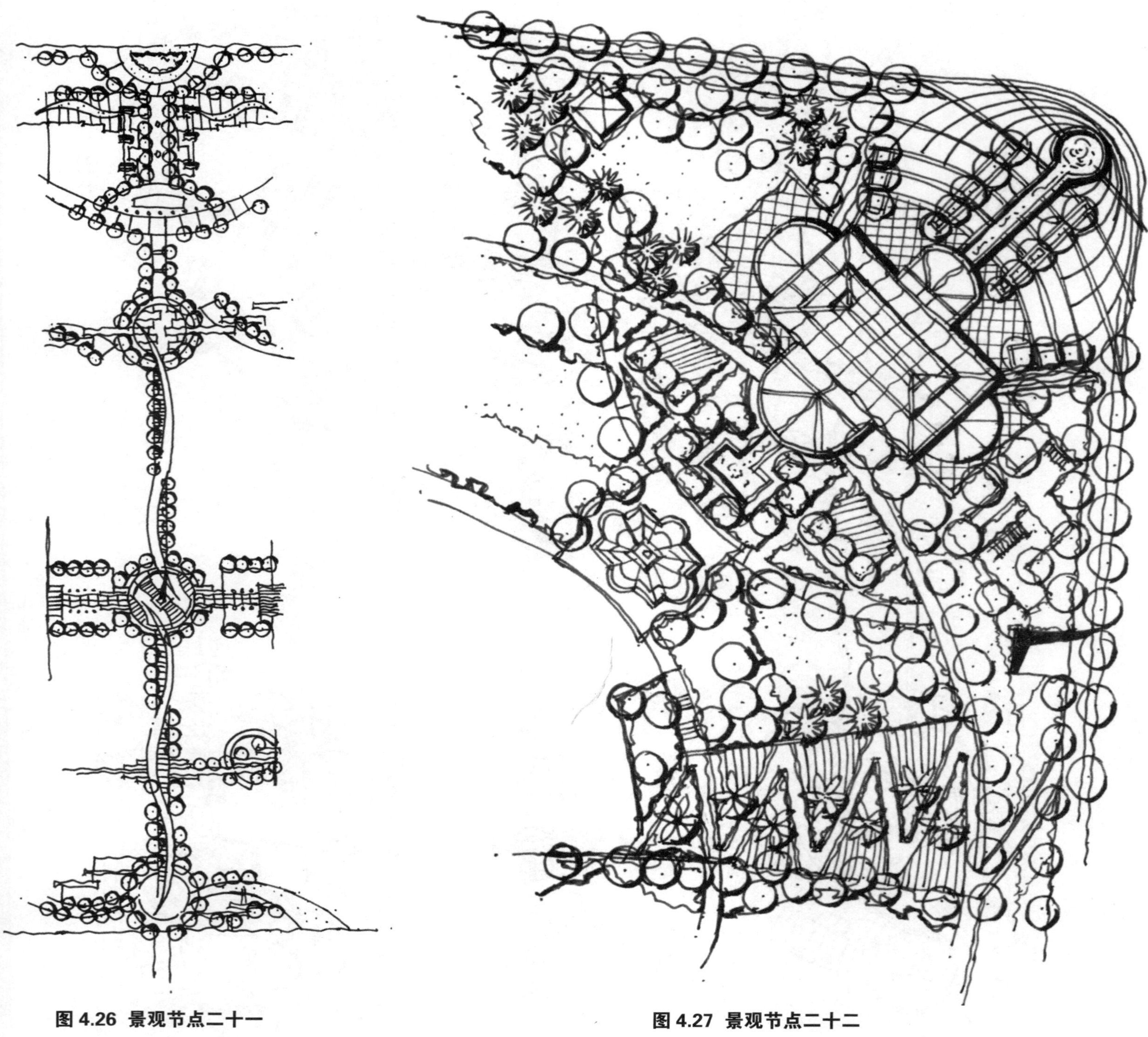

图 4.26 景观节点二十一

图 4.27 景观节点二十二

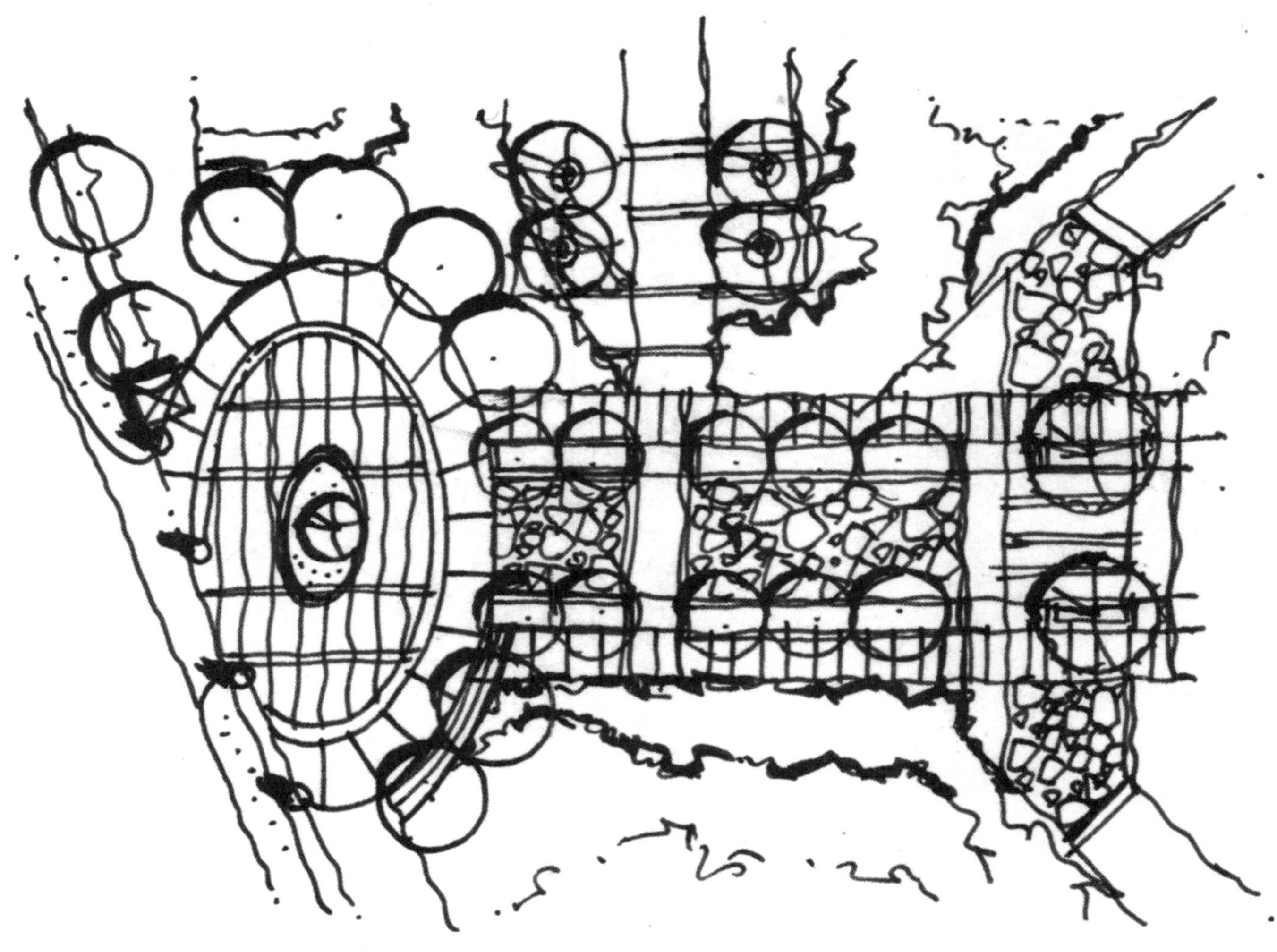

图 4.28　景观节点二十三

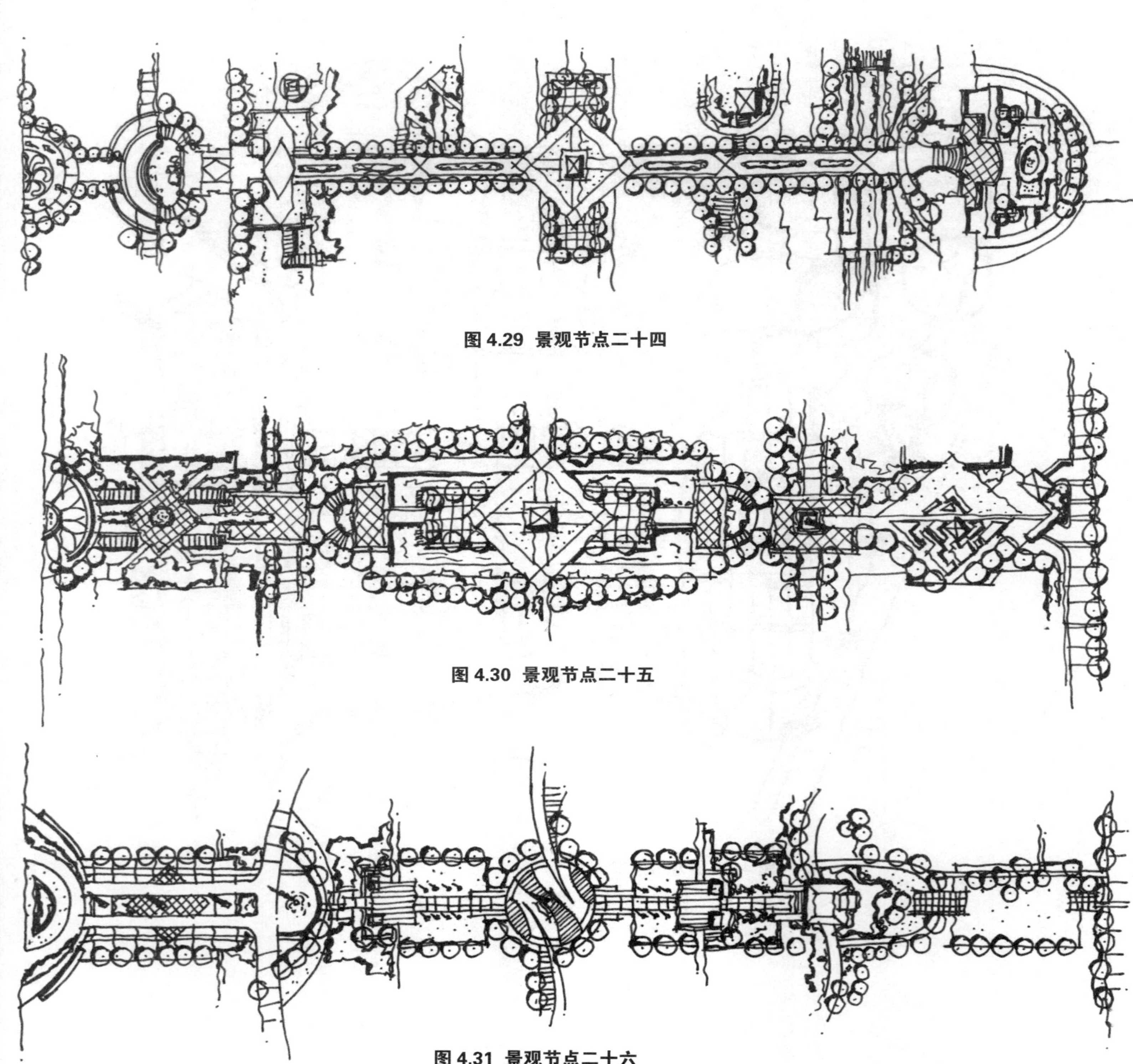

图 4.29 景观节点二十四

图 4.30 景观节点二十五

图 4.31 景观节点二十六

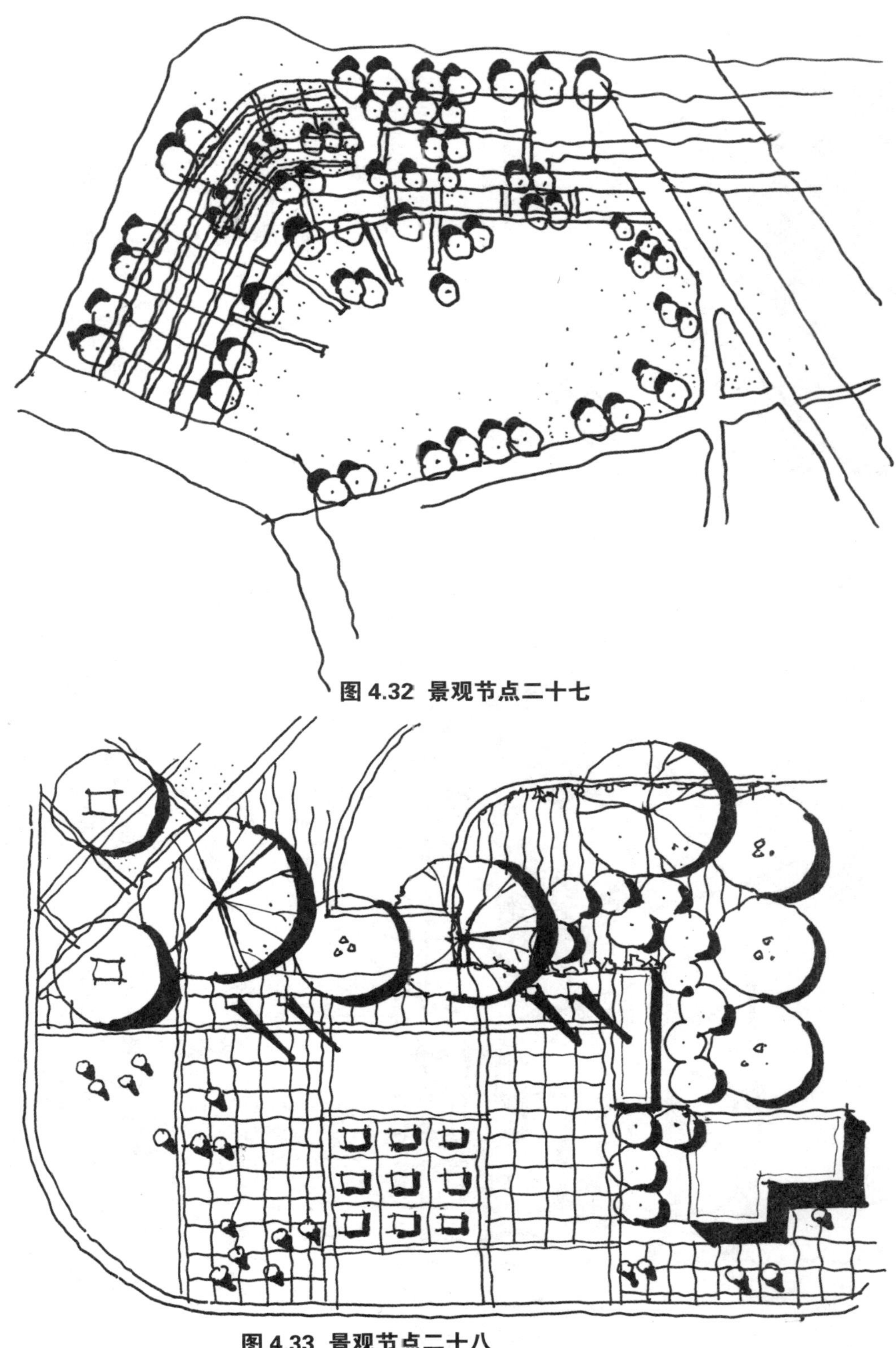

图 4.32　景观节点二十七

图 4.33　景观节点二十八

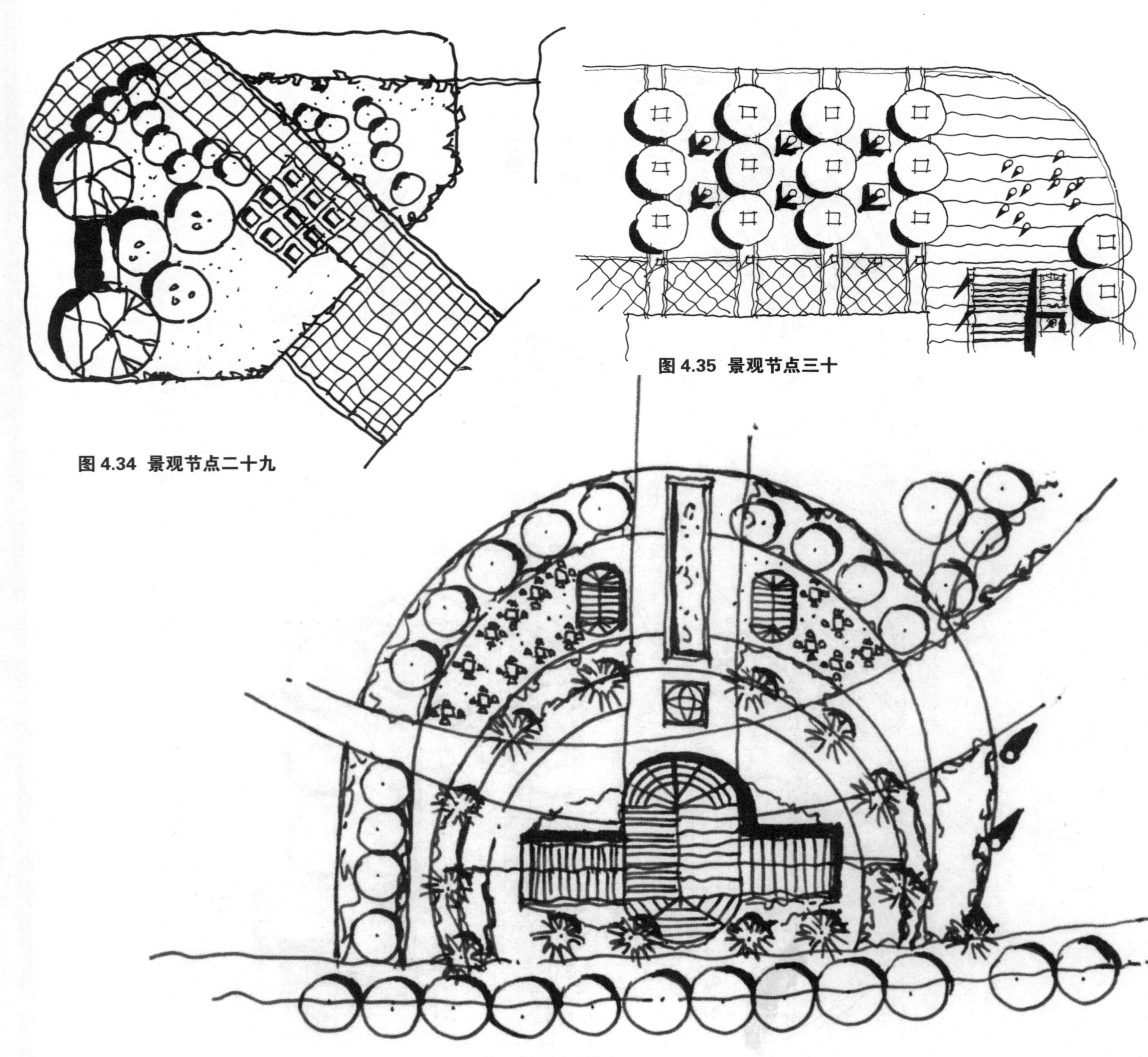

图 4.34 景观节点二十九

图 4.35 景观节点三十

图 4.36 景观节点三十一

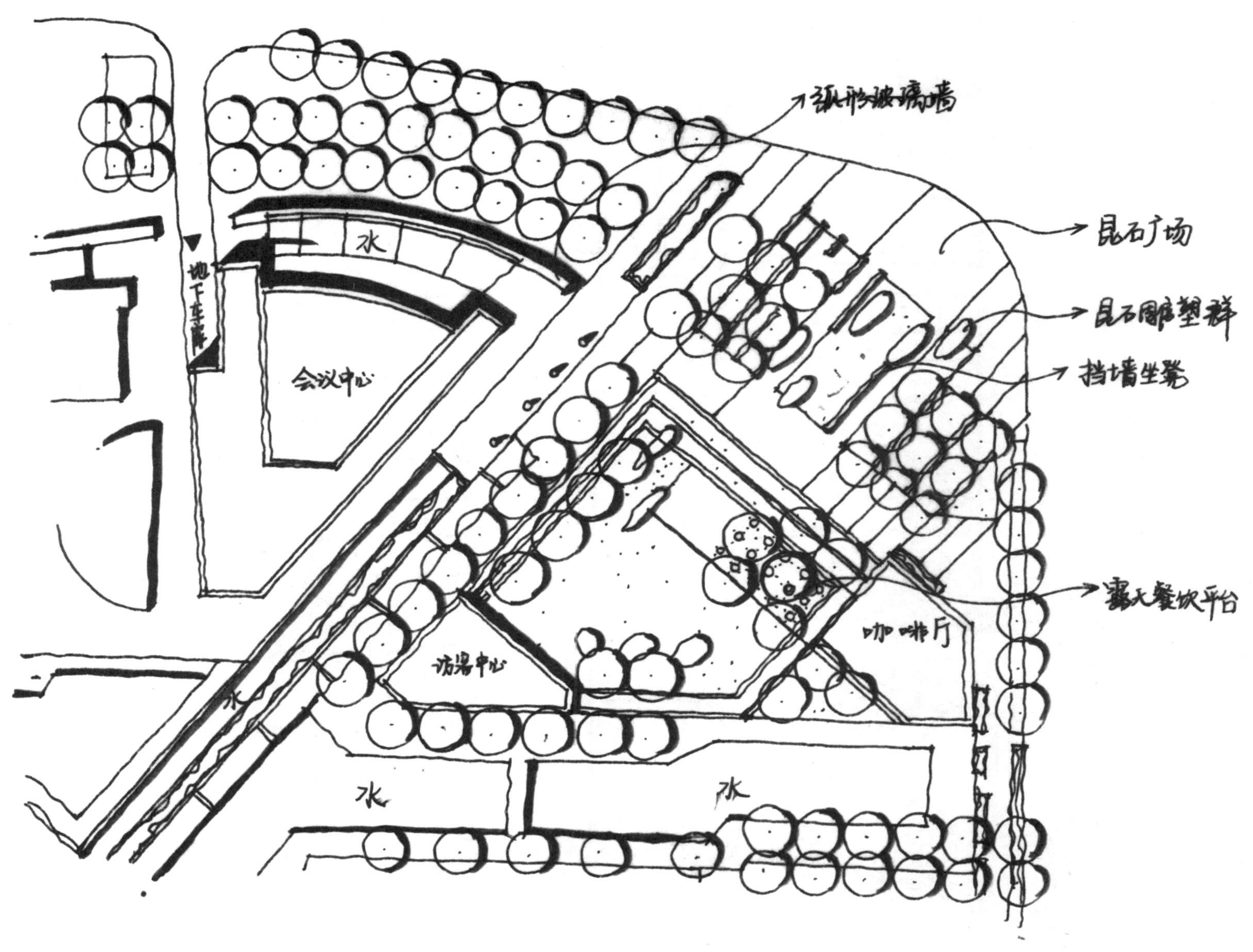

图 4.37　景观节点三十二

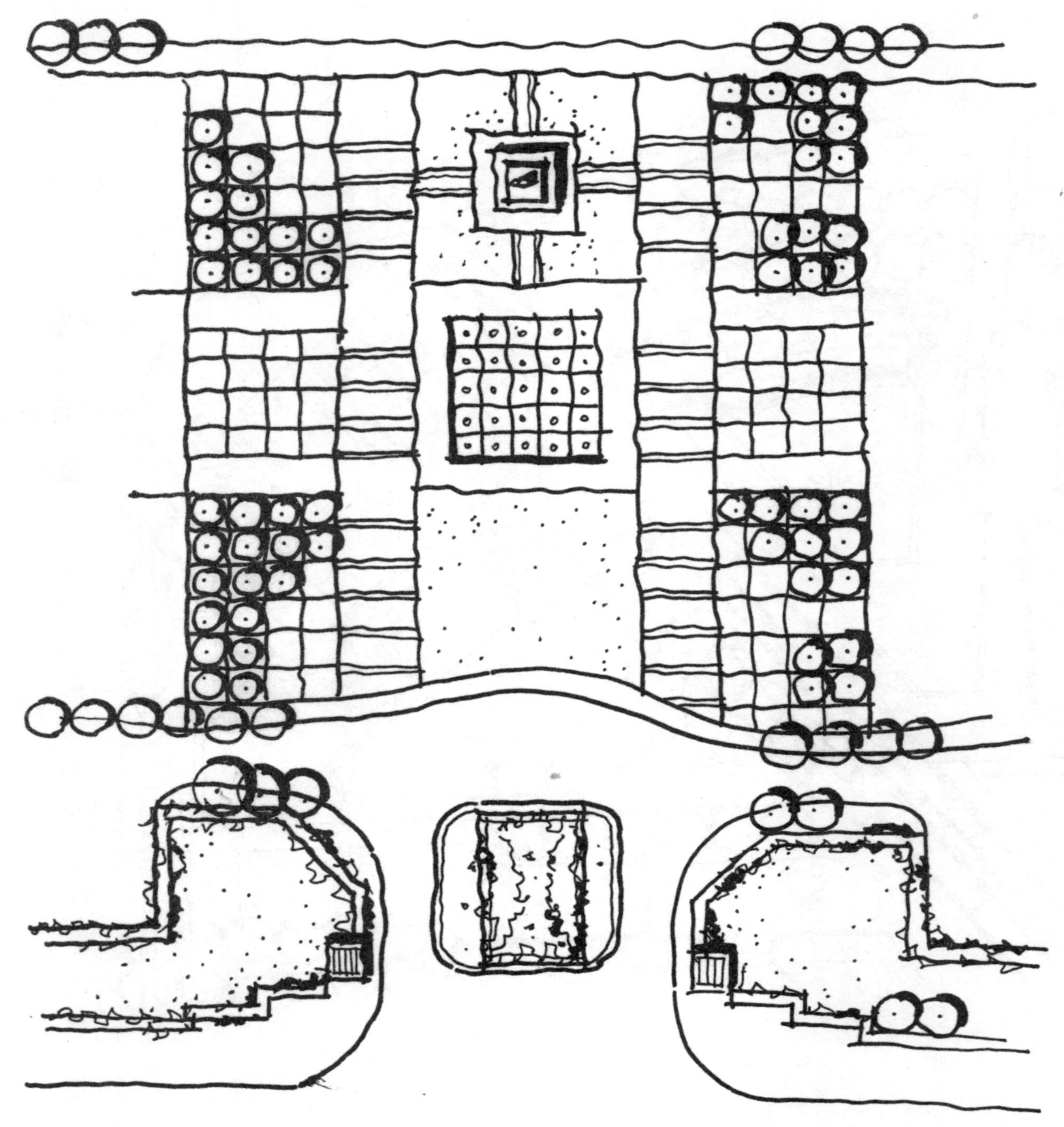

图 4.38 景观节点三十三

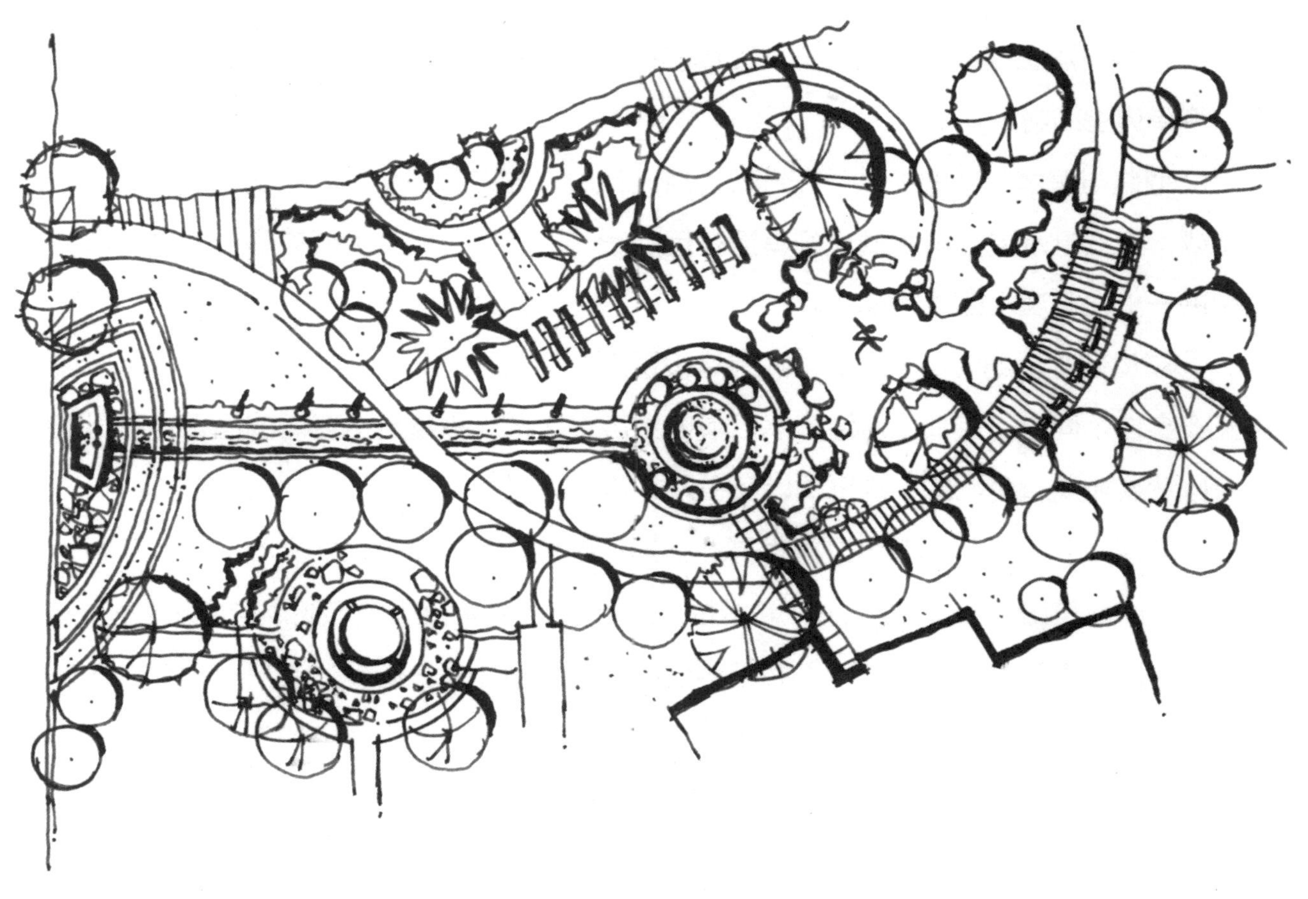

图 4.39　景观节点三十四

4.2.2 滨水景观带设计

滨水景观带的景观基础资源比较丰富，设计时需加强空间营造与视线组织，合理地利用滨水景观资源并处理好人工构造的环境与自然环境间的关系。

1）滨水景观设计重点

①视线与滨水区域的关系：滨水区域的视线应尽量设计得较为开敞，方便将外围水景借入园中，切忌将岸边空间封死。

②道路与滨水区域的关系：在进行道路设计时，要注意道路走向与水域的关系，切忌一直远离水域或一直靠近水域。与水域之间有近有远、暧昧相依是道路与水域的最佳关系。通过道路的穿插组织进一步丰富滨水区域的视线。

③岸边亲水活动区域的设计：在岸边设置亲水活动区域时，要注意控制其入水区域的面积，考虑其安全性。同时，应加强岸边亲水区域的生态性，减少其不透水区域的面积。常见的临水活动空间有自然缓坡式、台地式、挑出式以及引入式四种。

④防洪设计：遇到具有水文条件需要处理的基地，第一步是对水文状况进行了解，有防洪需求的水域在明确其三大水位（枯水位、常水位、洪水位）的基础上需进行防洪与亲水空间相结合的设计。常见的方法是将防洪设计与亲水游憩相结合的“梯地退让式分层设计手法”，即在了解其水位的情况下分设不同高程的活动层，充分利用水域非洪讯期良好的景观基础条件。具体的做法如图 4.40~图 4.43 所示。

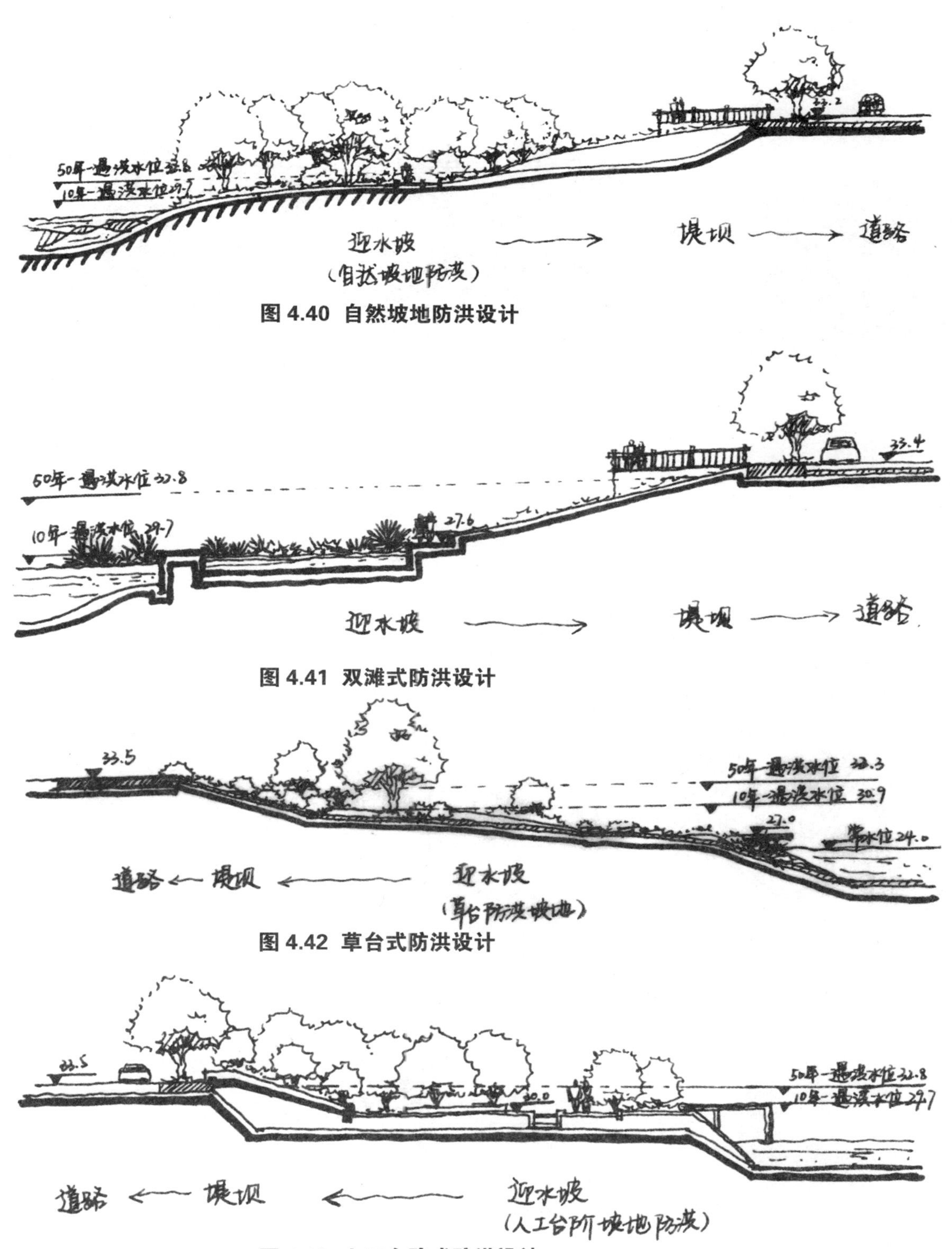

图 4.40　自然坡地防洪设计

图 4.41　双滩式防洪设计

图 4.42　草台式防洪设计

图 4.43　人工台阶式防洪设计

2）各类滨水景观带设计展示（图 4.44~ 图 4.64）

图 4.44 滨水景观设计一

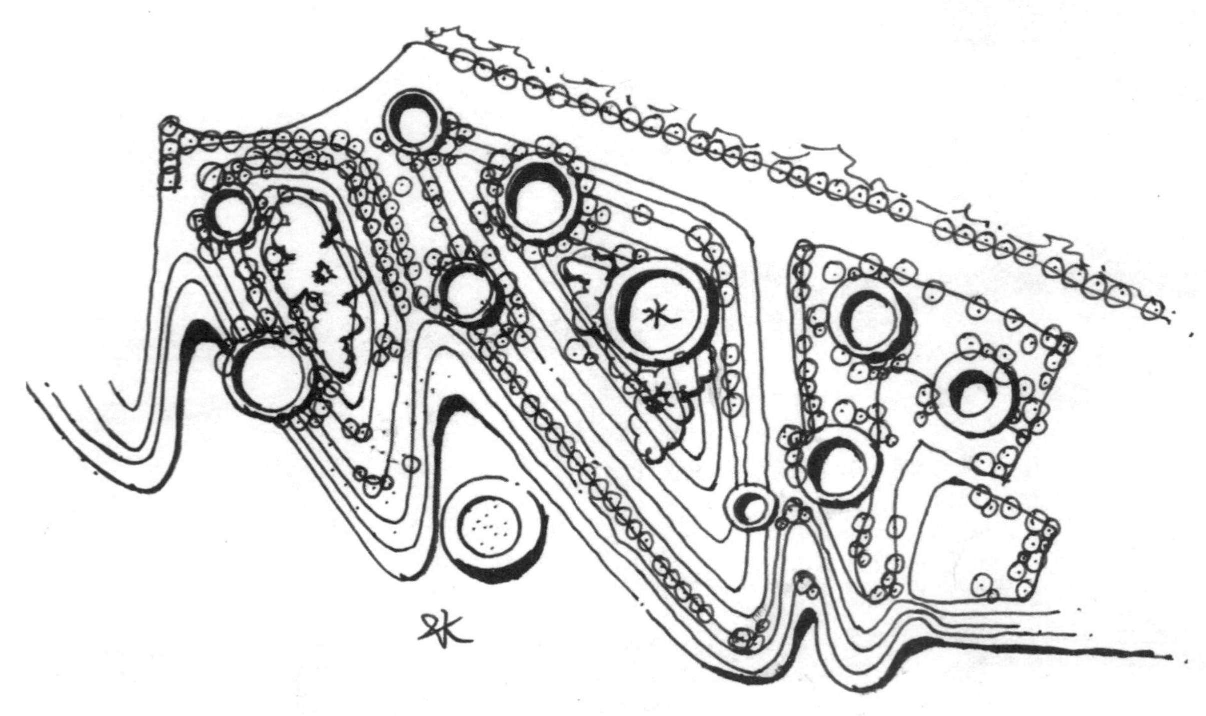

图 4.45 滨水景观设计二

图 4.46 滨水景观设计三

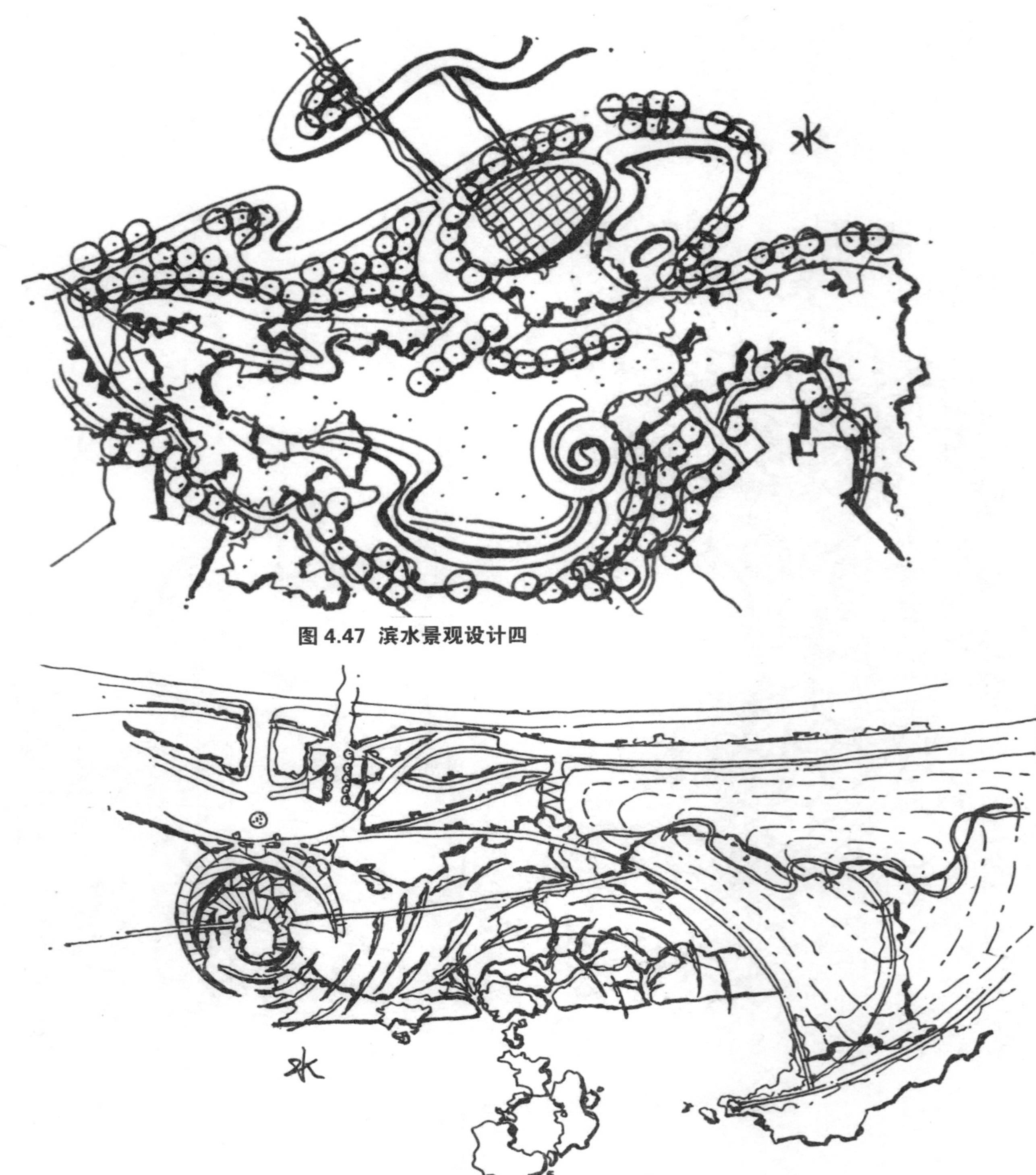

图 4.47 滨水景观设计四

图 4.48 滨水景观设计五

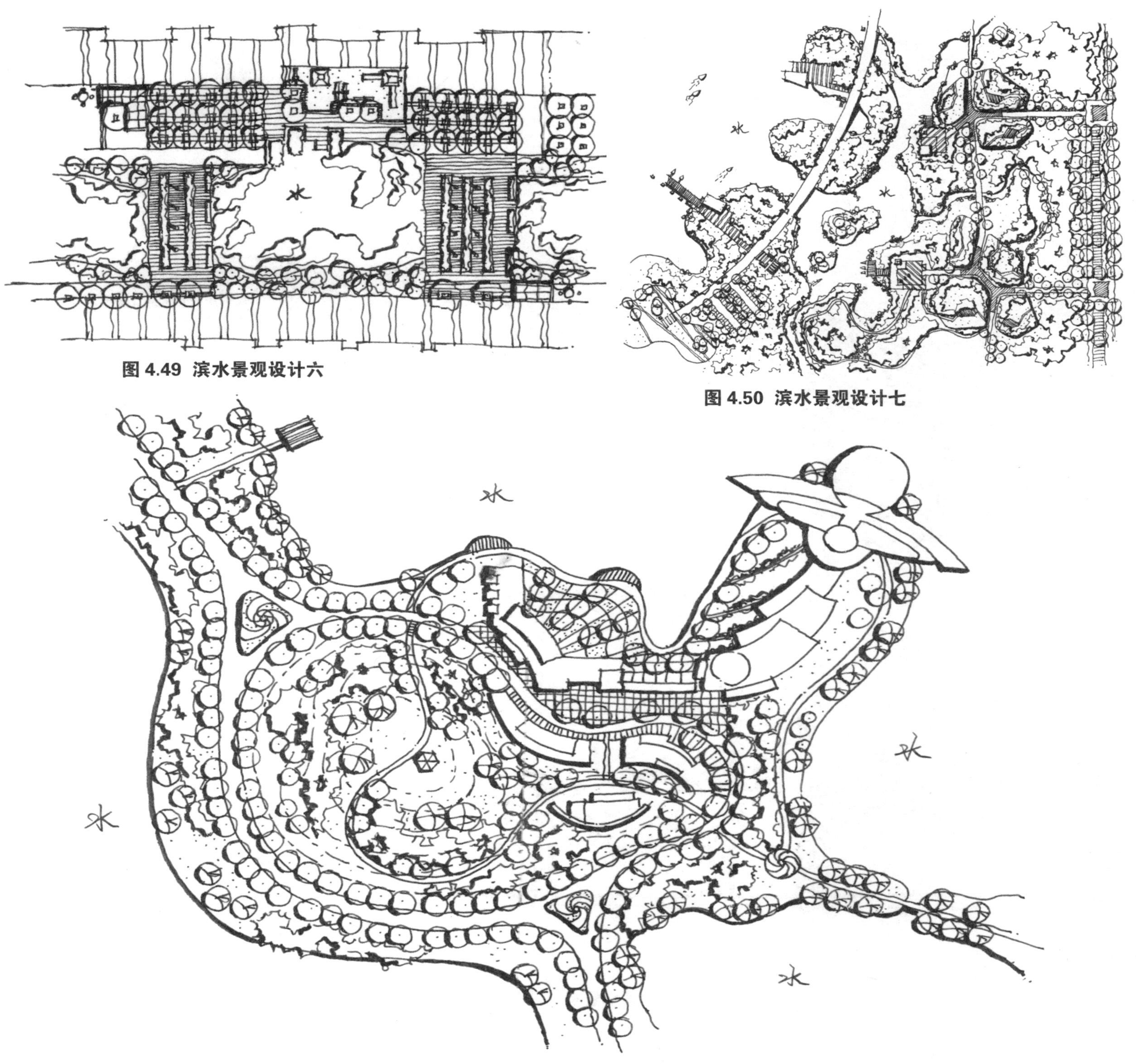

图 4.49　滨水景观设计六

图 4.50　滨水景观设计七

图 4.51　滨水景观设计八

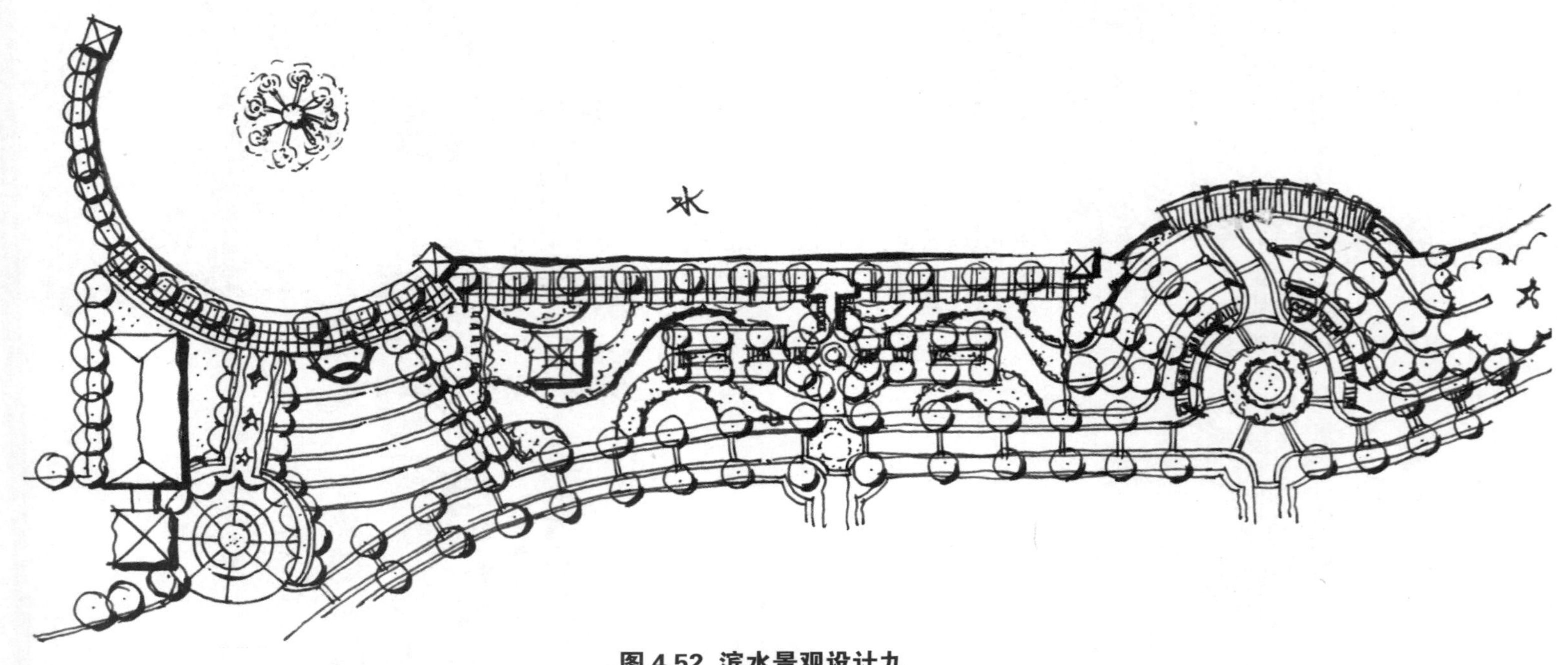

图 4.52 滨水景观设计九

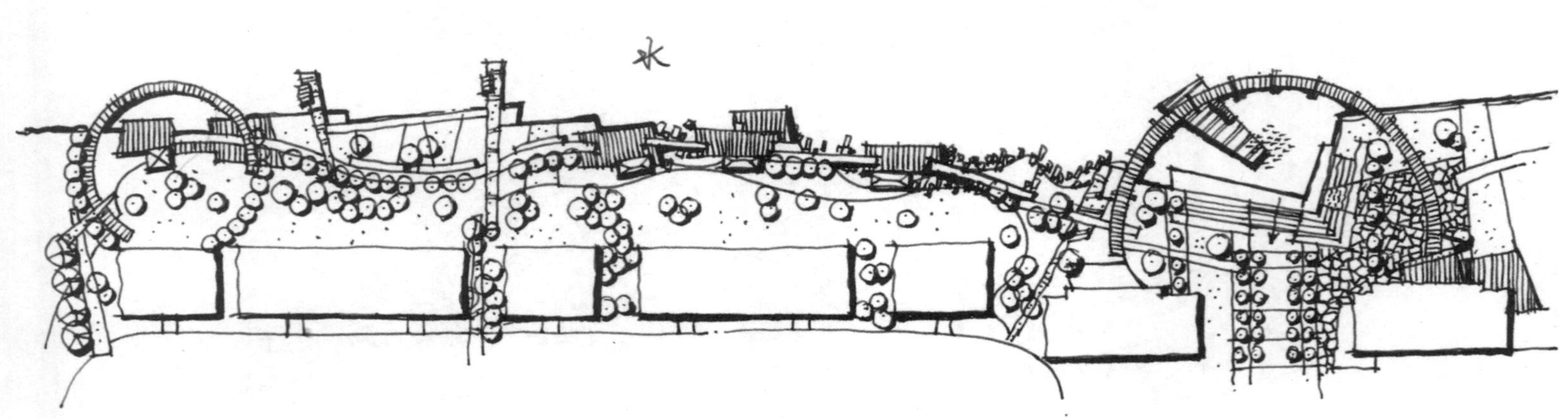

图 4.53 滨水景观设计十

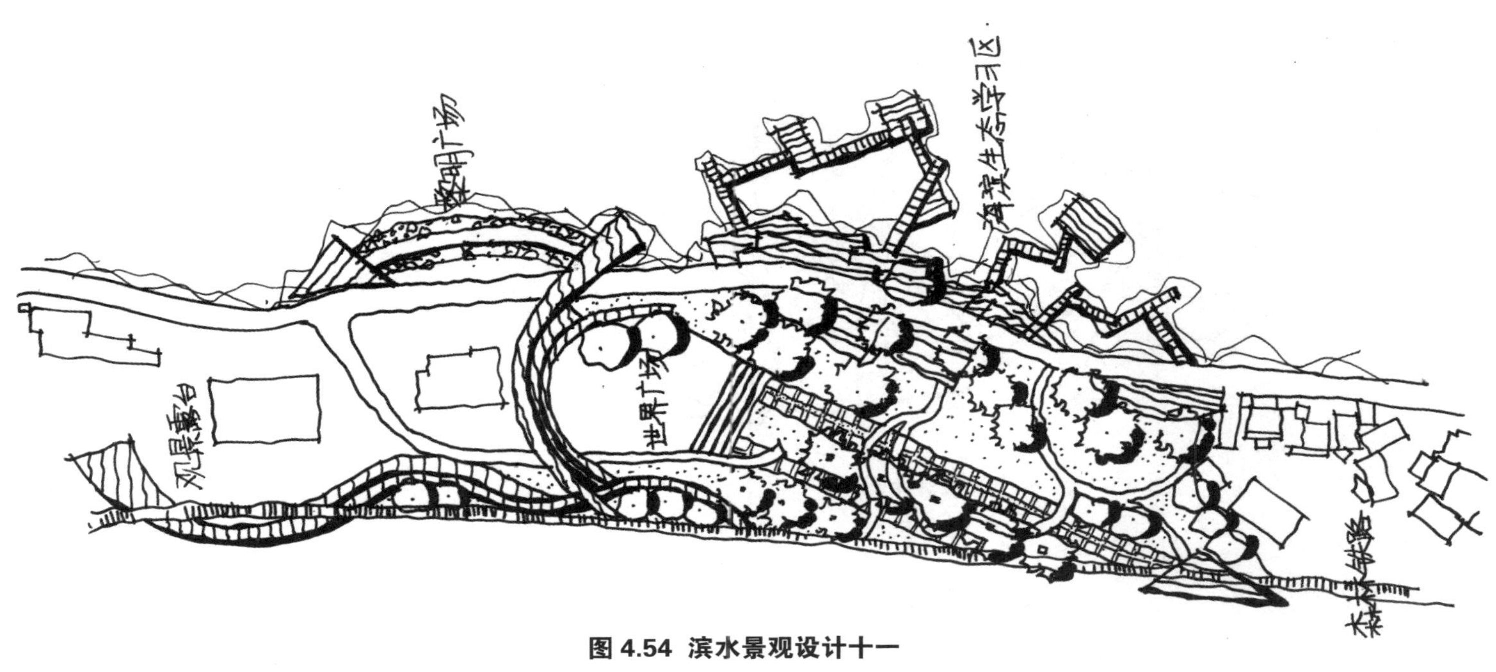

图 4.54 滨水景观设计十一

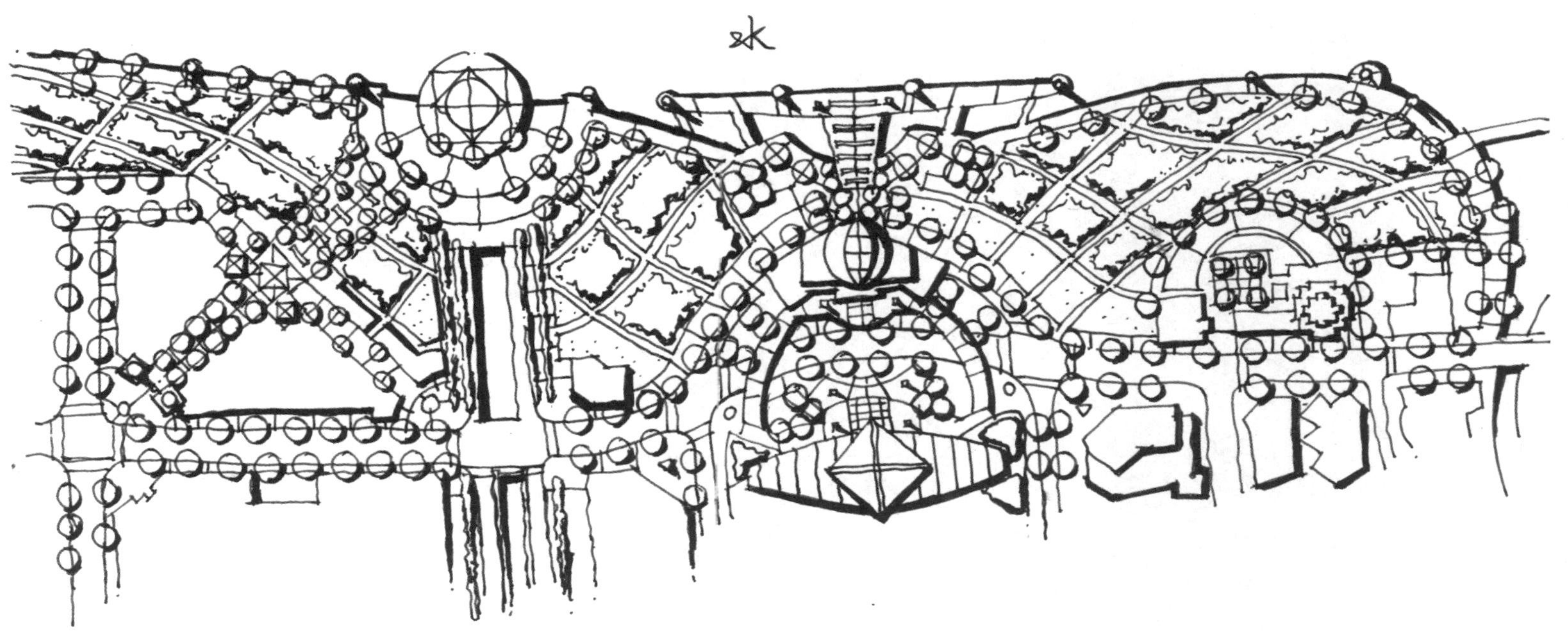

图 4.55 滨水景观设计十二

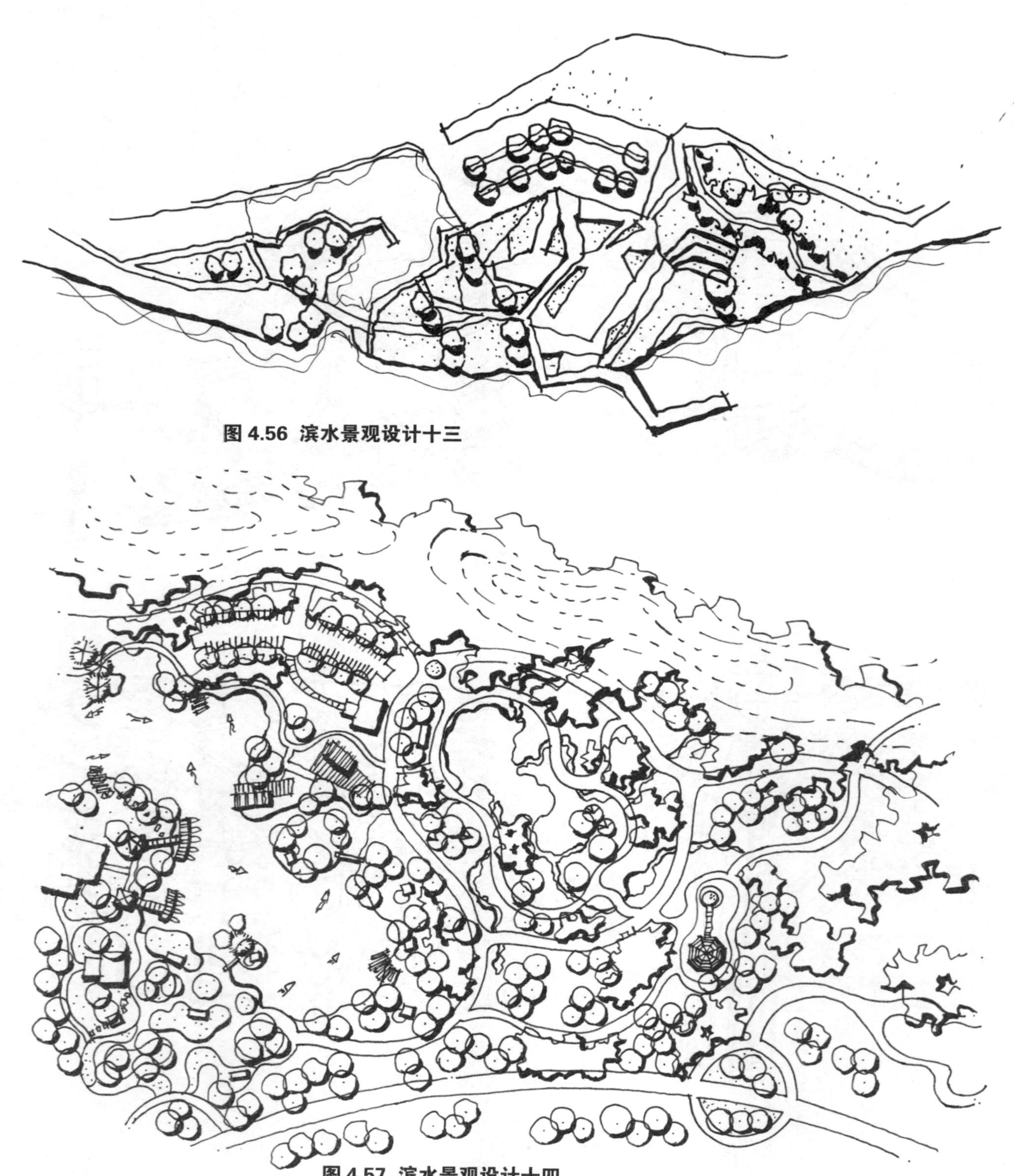

图 4.56 滨水景观设计十三

图 4.57 滨水景观设计十四

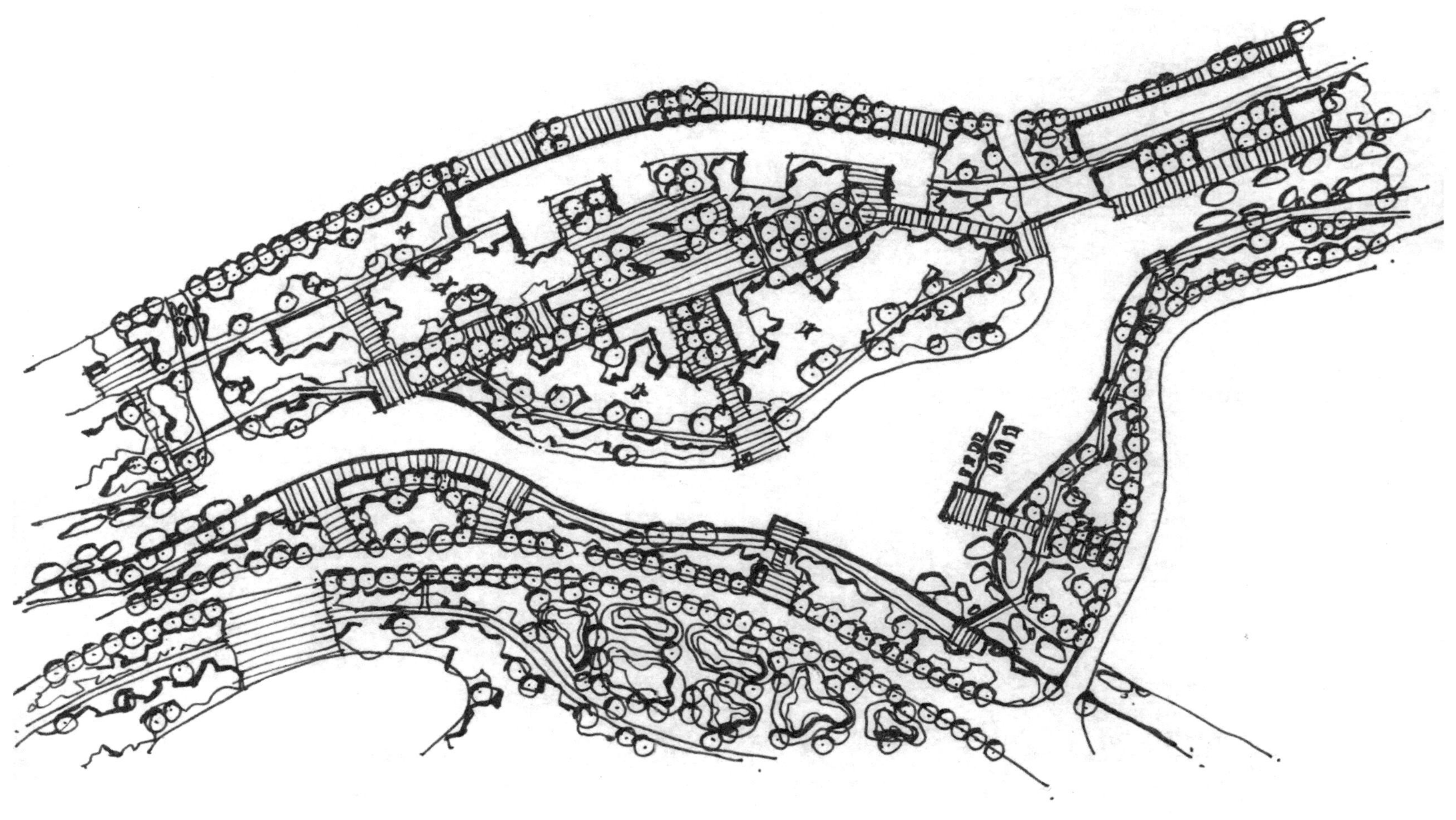

图 4.58 滨水景观设计十五

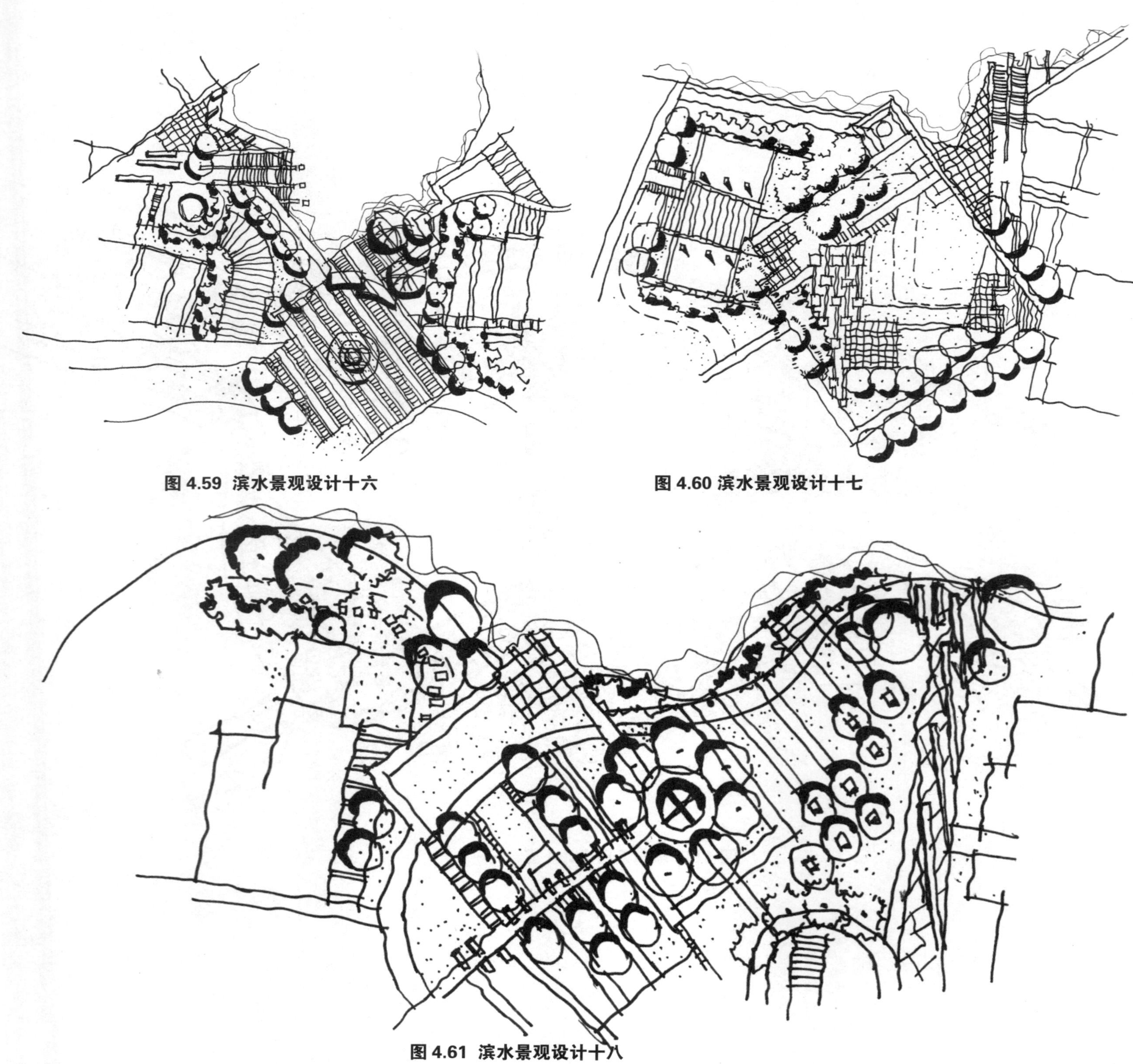

图 4.59 滨水景观设计十六

图 4.60 滨水景观设计十七

图 4.61 滨水景观设计十八

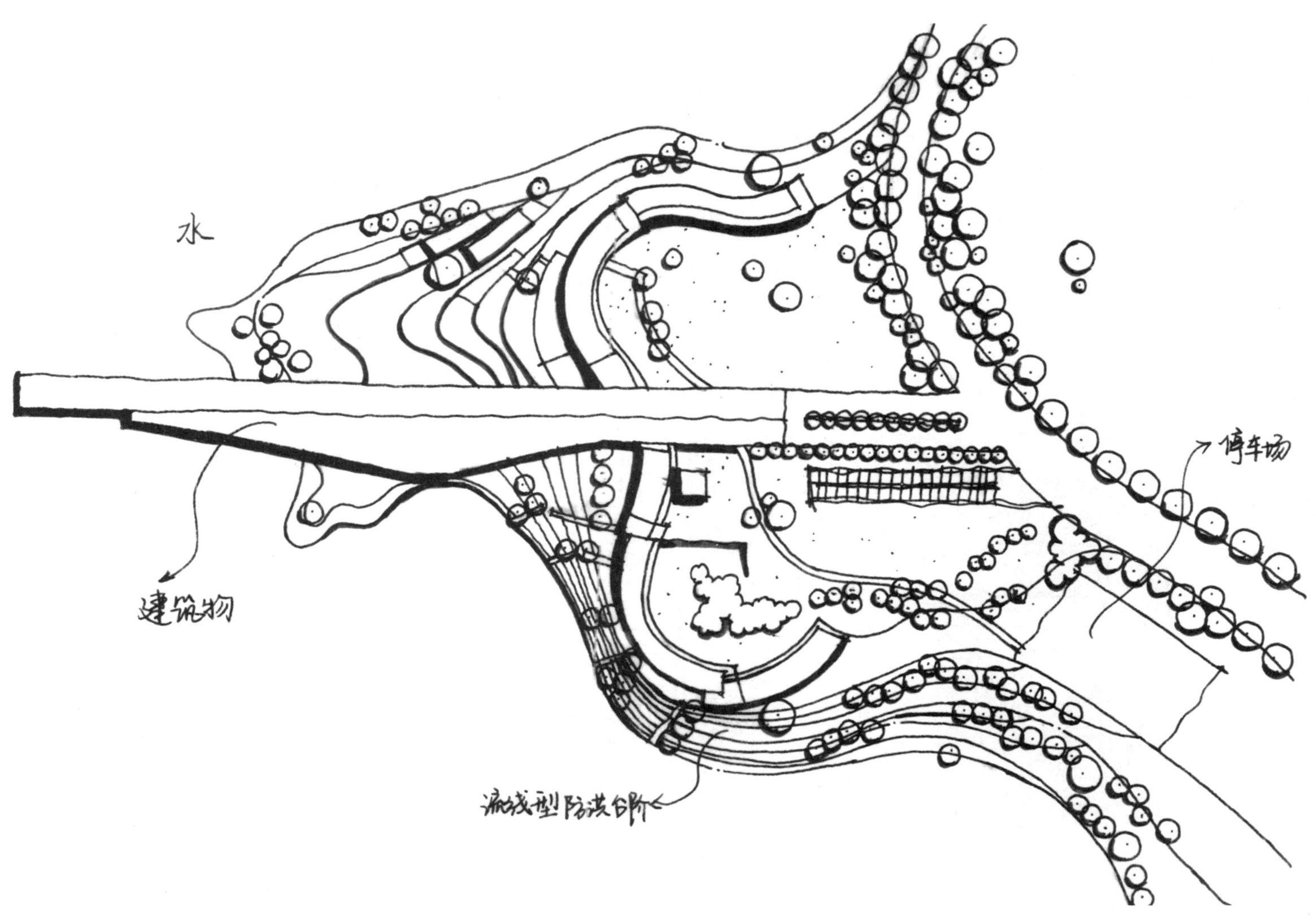

图 4.62 滨水景观设计十九

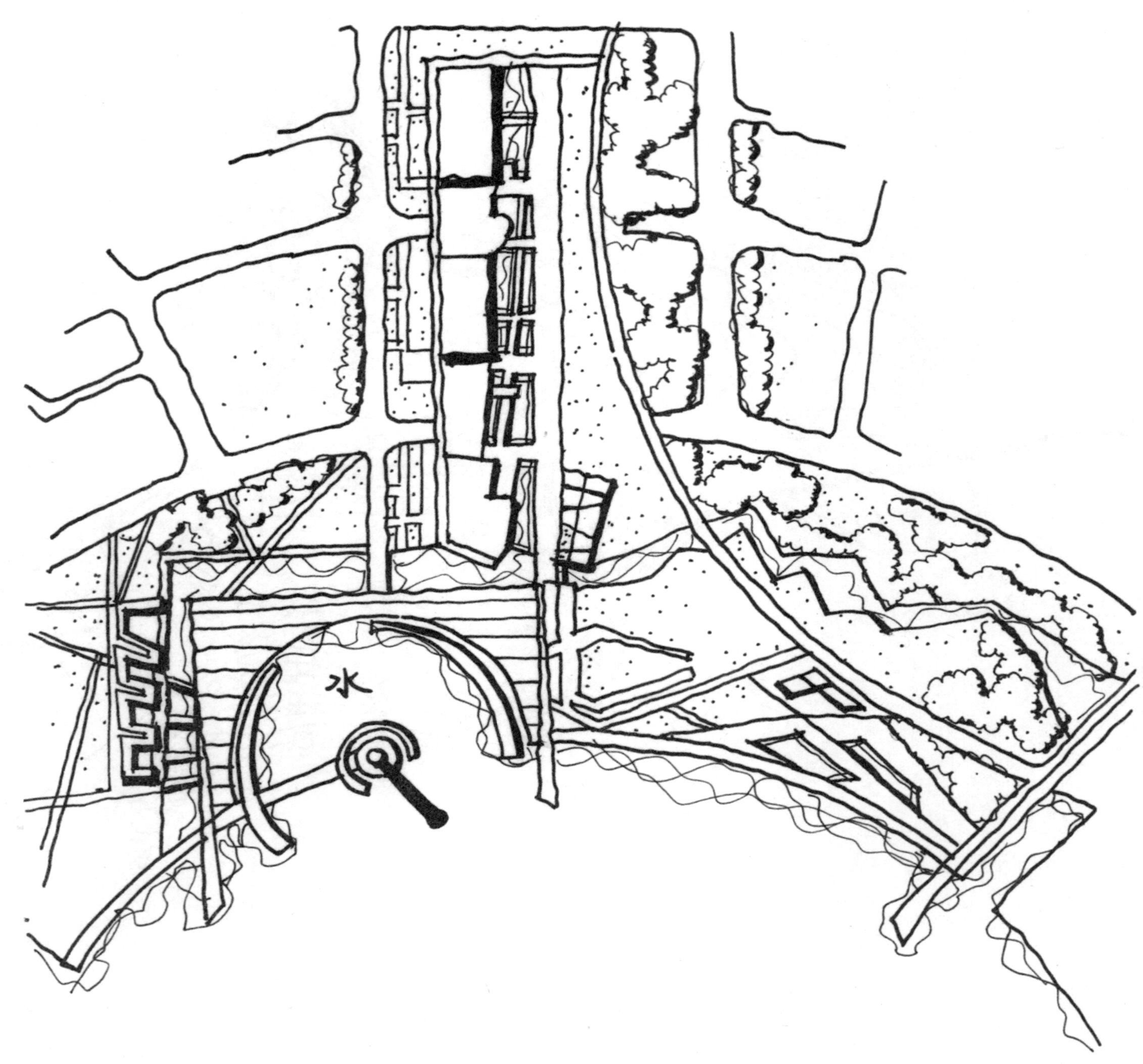

图 4.63 滨水景观设计二十

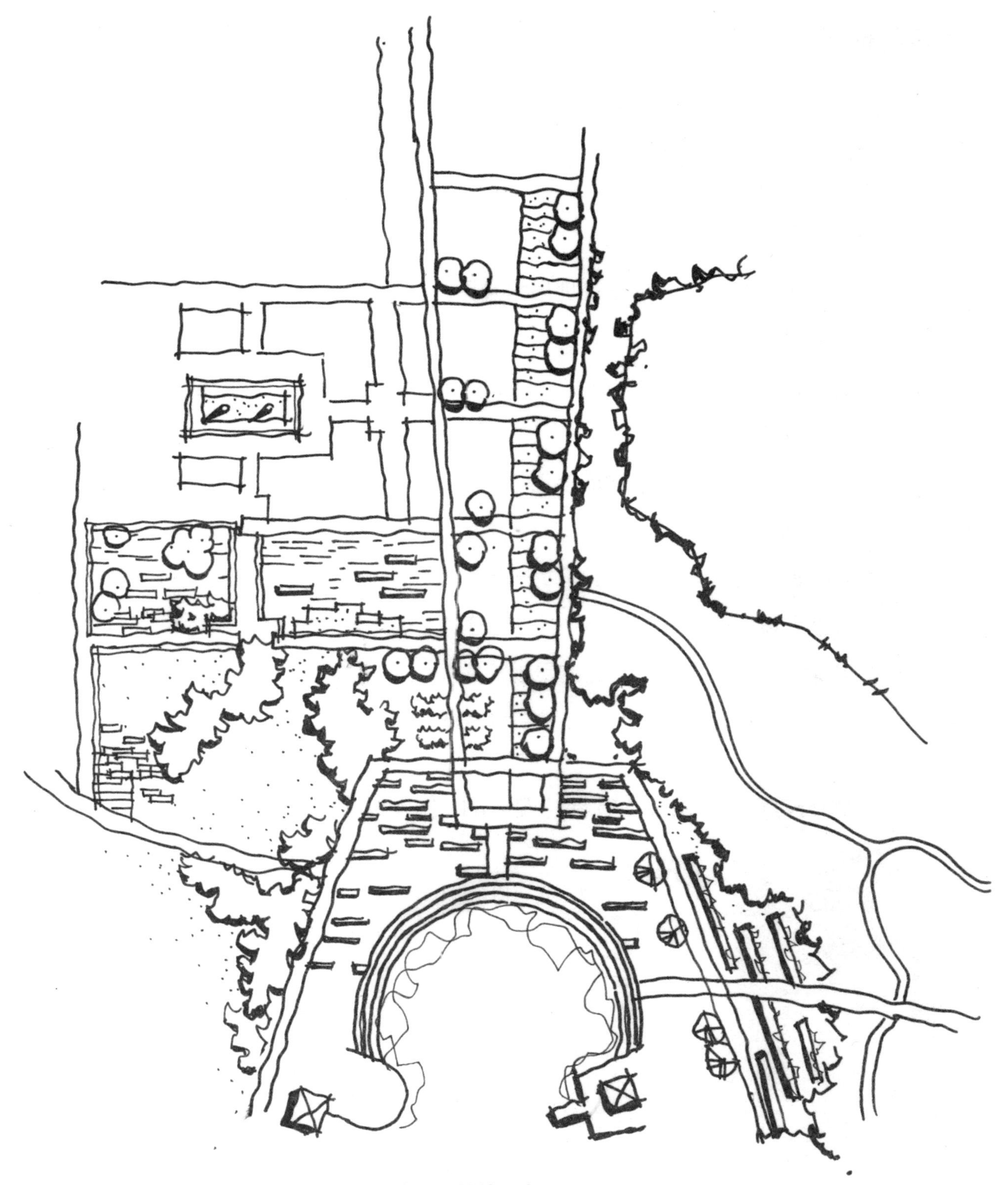

图 4.64 滨水景观设计二十一

4.2.3 建筑外景观环境设计

建筑外环境的处理是快题考察中最为常见的方面，需要广大学员掌握基础的建筑外环境的处理方法，轻松应对这一常规考点。

1）建筑外环境设计要点

古建筑及现状建筑的外环境处理最为常见，特殊建筑类型还包括水塔、烟囱、窑体、覆土建筑等。其处理的基本原则是从形式及功能两个方面顺应该建筑物的需求，有观赏和保护价值的特殊建筑类型则需对其景观的保护性开发做一定的考虑，另外，覆土建筑的处理需注意其承重的问题。

一般常用的原则有以下三点：

①构图方面：加强与保留建筑形式的联系，找到与建筑轮廓线存在一定关系的构图形式；

②功能方面：考虑建筑本身的出入口集散的功能，设置一定的集散场地；

③景观方面：保留建筑本身具有的一定的观赏价值，在设计时对具有特殊观赏价值的建筑进行一定的景观纳入设计，借建筑的特色风貌于营造景观。如对于有一定体量与高度的水塔、烟囱之类的建筑，可将其纳入整个公园设计的景观视线当中，利用景观视距的原理（见第 1 章空间感知尺度的介绍），于不同的距离和角度下欣赏其构成的空间效果。

2）建筑外环境处理类节点展示（图 4.65~ 图 4.84）

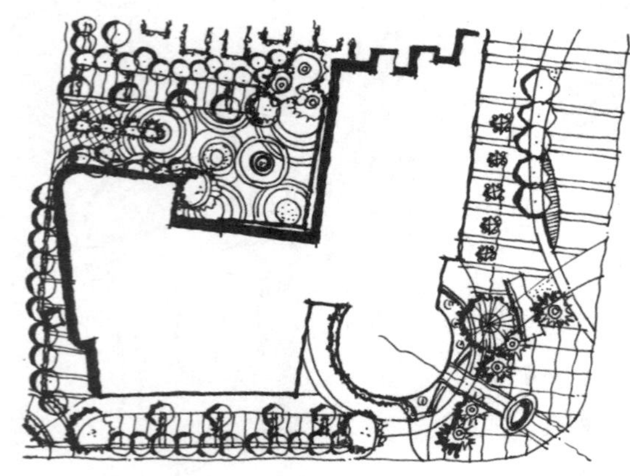

图 4.65 建筑外环境处理类节点一

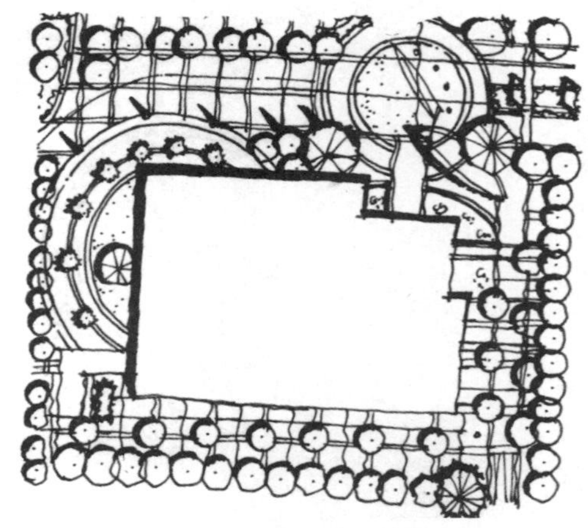

图 4.66 建筑外环境处理类节点二

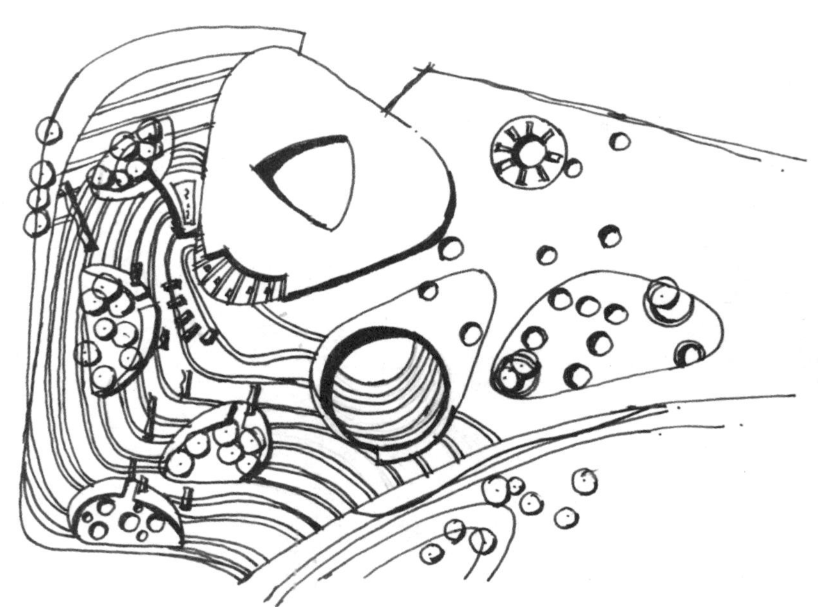

图 4.67　建筑外环境处理类节点三

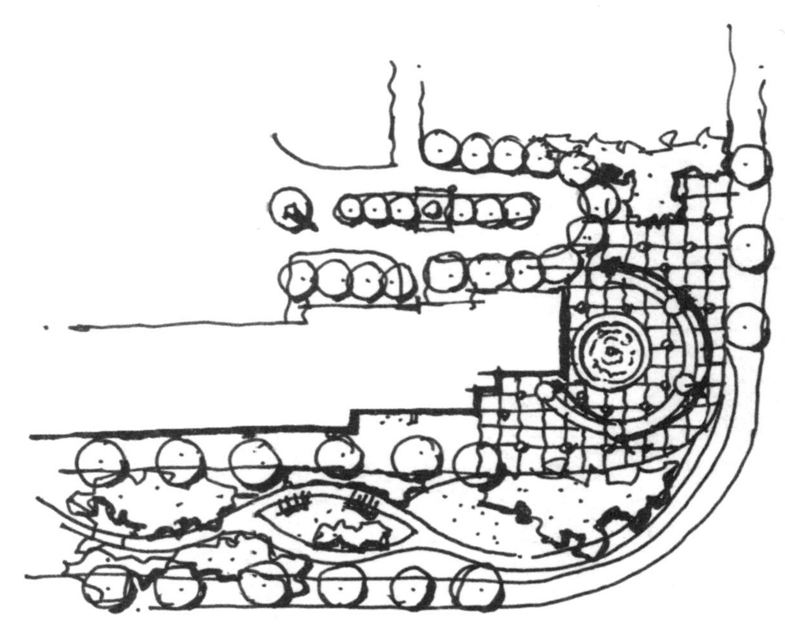

图 4.68　建筑外环境处理类节点四

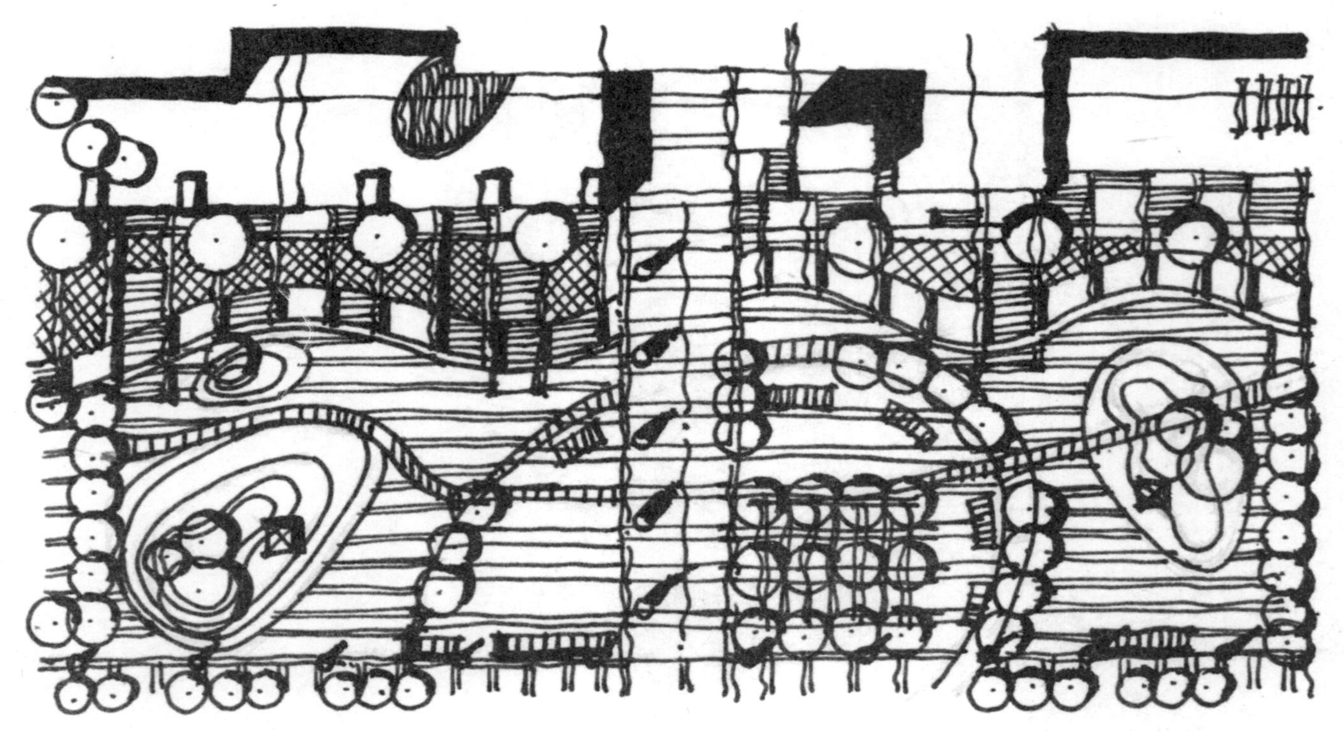

图 4.69 建筑外环境处理类节点五

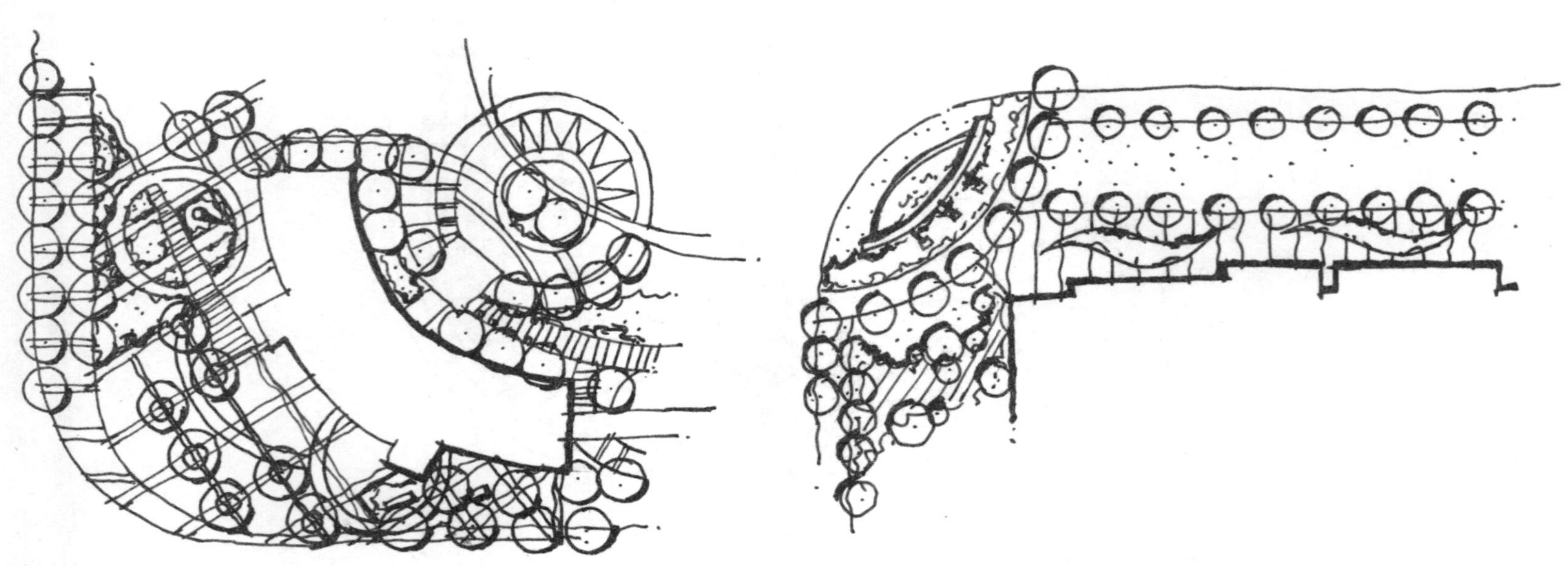

图 4.70 建筑外环境处理类节点六

图 4.71 建筑外环境处理类节点七

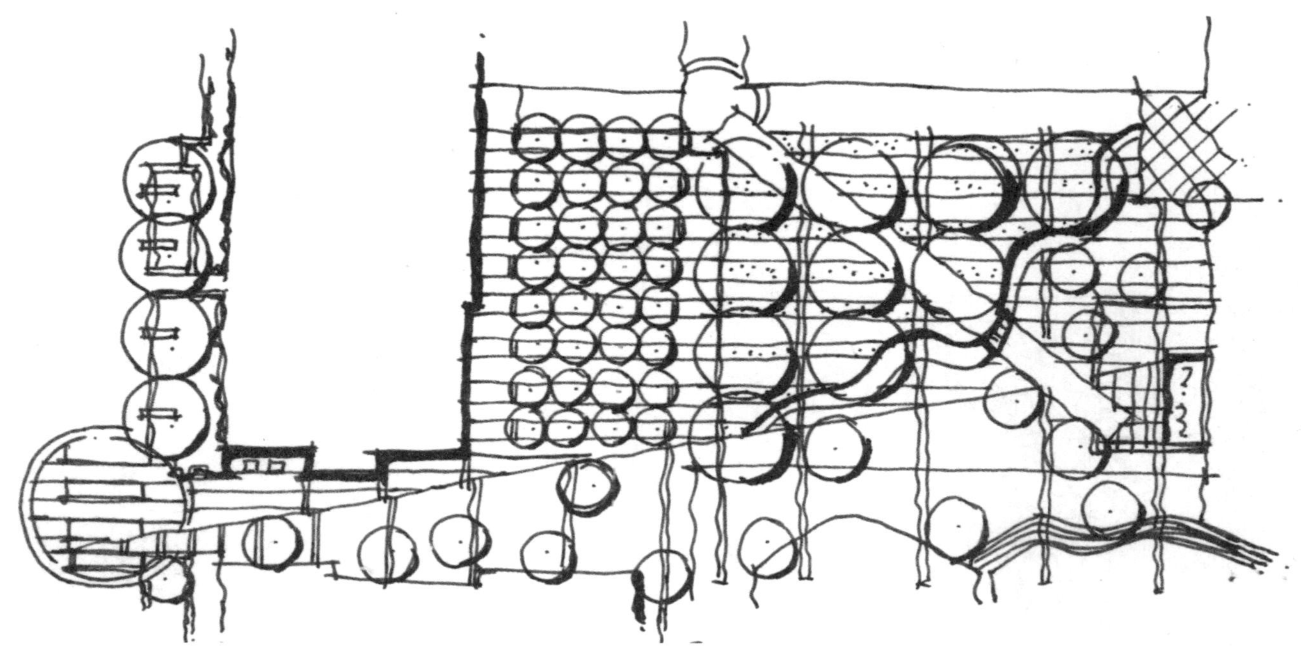

图 4.72　建筑外环境处理类节点八

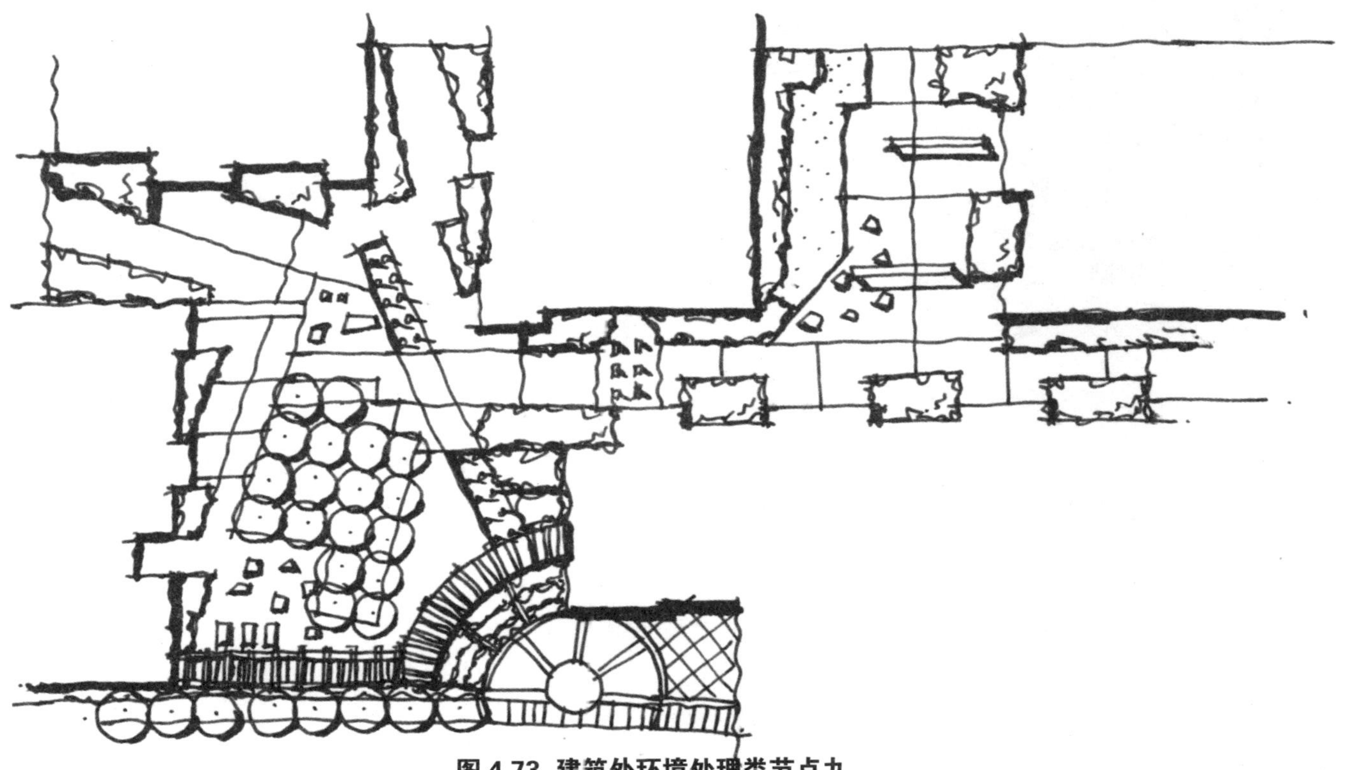

图 4.73　建筑外环境处理类节点九

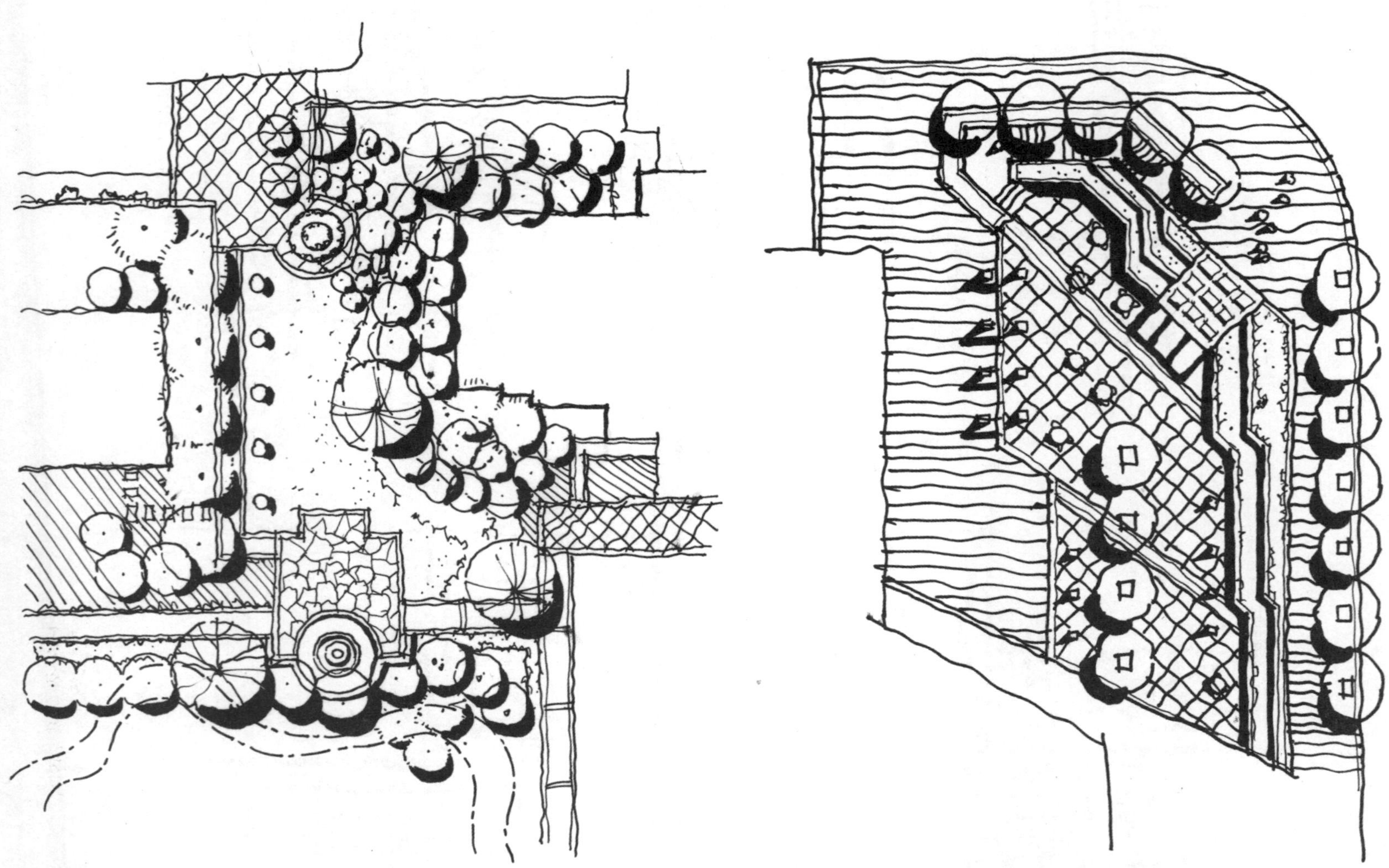

图 4.74 建筑外环境处理类节点十

图 4.75 建筑外环境处理类节点十一

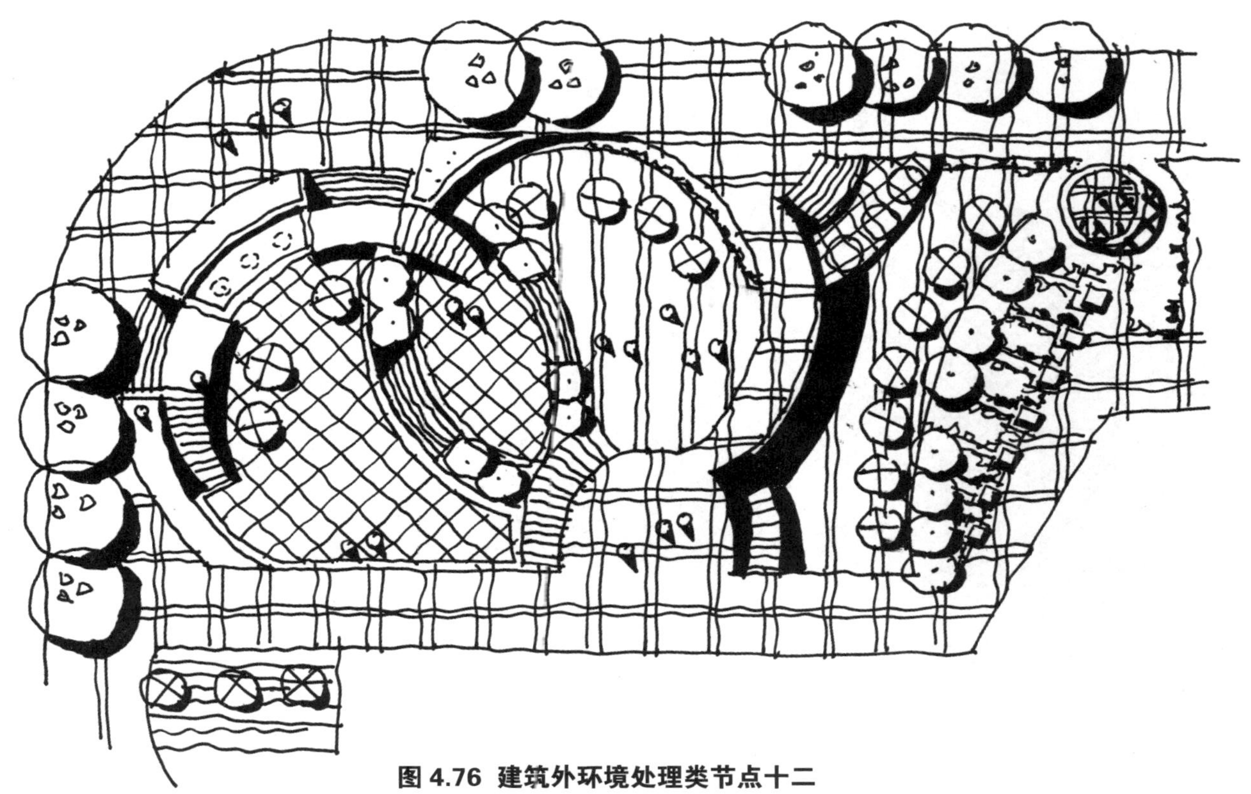

图 4.76　建筑外环境处理类节点十二

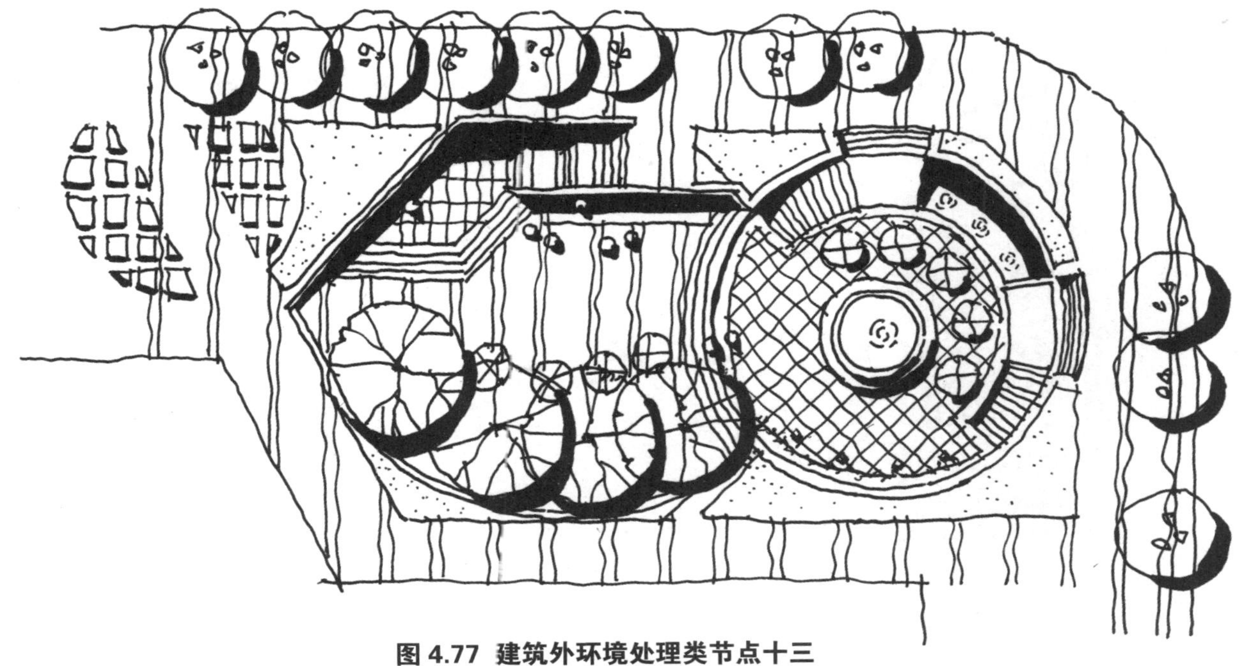

图 4.77　建筑外环境处理类节点十三

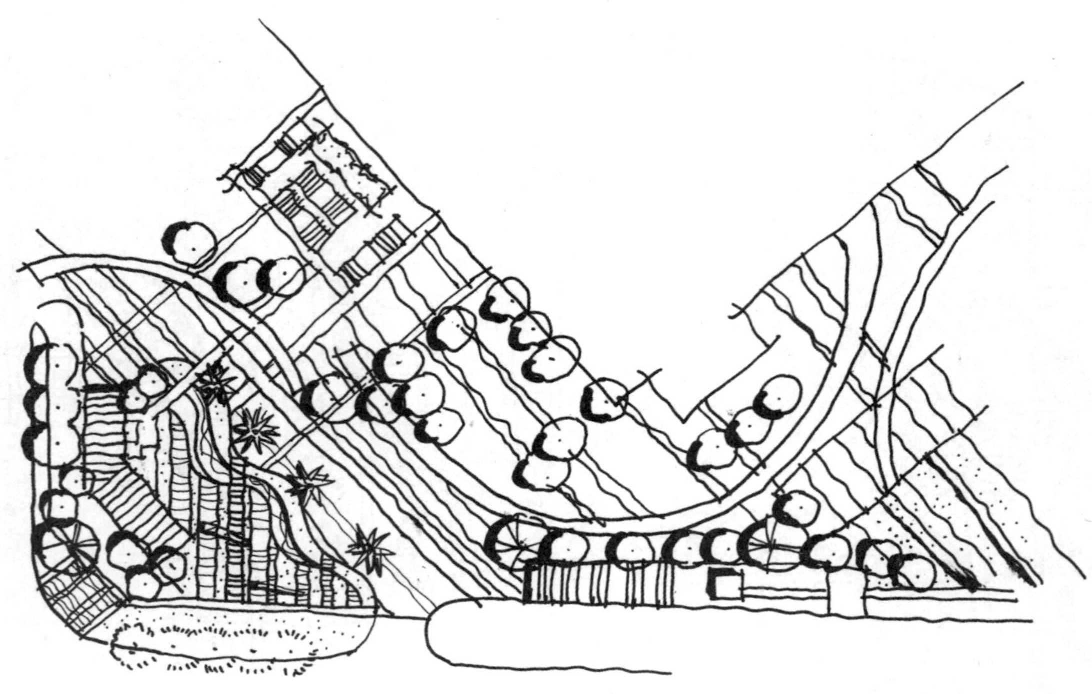

图 4.78 建筑外环境处理类节点十四

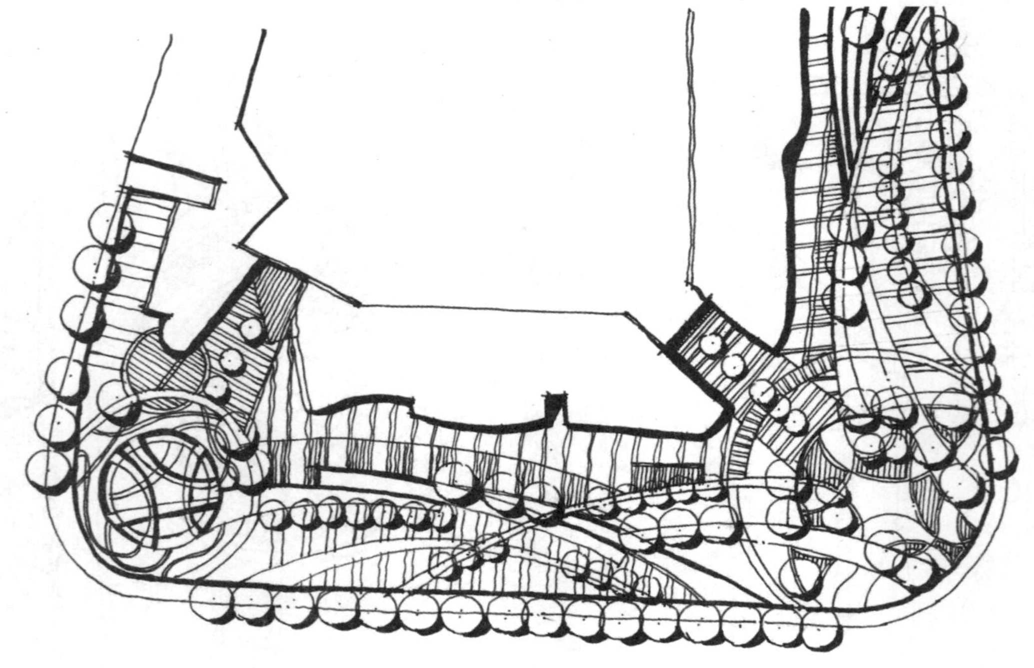

图 4.79 建筑外环境处理类节点十五

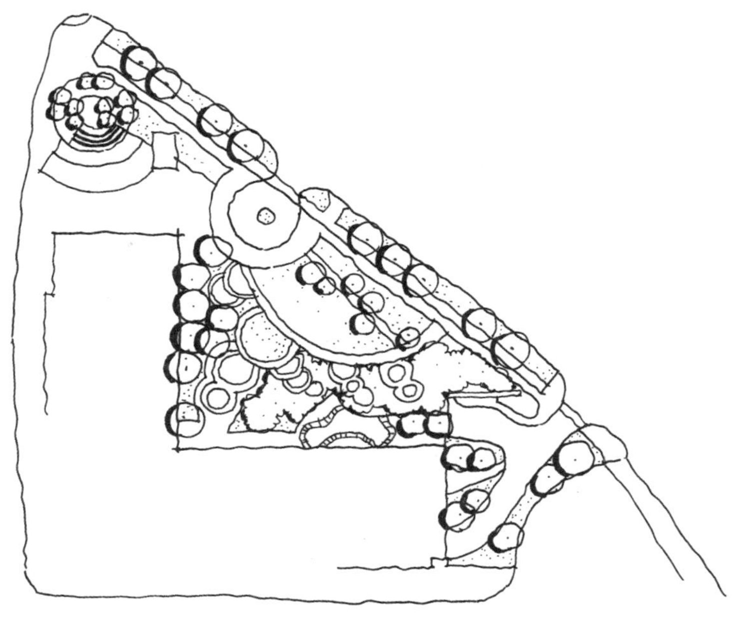

图 4.80　建筑外环境处理类节点十六

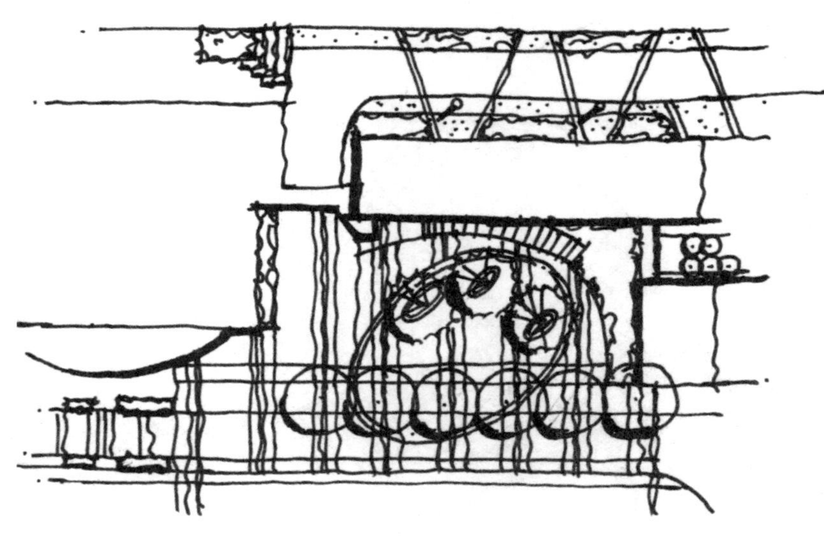

图 4.81　建筑外环境处理类节点十七

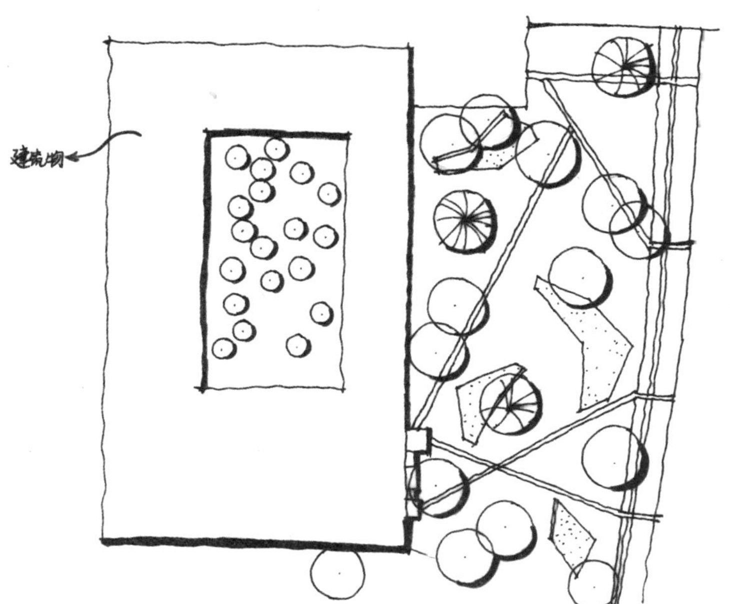

图 4.82　建筑外环境处理类节点十八

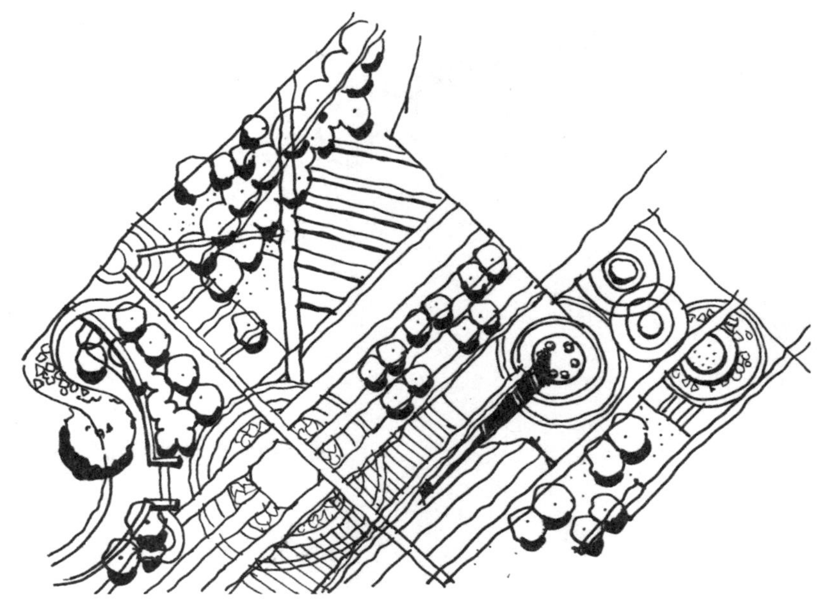

图 4.83　建筑外环境处理类节点十九

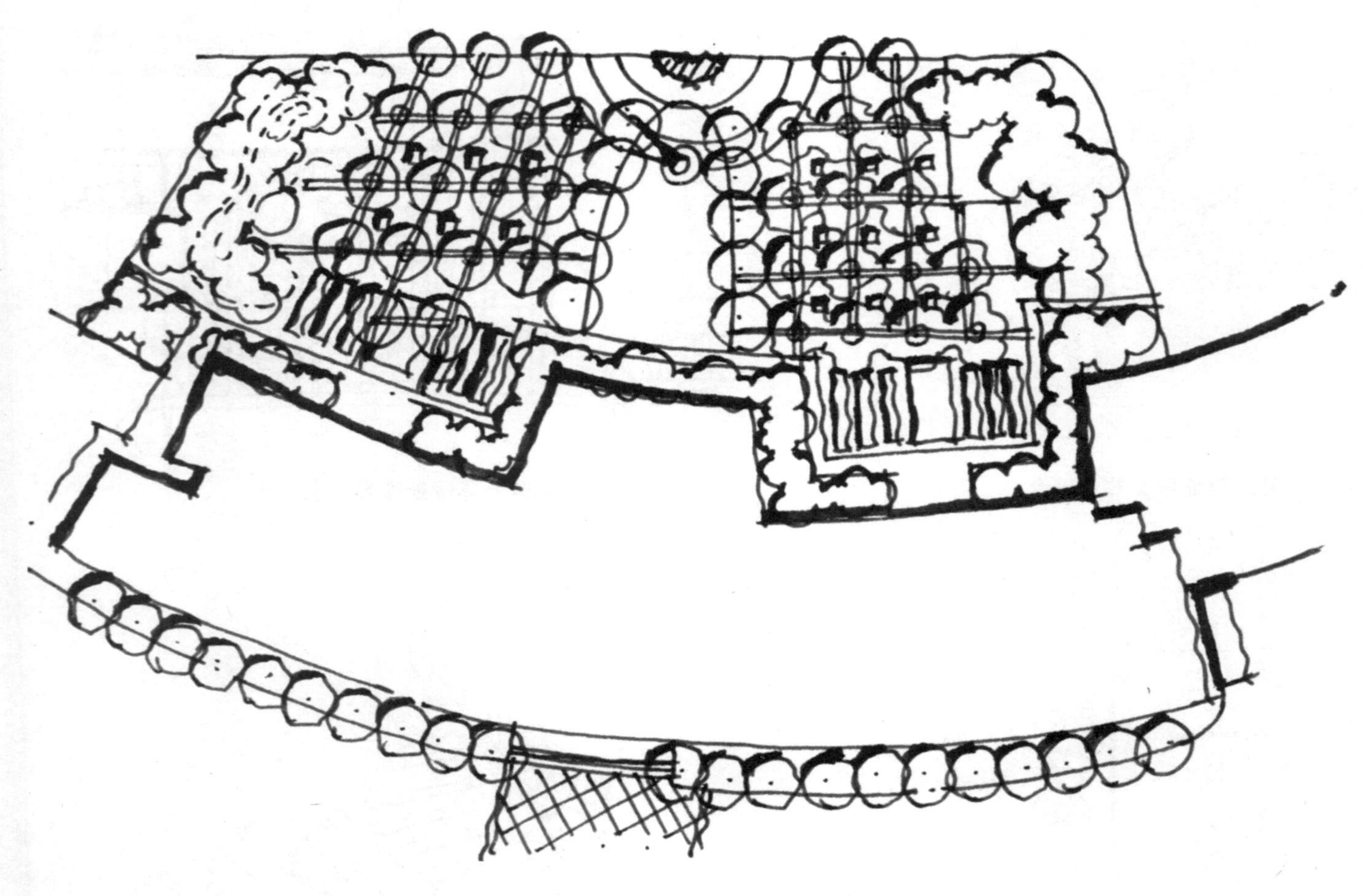

图 4.84 建筑外环境处理类节点二十

4.2.4 植物围合设计

植物作为景观要素中塑造空间关系疑难点的典型需要广大学员加强重视、学会思考，提高自身空间围合设计能力。除了对第 2 章中细节设计植物专项的学习之外，需要广大学员了解植物围合空间的特点，掌握空间围合设计的方法。

1）植物围合空间的平面表达技巧

植物围合空间在平面上的表达主要由植物种植形式的差异形成，常见的植物种植的形式因其功能的不同，可分为结构式、围合式以及点缀式三大类。三种类型的植物搭配组合，共同营造出丰富的空间关系。

①结构式种植：主要表现为加强道路与轴线线形关系的行道树，以及为突出分割线关系而具有一定种植秩序的树阵及系列散植树，其形成的空间具有一定的引导性及序列感。

②围合式种植：主要表现为进行空间开合关系划分的树丛，以及局部分割空间、阻挡视线的散植树。树丛形成的整个场地中宏观的空间关系，需要在进行设计时首先做好空间开合对比的泡状图分析，以此来辅助树丛的空间围合；散植树则起着对树丛形成的宏观空间关系的进一步加强与内部细分的作用，使空间关系更为丰富细腻。

③点缀式种植：以单棵树的点缀为主要表现形式，在主体空间中具有作为空间主景的作用，同时也可用作边界空间的辅助限定作用。

三种类型的种植方式的叠加使用增强了整个植物空间的层次感与丰富度。

另外，对于快题设计中的种植设计而言，还有一个技巧性的原则："把角""占边""让心""压角"，用来指导围合式与点缀式种植的设计方法。"把角""占边""让心"是指进行围合式种植时，限定的空间应该是针对观赏者的，而不是外向的。临近园外或者空间外的位置应该被占住，被遮挡住，留出内向的空间以供使用，并在空间赘余处运用点缀式种植的方法进行最后"压角"的处理。

2）植物围合设计相关示意（图 4.85~ 图 4.87）

图 4.85 植物围合设计相关示意一

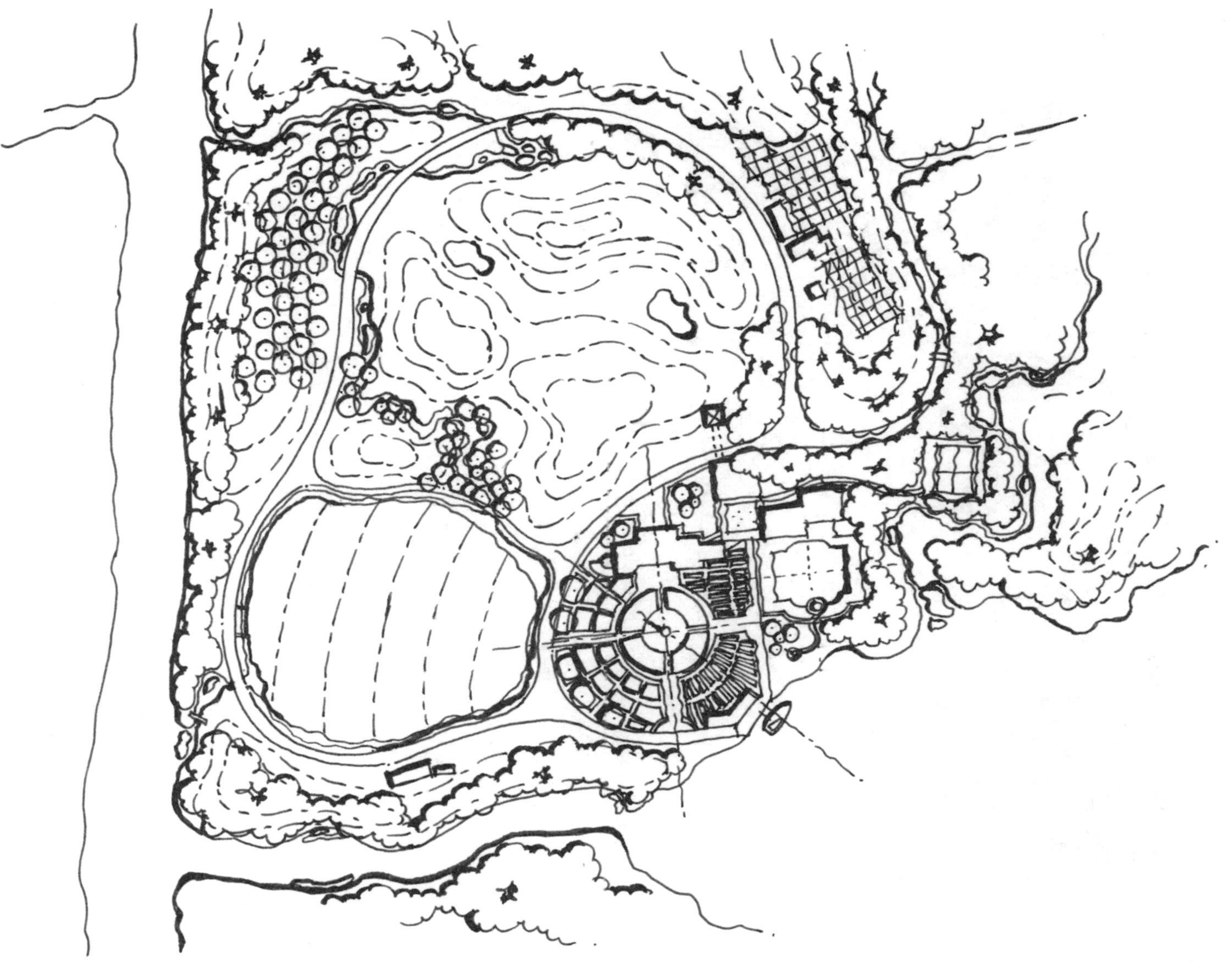

图 4.86 植物围合设计相关示意二

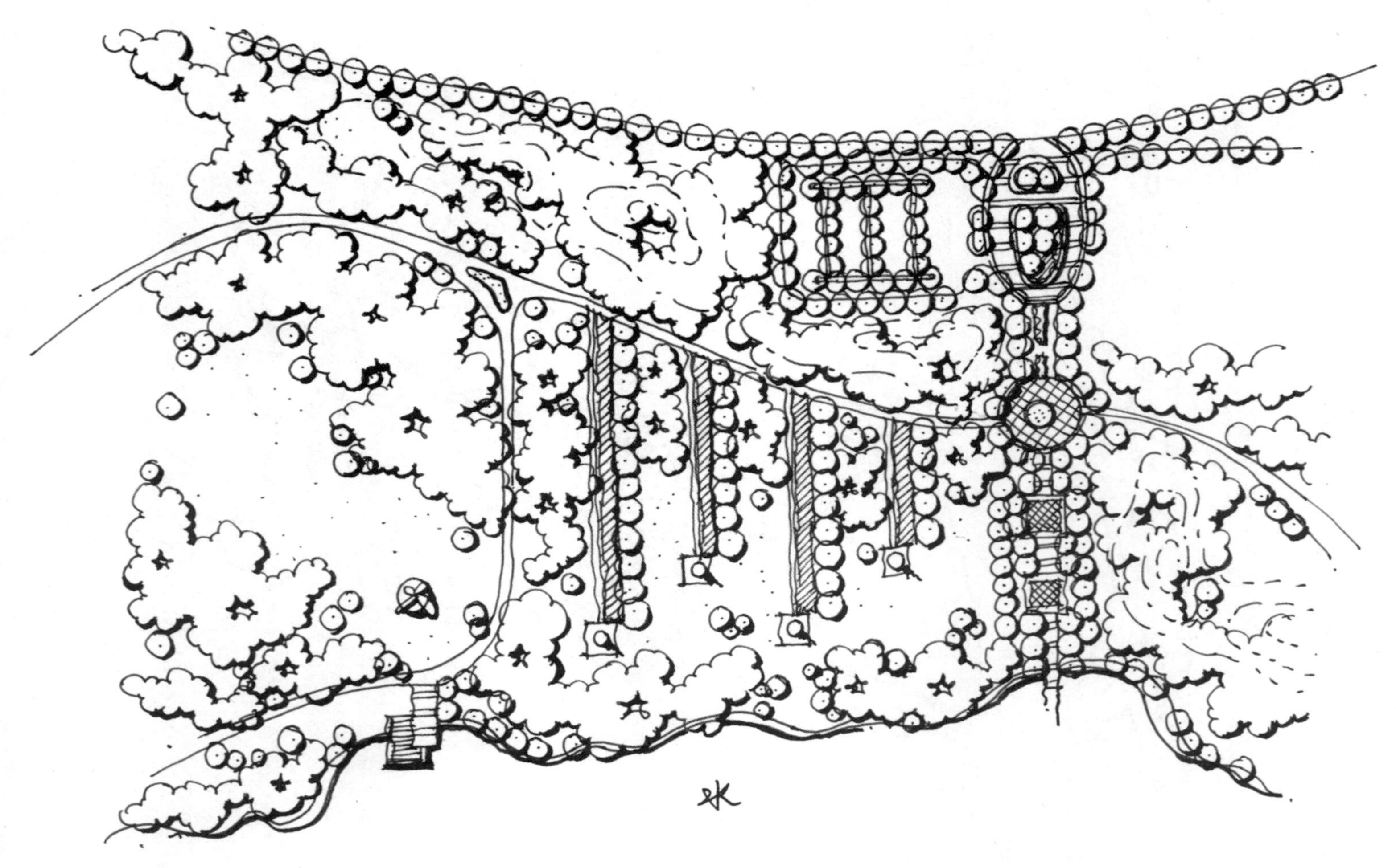

图 4.87 植物围合设计相关示意三

4.2.5 特殊活动场地的设计

在快题设计中，常见的特殊活动场地的考察种类多样，主要有地形改造区、儿童游戏区、游泳池、运动健身场所、自行车竞技跑道、洽谈区、烧烤野餐区、游泳池、舞台、垃圾填埋场、高架桥下空间处理、地下建筑上层空间处理等。这一系列的特殊活动场地是快题设计中的疑难点，也是出彩点。对于广大学员而言，掌握对各类活动场地的处理方法是快速提升应试能力的关键。

各类特殊场地的处理原则可参考第 2 章设计方法讲解中关于基址内部考点的处理方法，具体表现形式部分可参考本节节点的展示。

1）地形处理类（图 4.88~ 图 4.99）

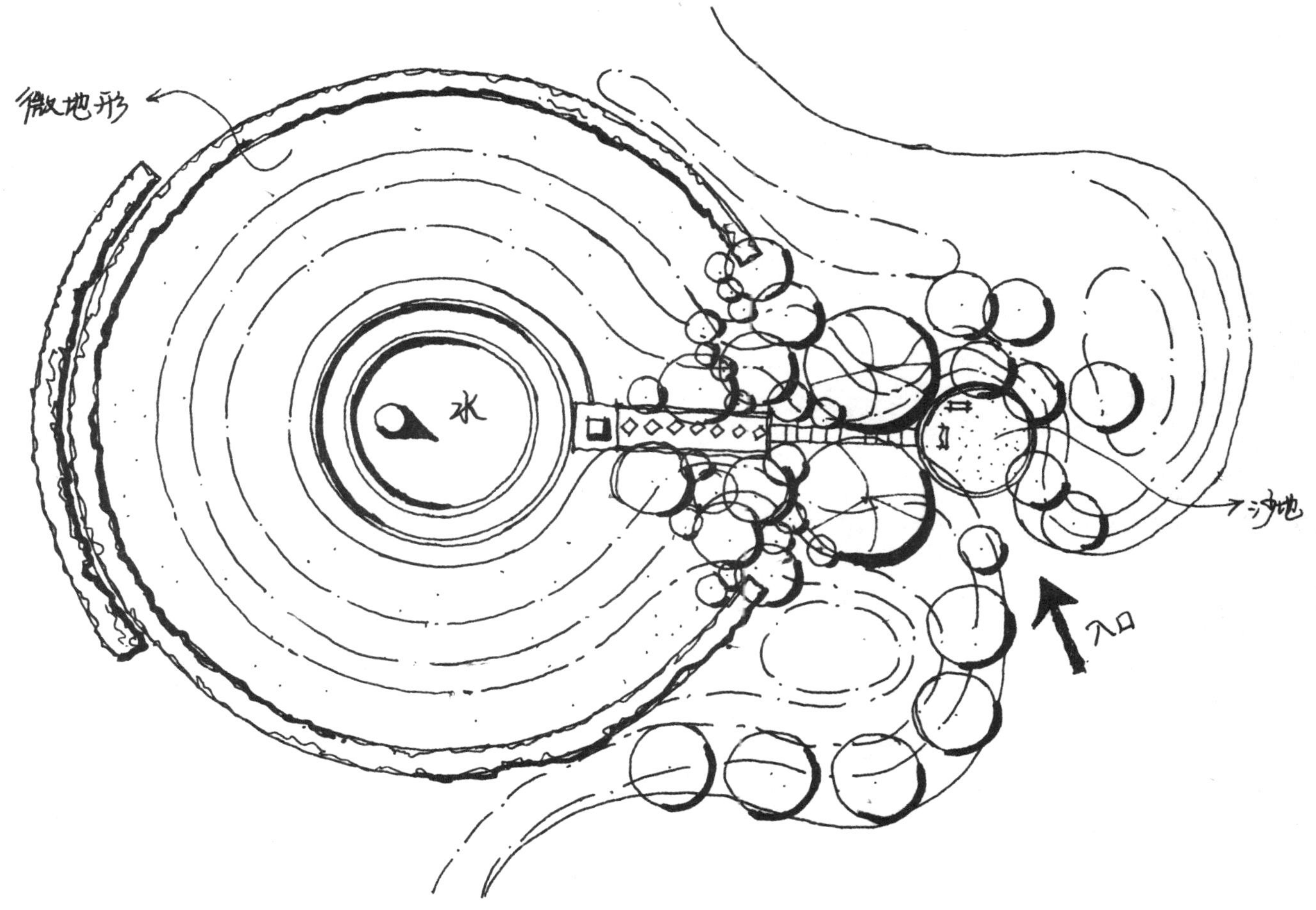

图 4.88　地形处理类示意一

图 4.89 地形处理类示意二

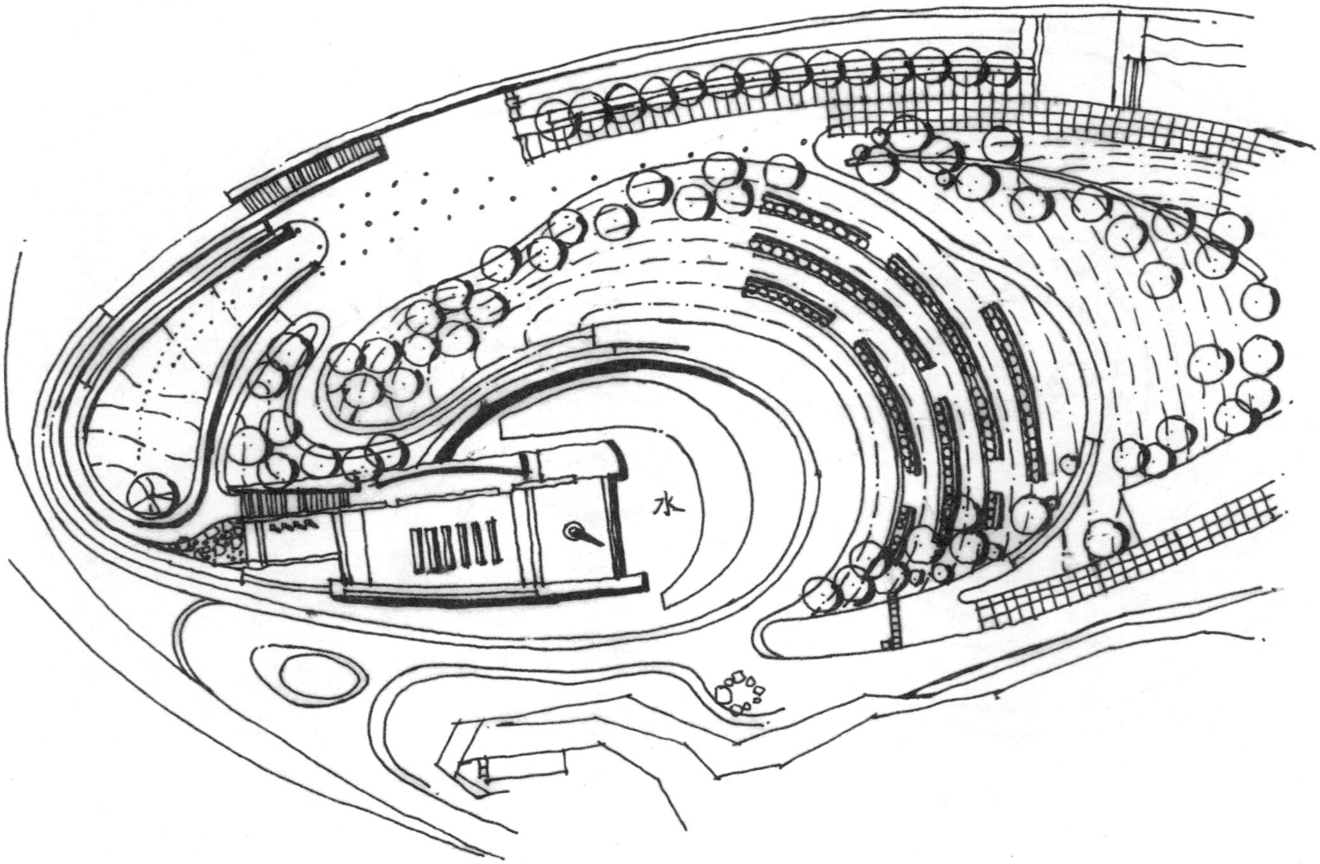

图 4.90 地形处理类示意三

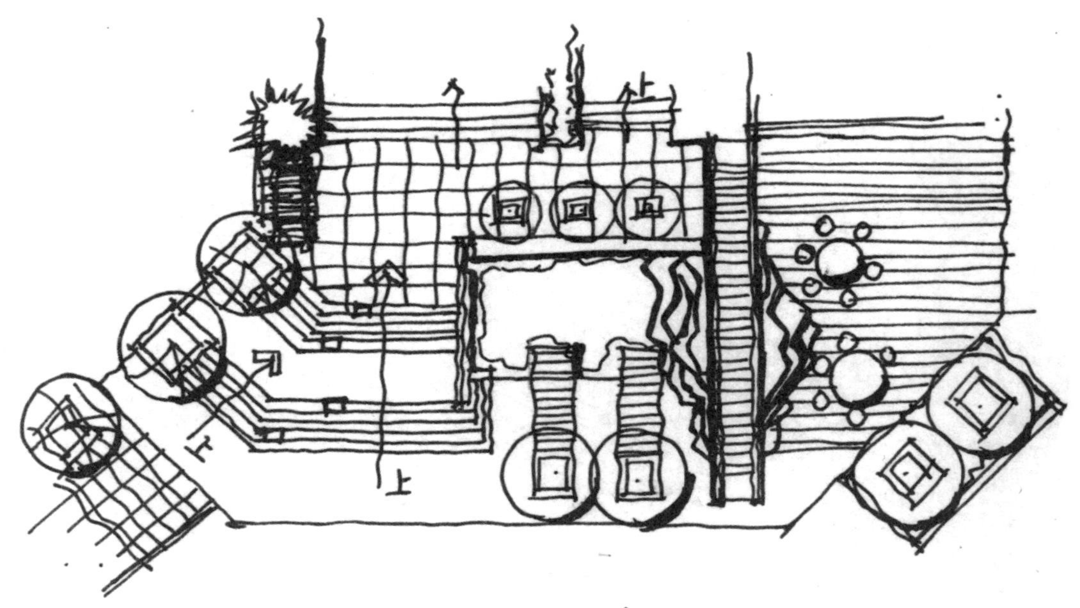

图 4.91 地形处理类示意四

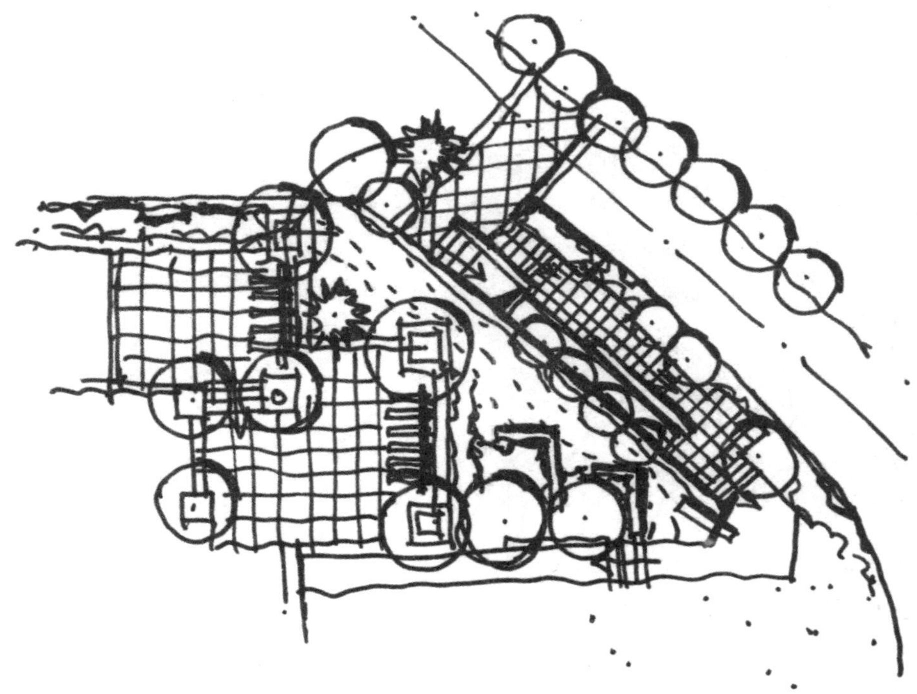

图 4.92 地形处理类示意五

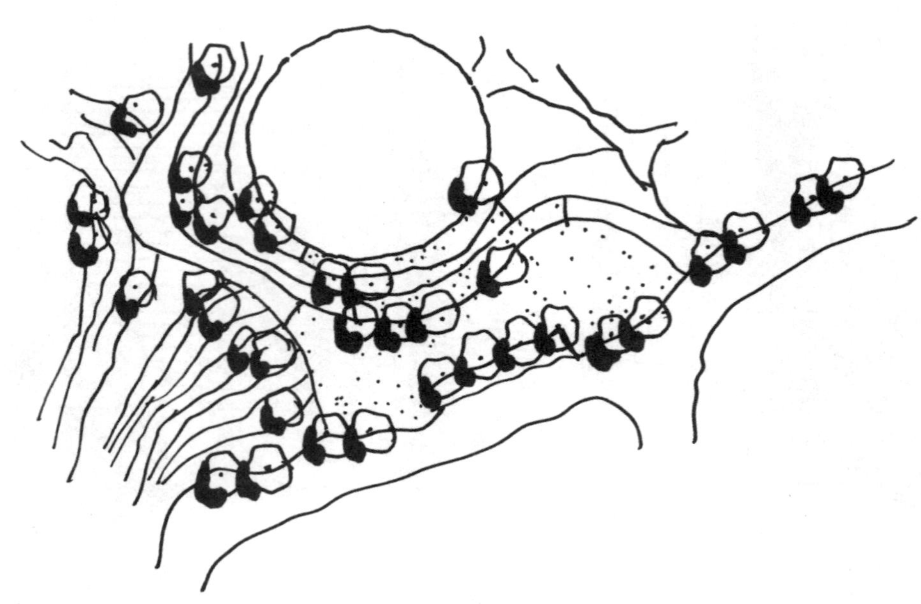

图 4.93 地形处理类示意六

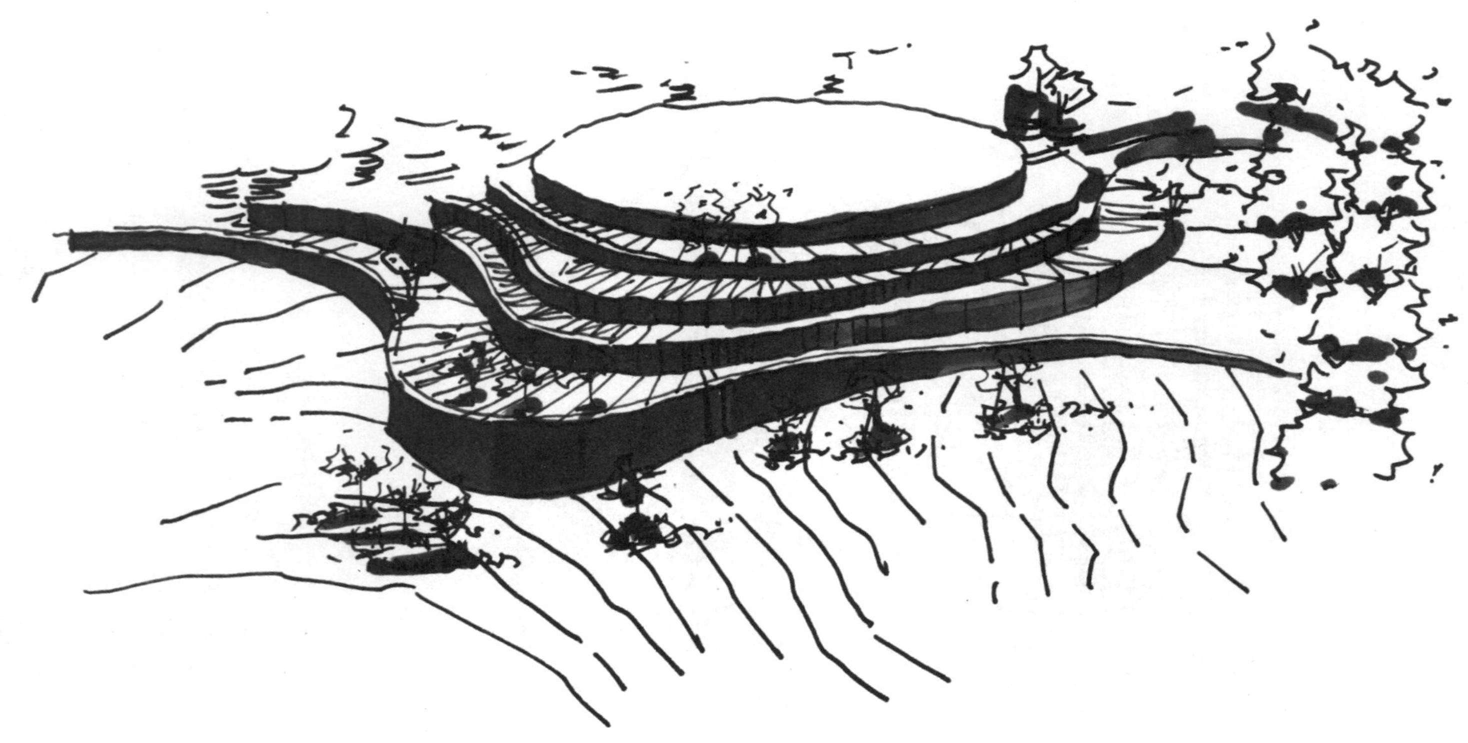

图 4.94 地形处理类示意七

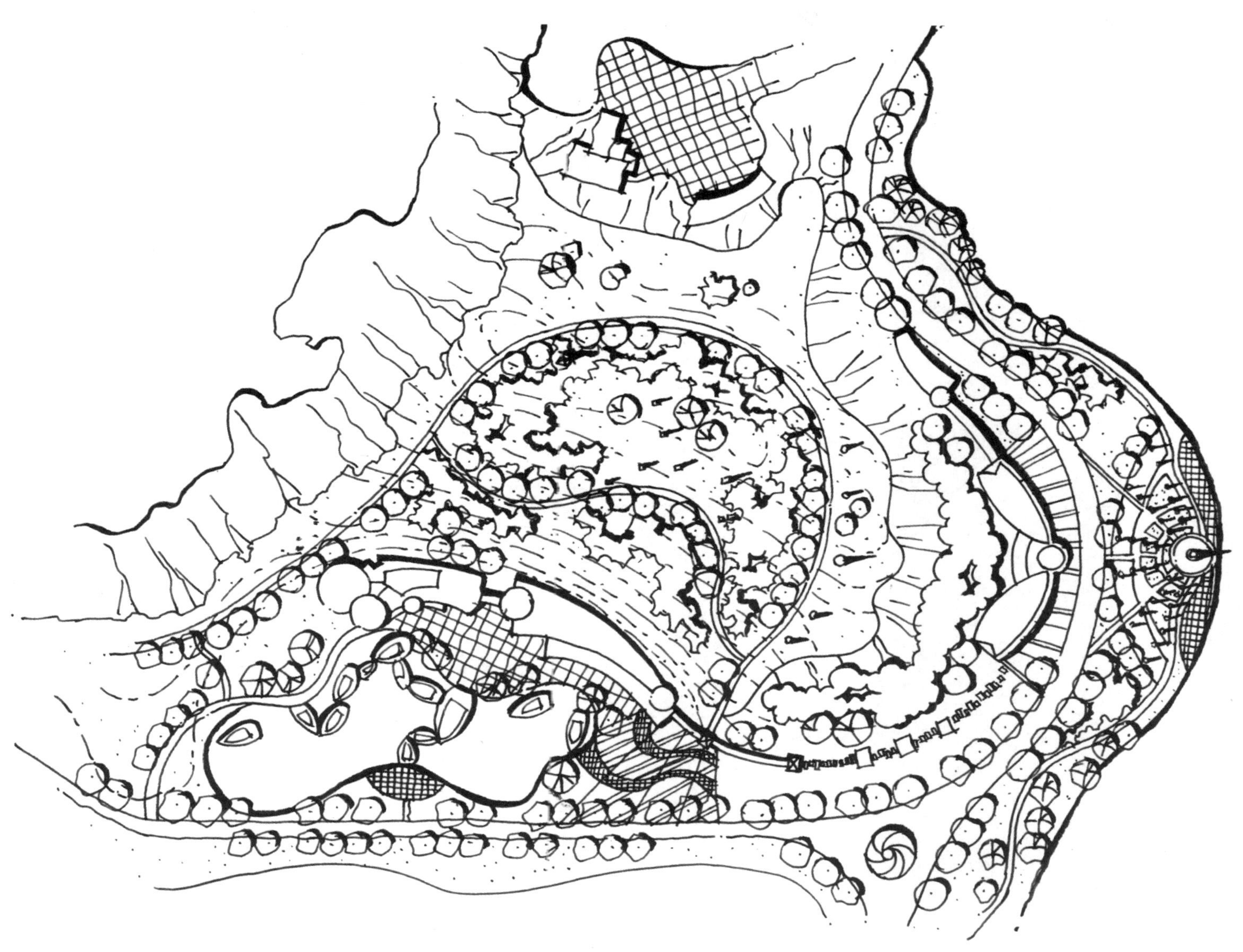

图 4.95　地形处理类示意八

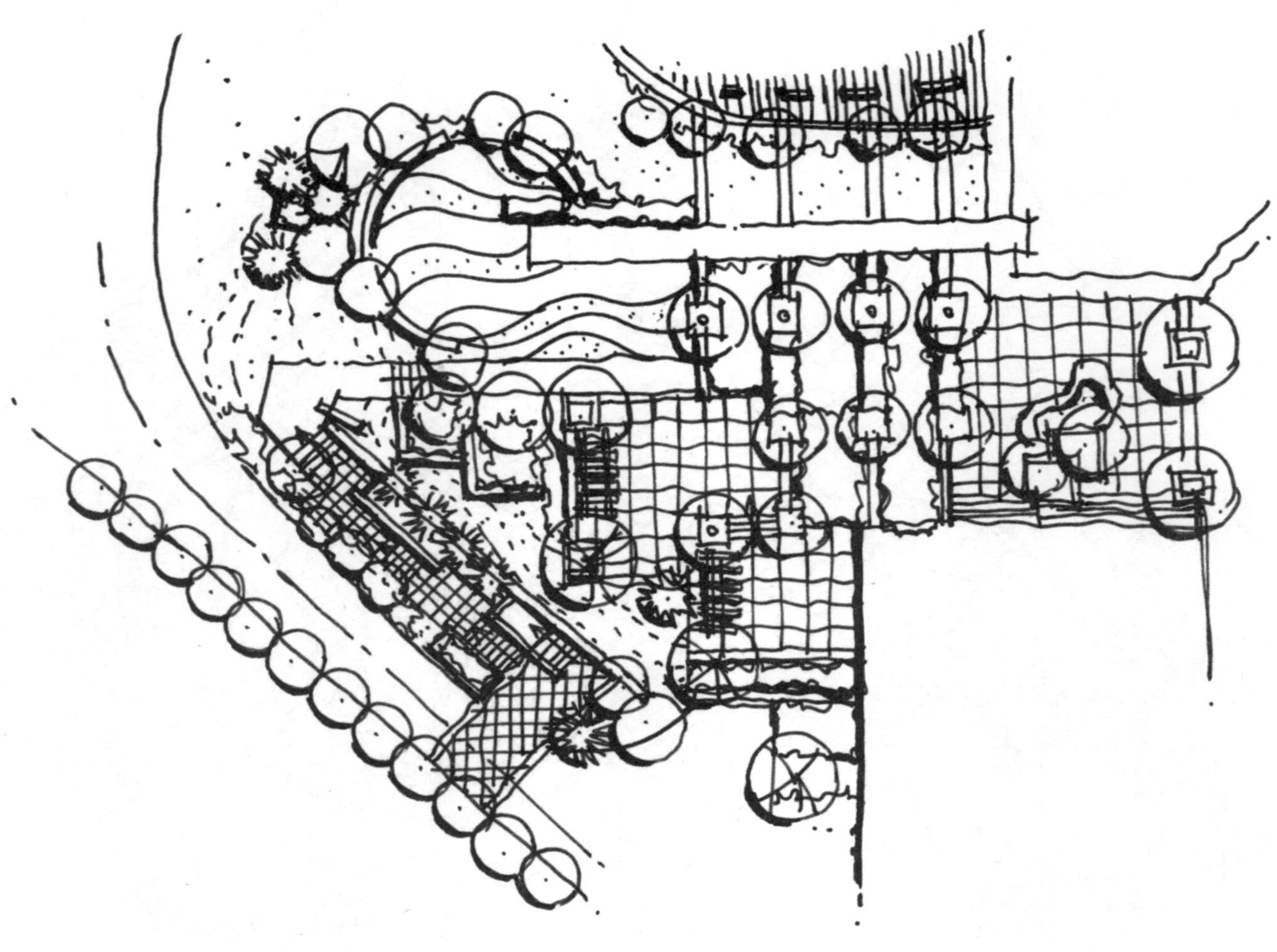

图 4.96 地形处理类示意九

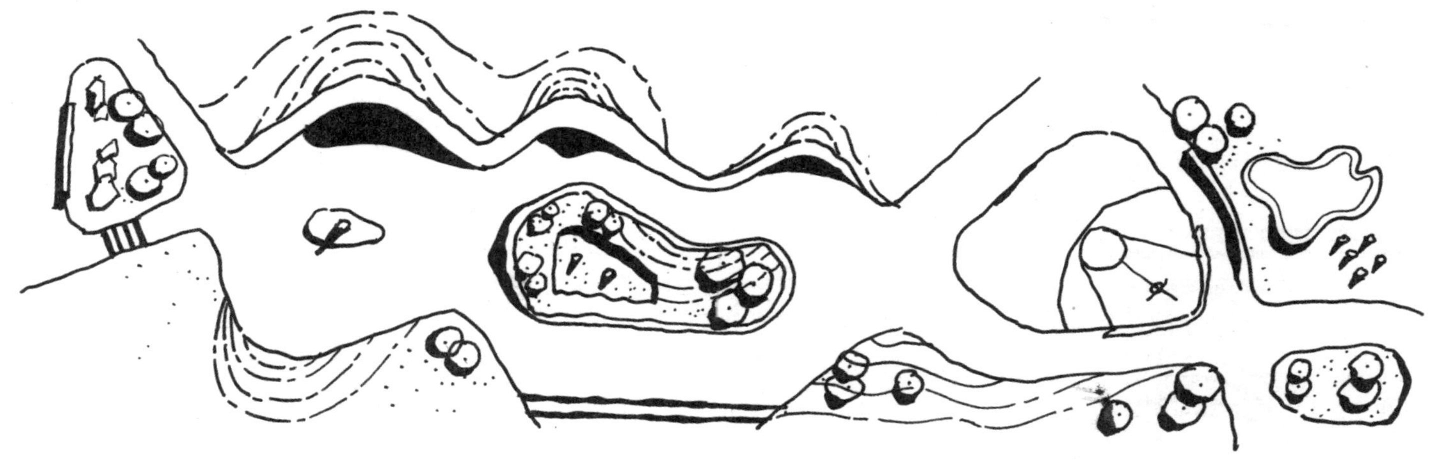

图 4.97　地形处理类示意十

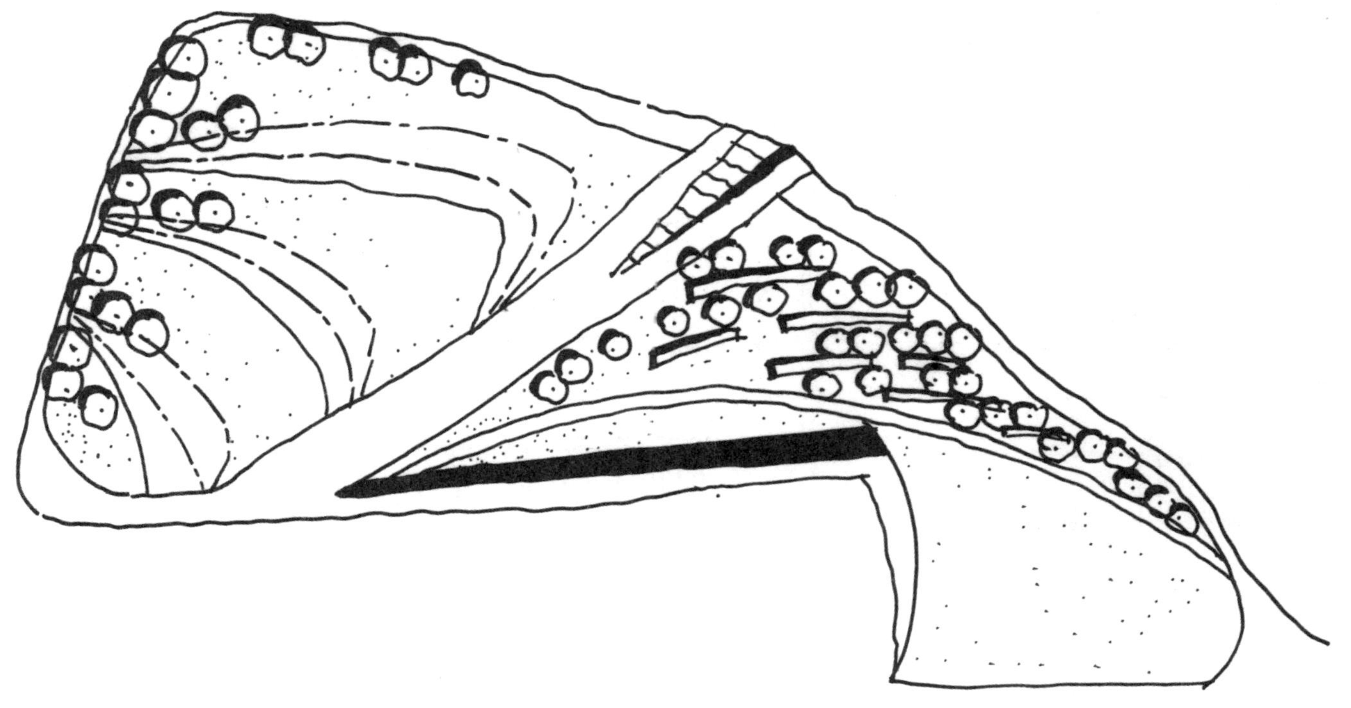

图 4.98　地形处理类示意十一

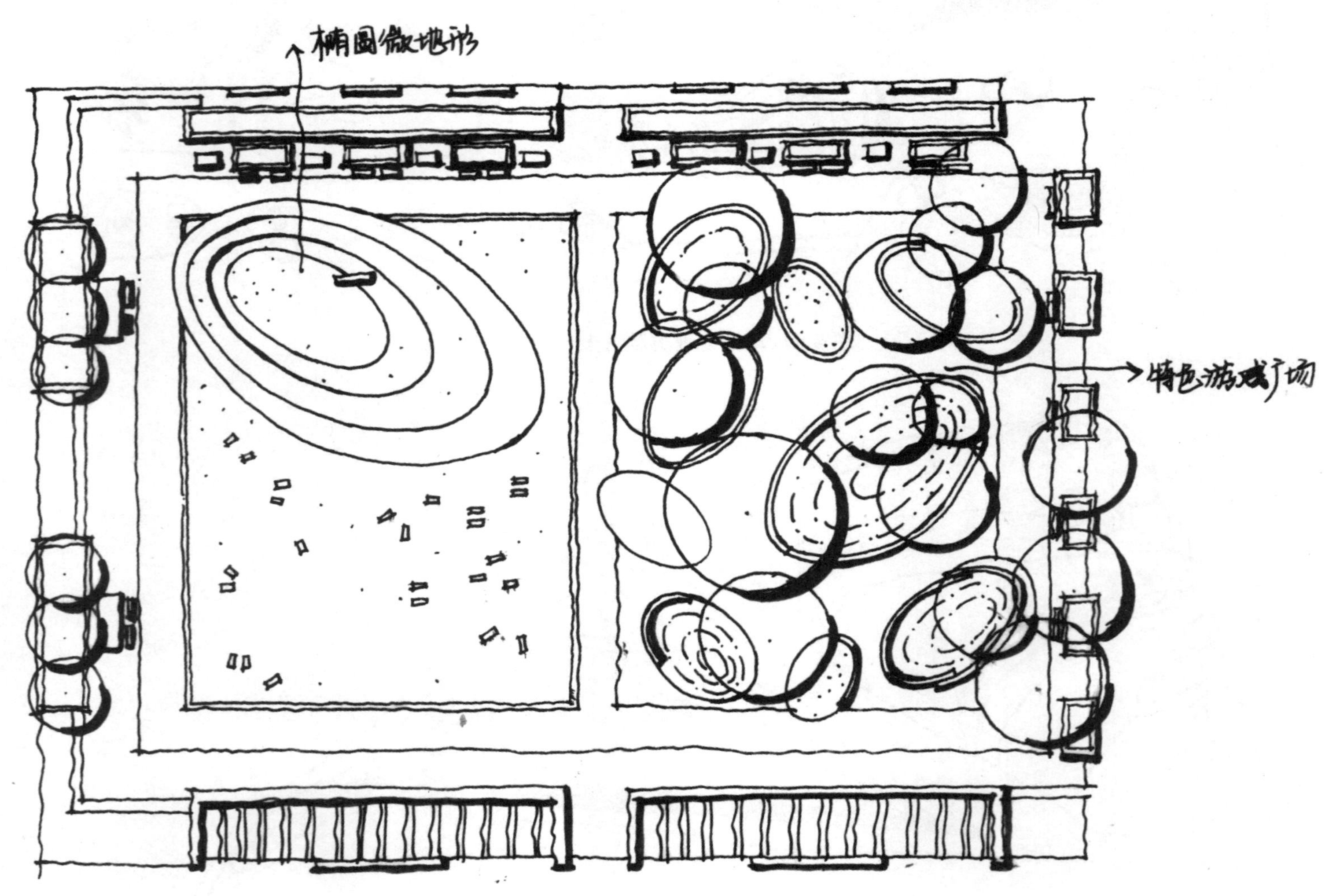

图 4.99 地形处理类示意十二

2）儿童游乐场（图 4.100、图 4.101）

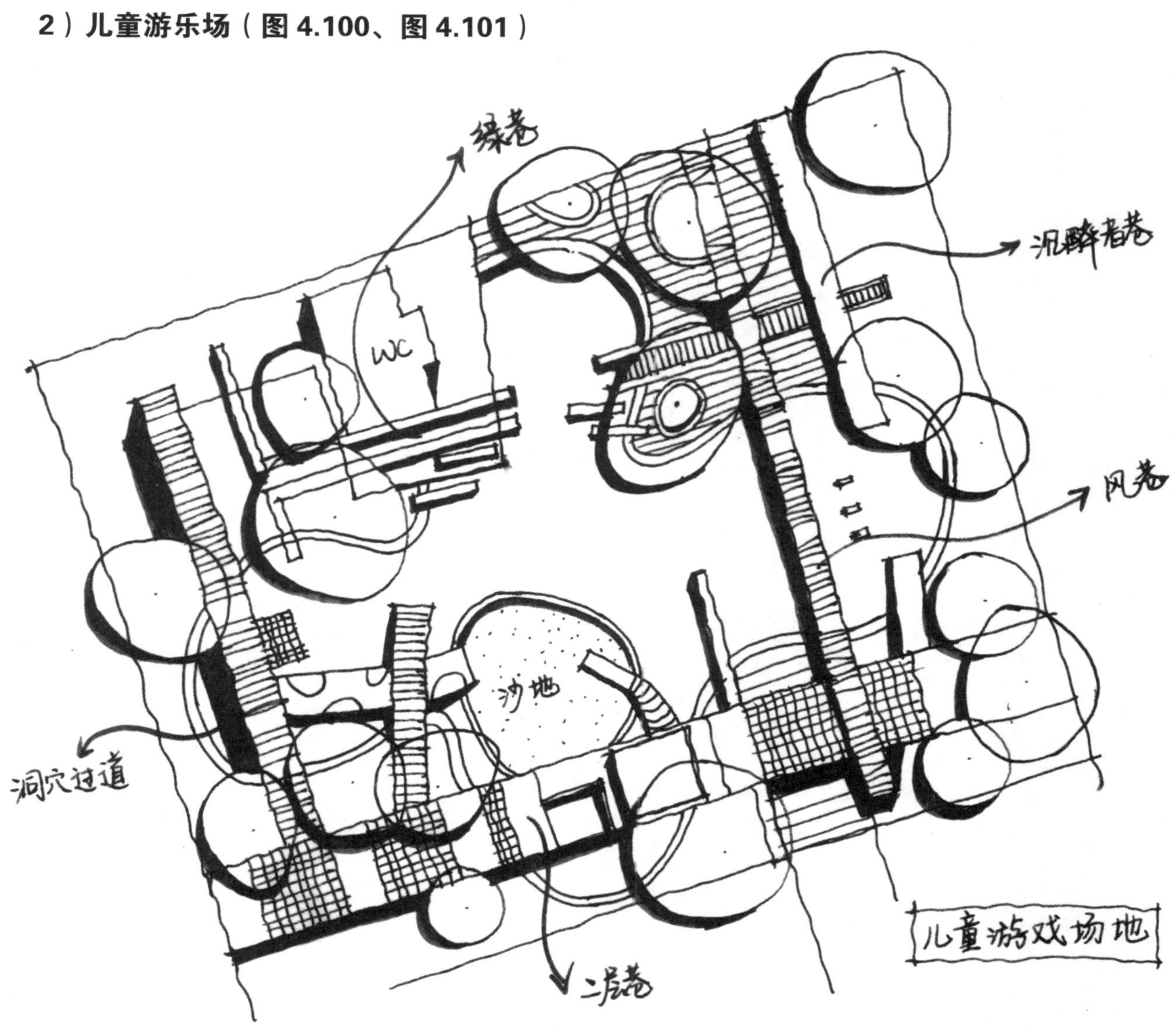

图 4.100　儿童游乐场一

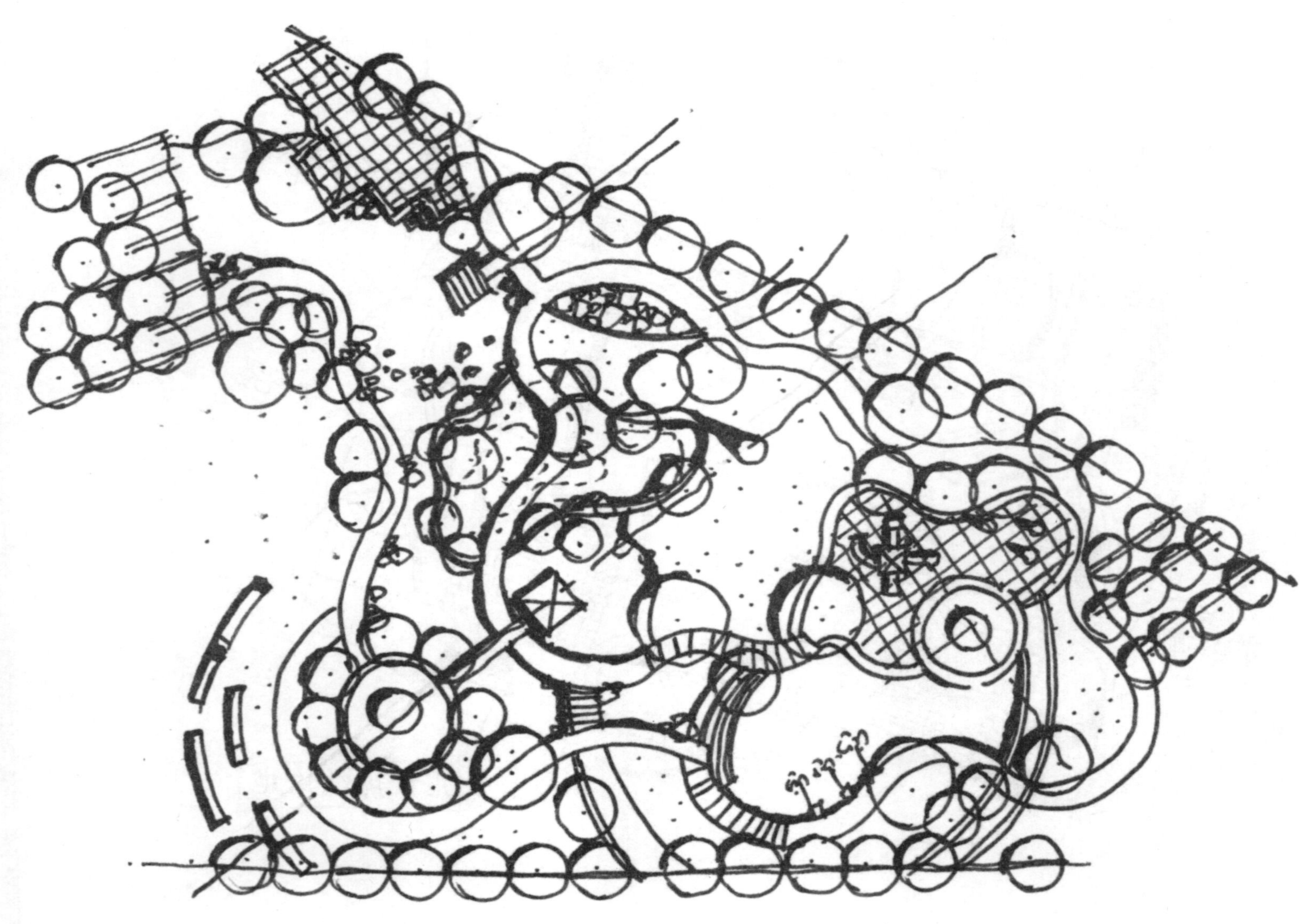

图 4.101 儿童游乐场二

3）水池（图 4.102~ 图 4.105）

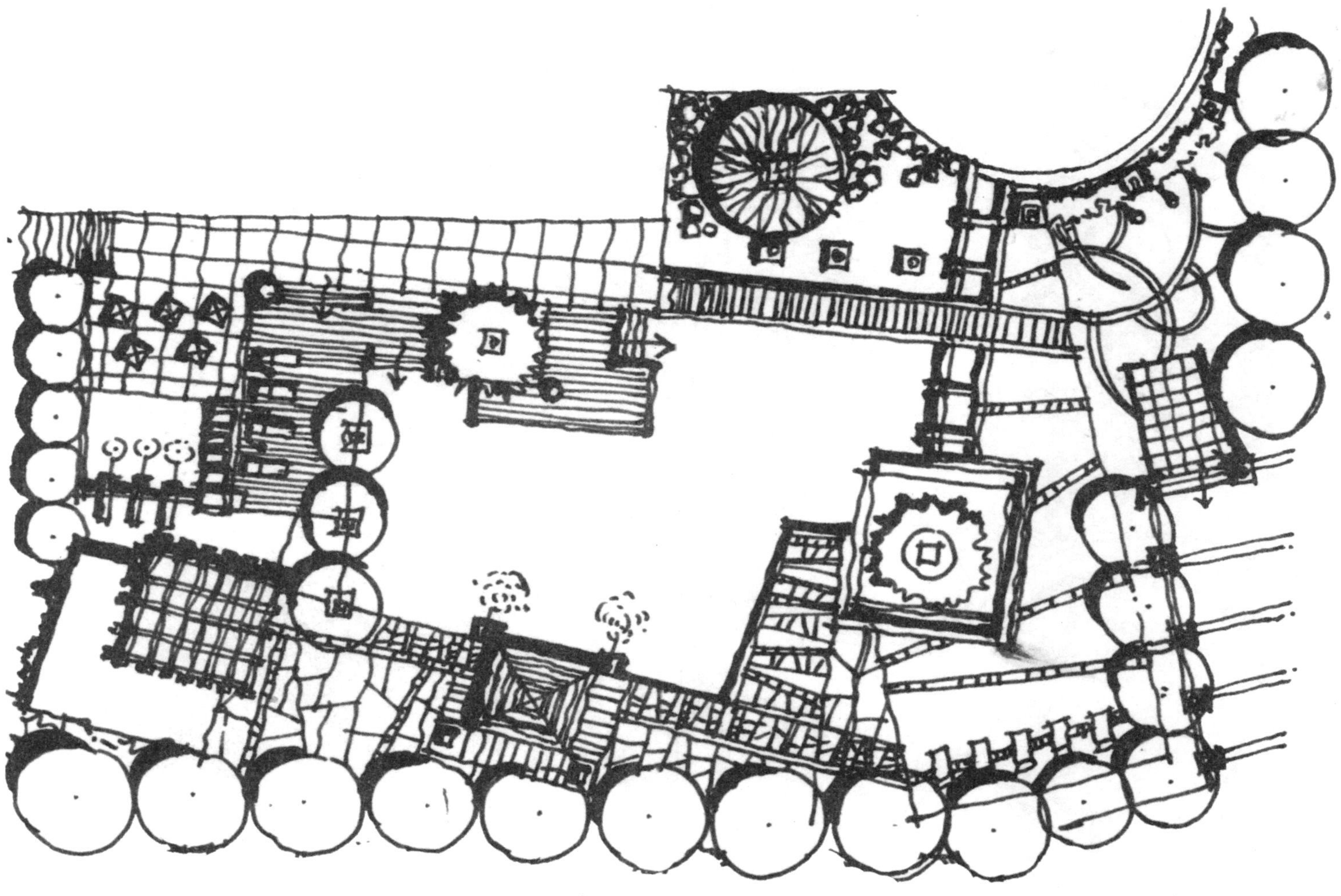

图 4.102　水池一

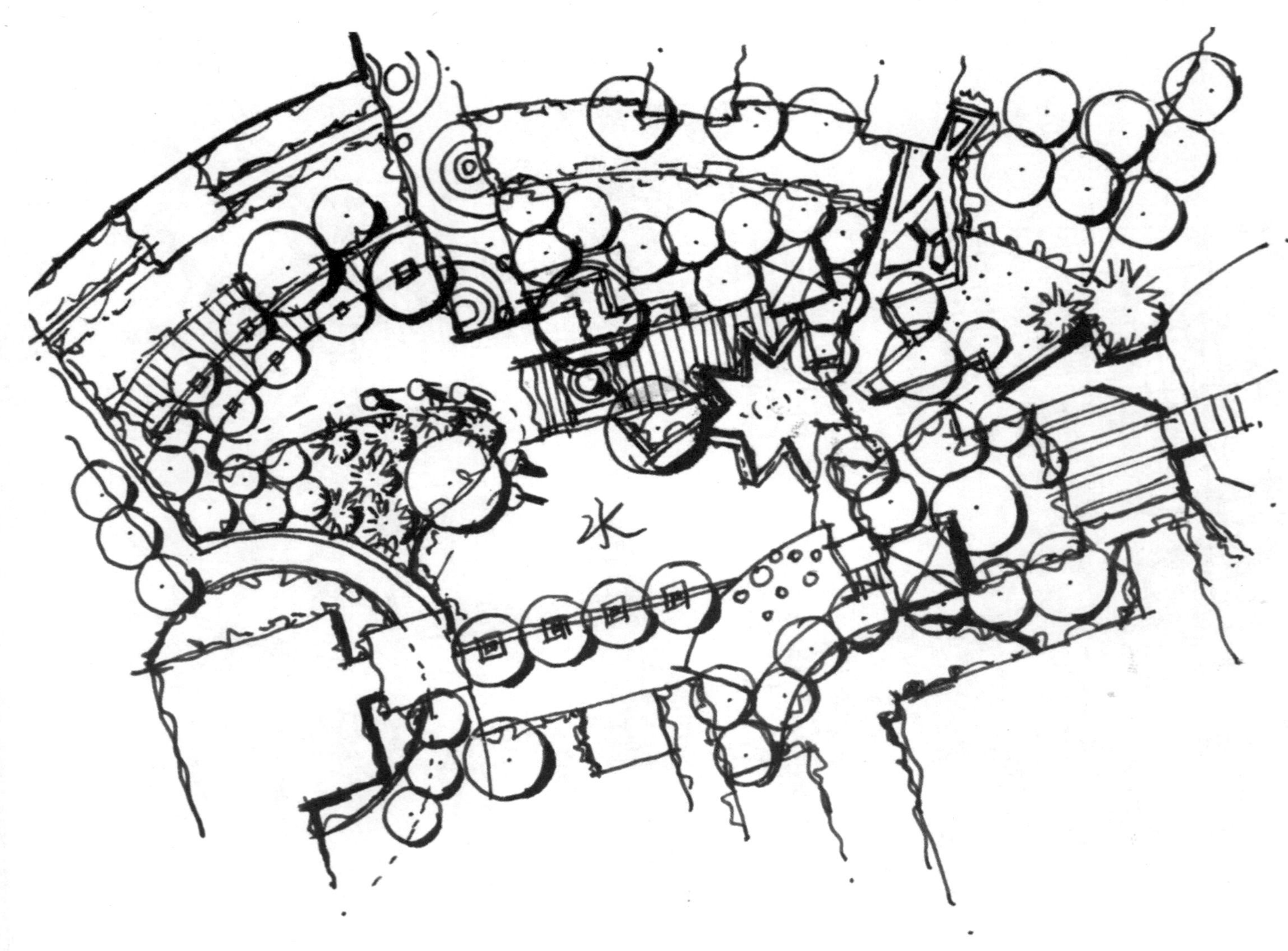

图 4.103 水池二

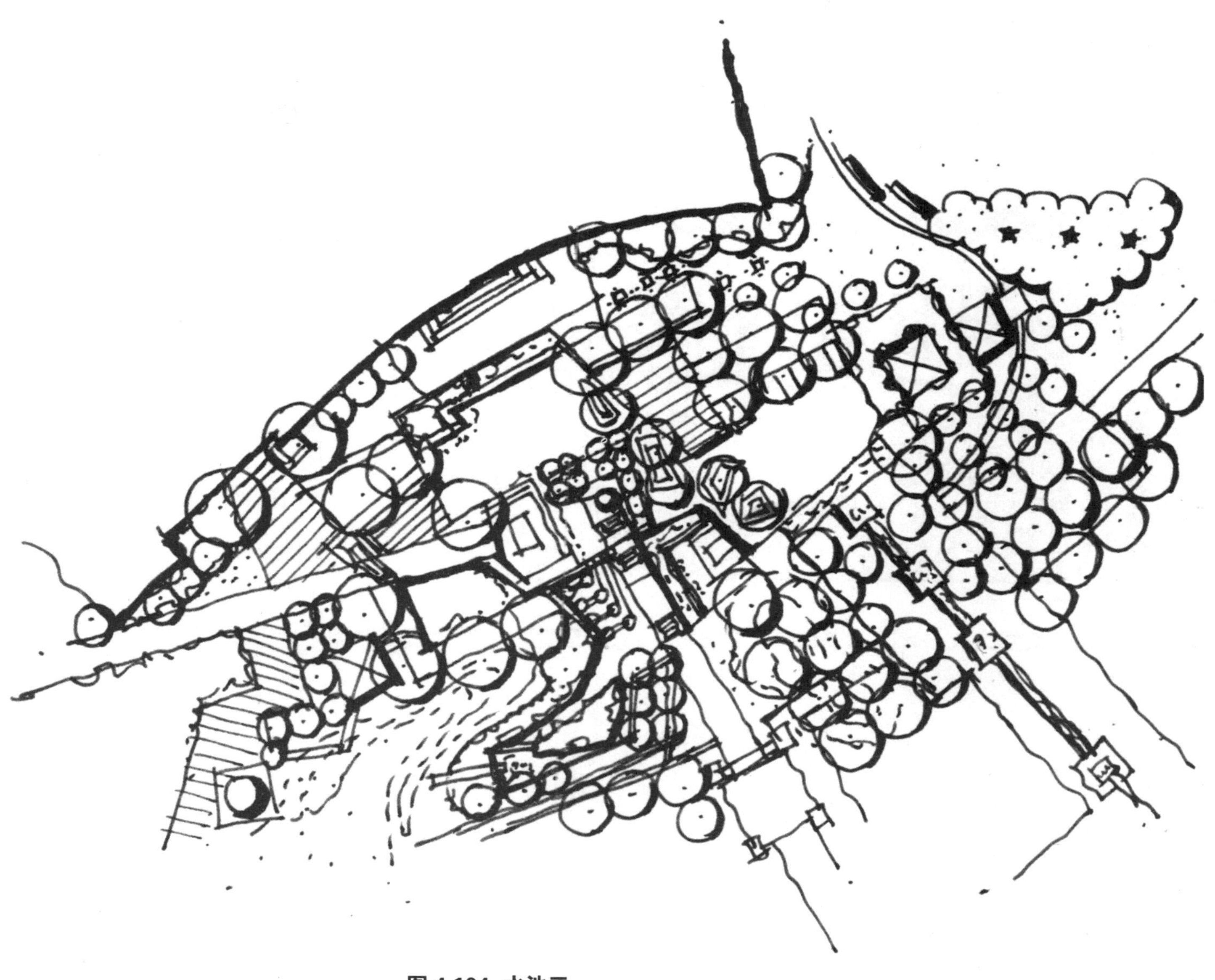

图 4.104　水池三

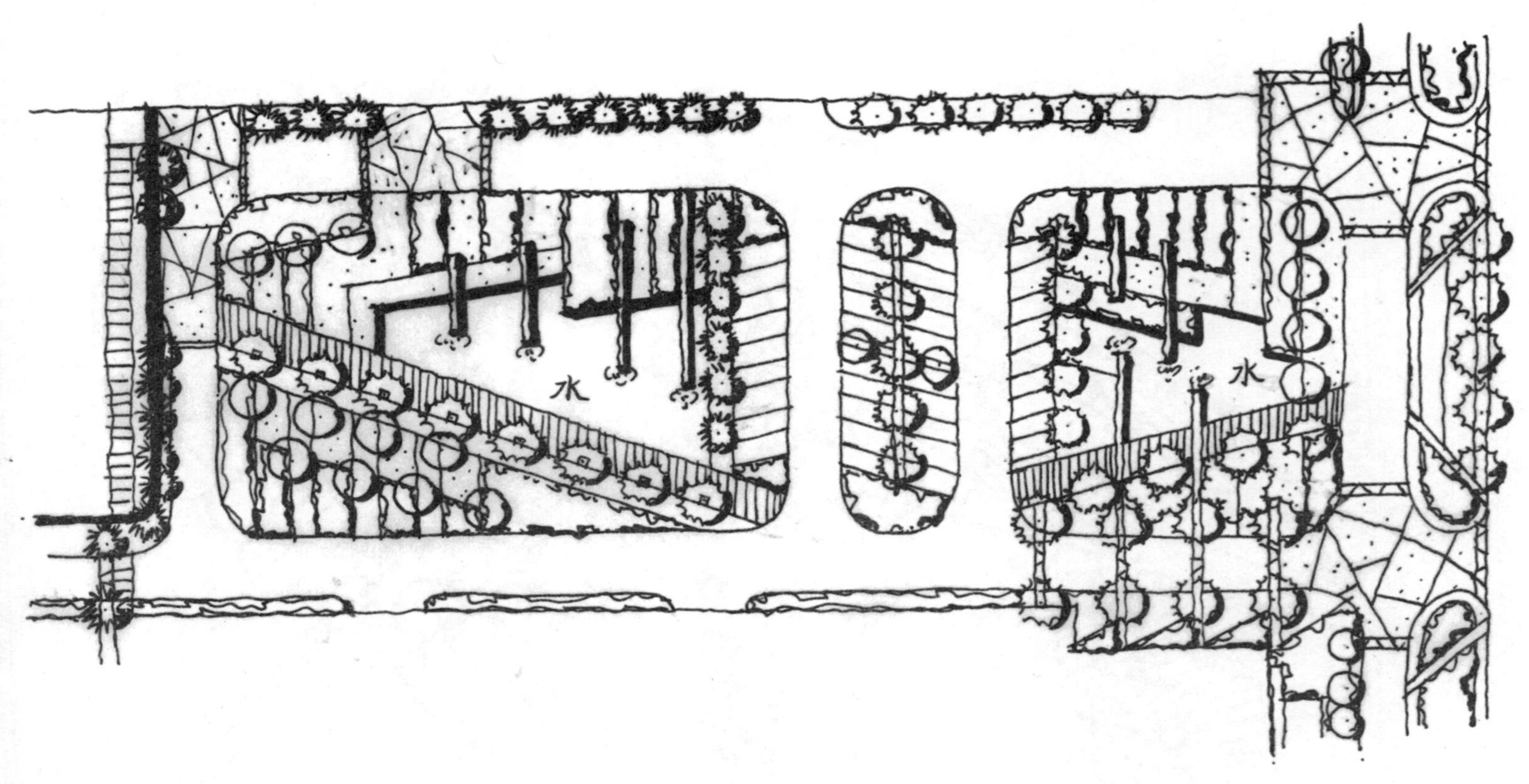

图 4.105 水池四

4）停车场（图 4.106~ 图 4.108）

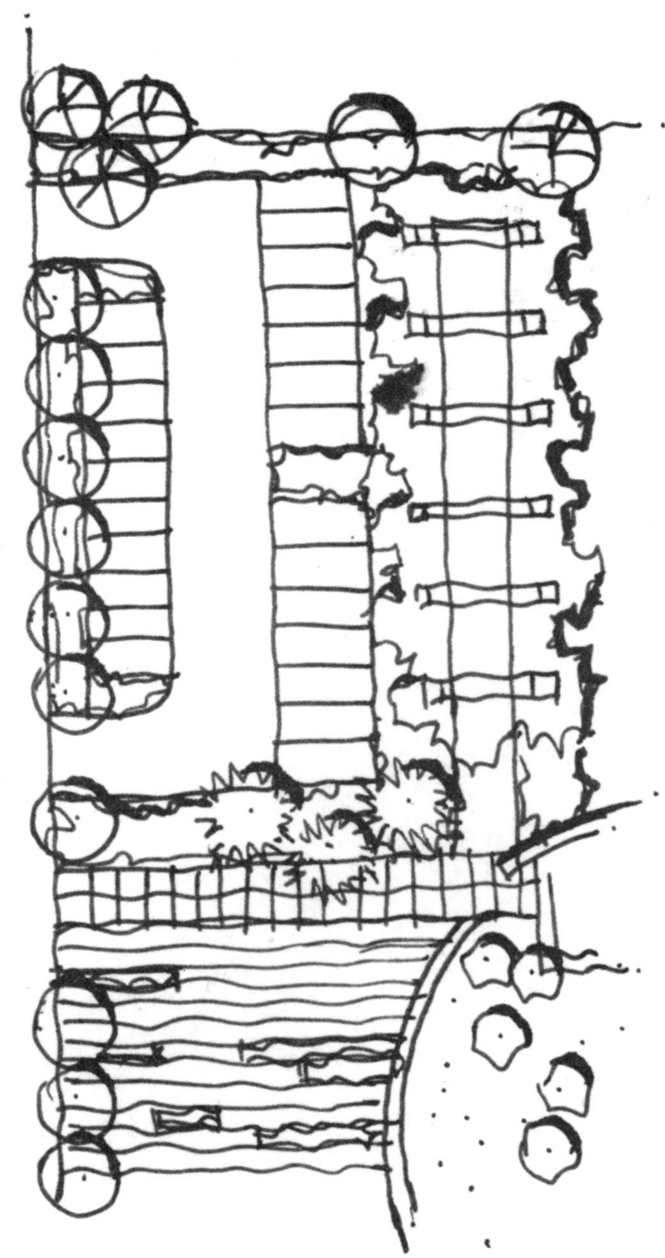

图 4.106 停车场一

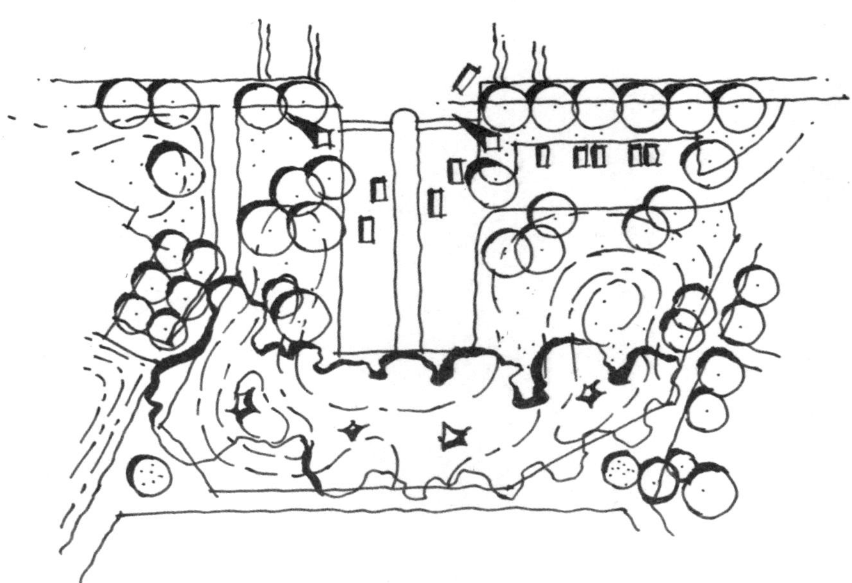

图 4.107 停车场二

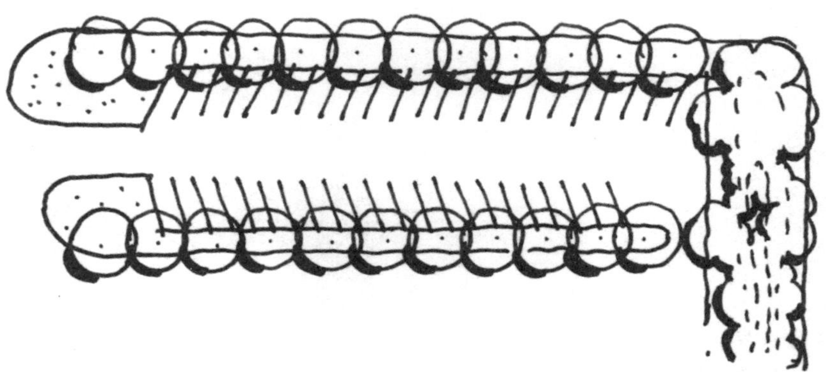

图 4.108 停车场三

5）舞台（图 4.109~ 图 4.110）

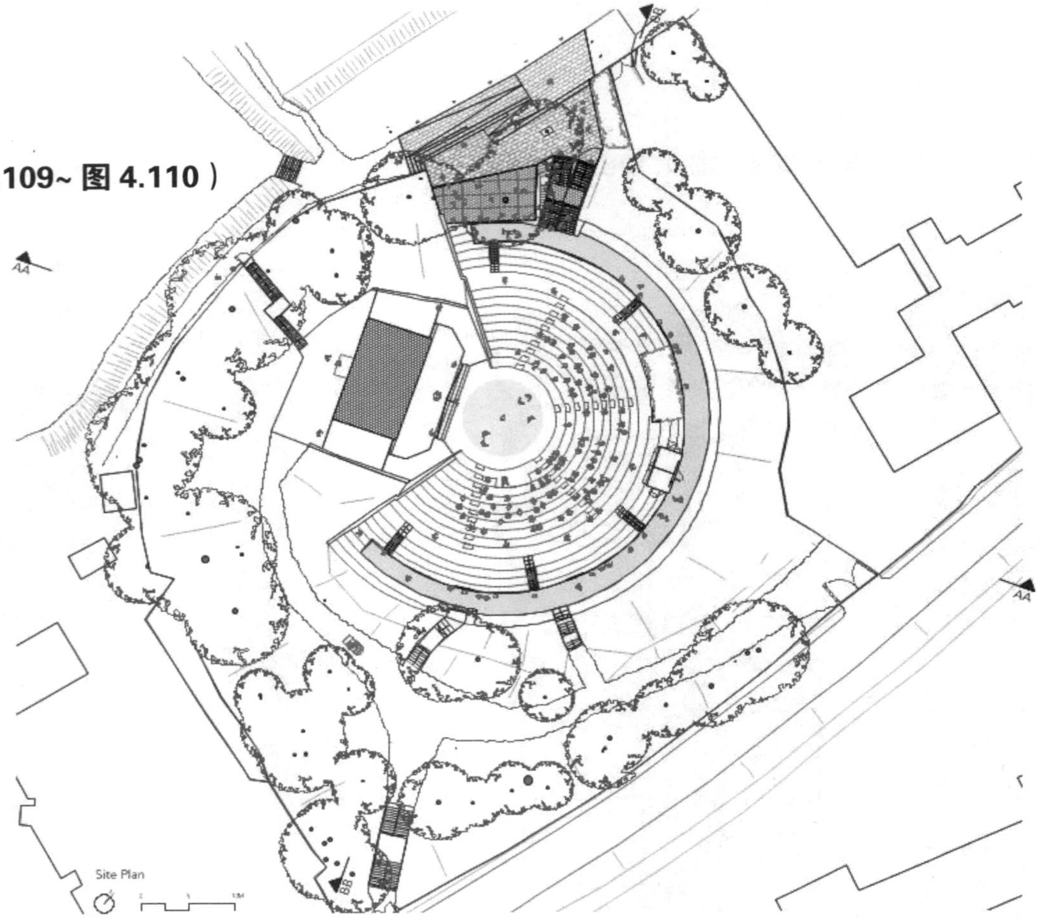

图 4.109 舞台一

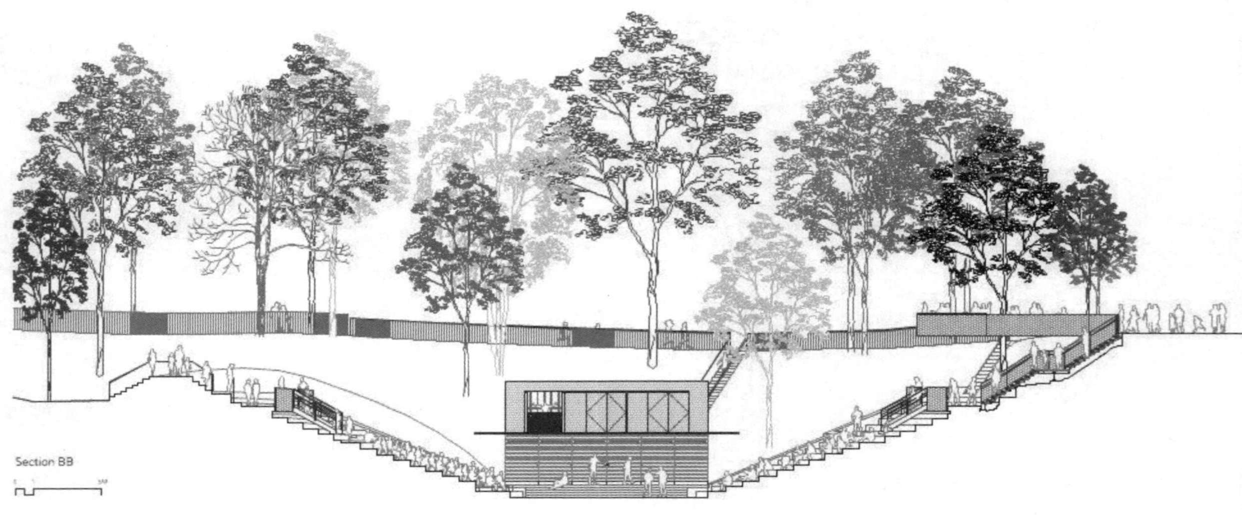

图 4.110 舞台二

6）泳池（图 4.111~ 图 4.114）

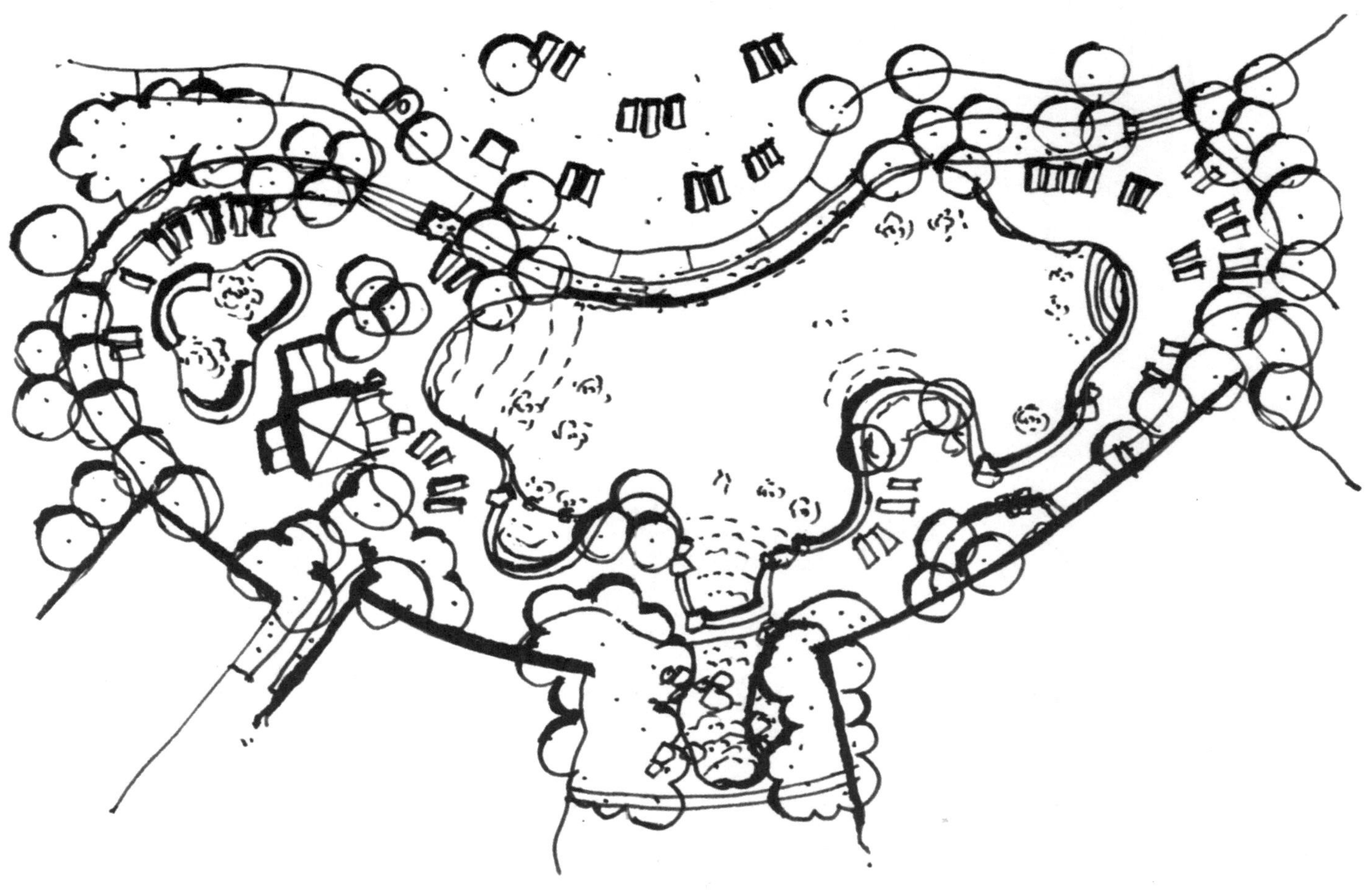

图 4.111　泳池一

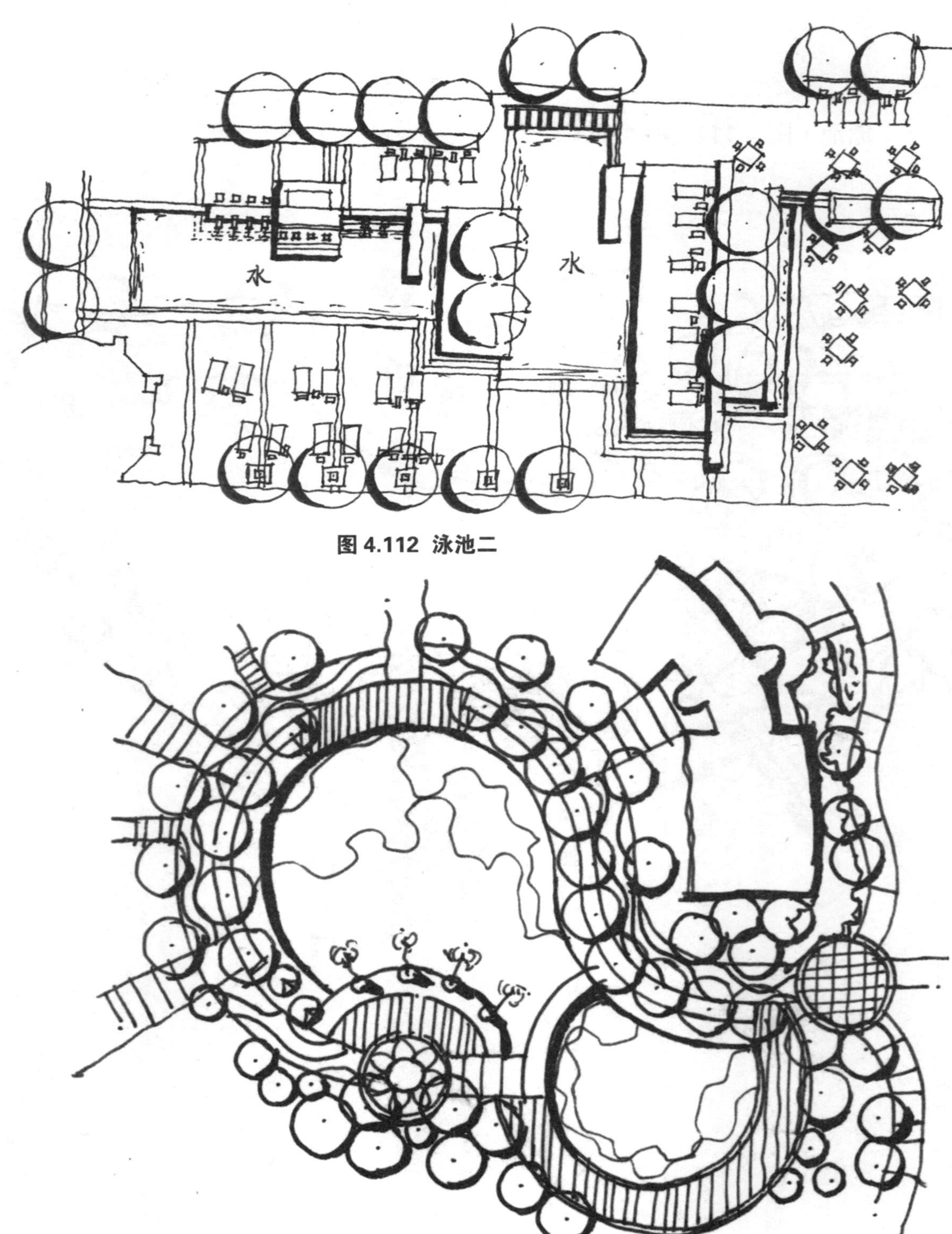

图 4.112 泳池二

图 4.113 泳池三

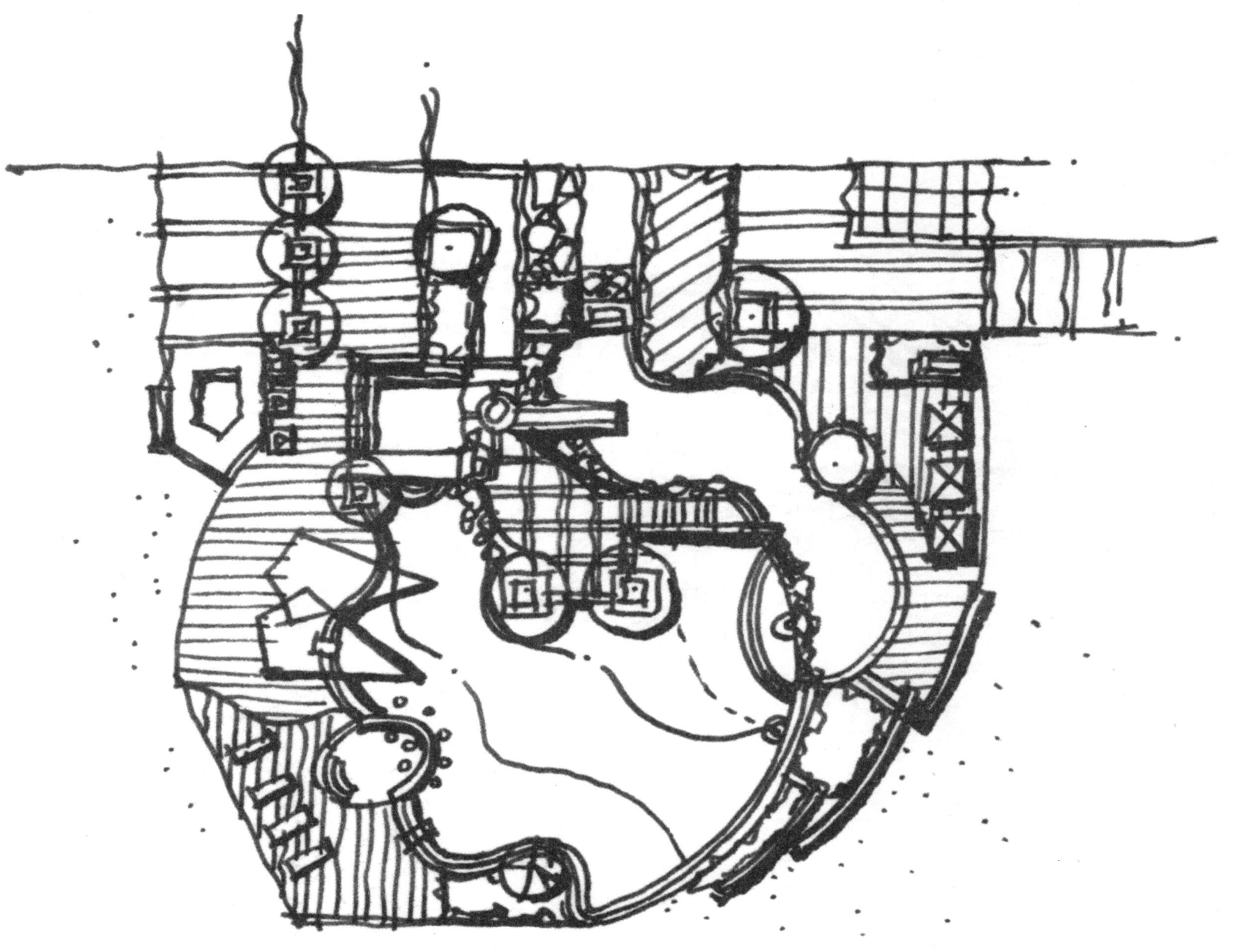

图 4.114 泳池四

7）高架桥下处理（图 4.115）

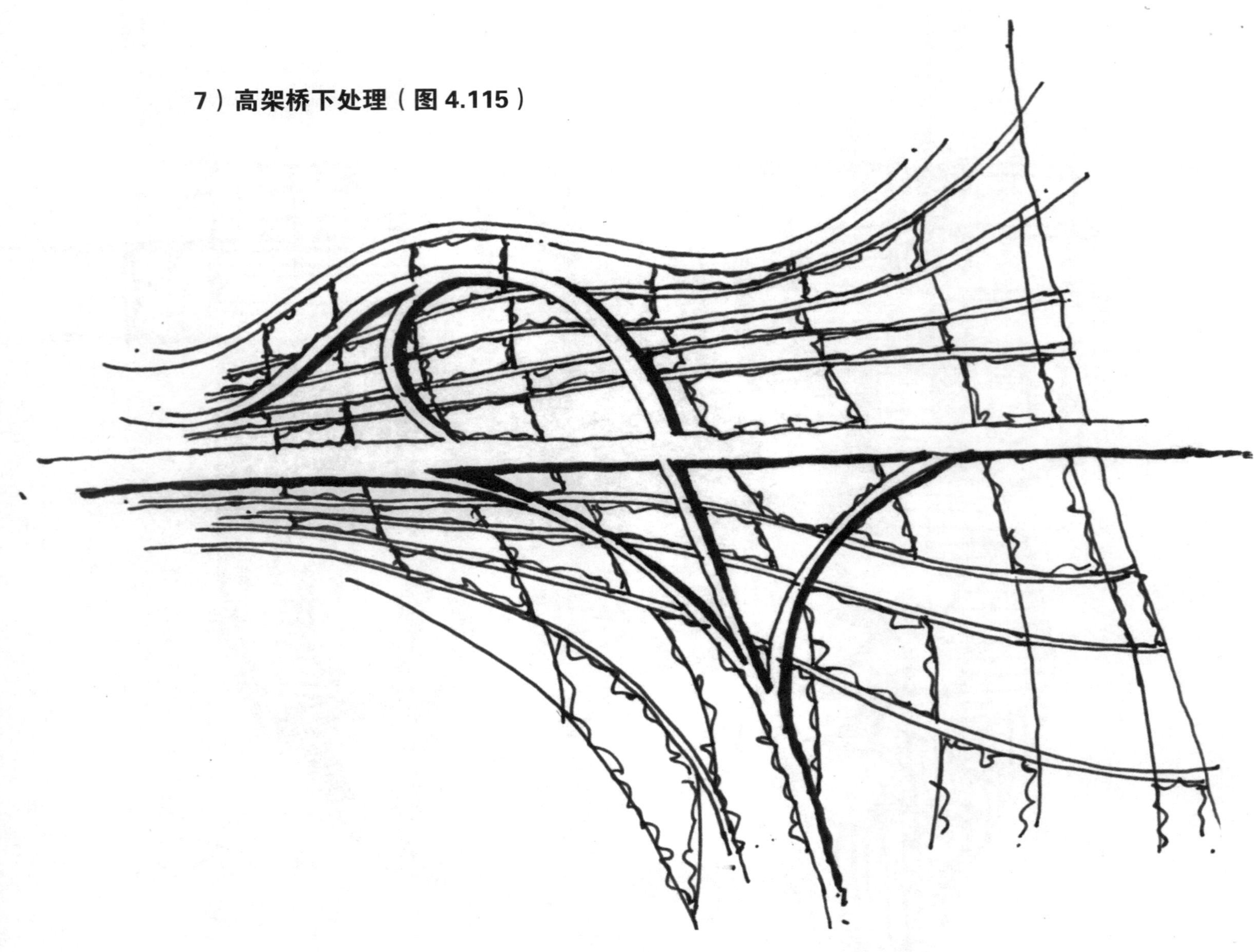

图 4.115 高架桥下处理

8）其他类型场地（图 4.116）

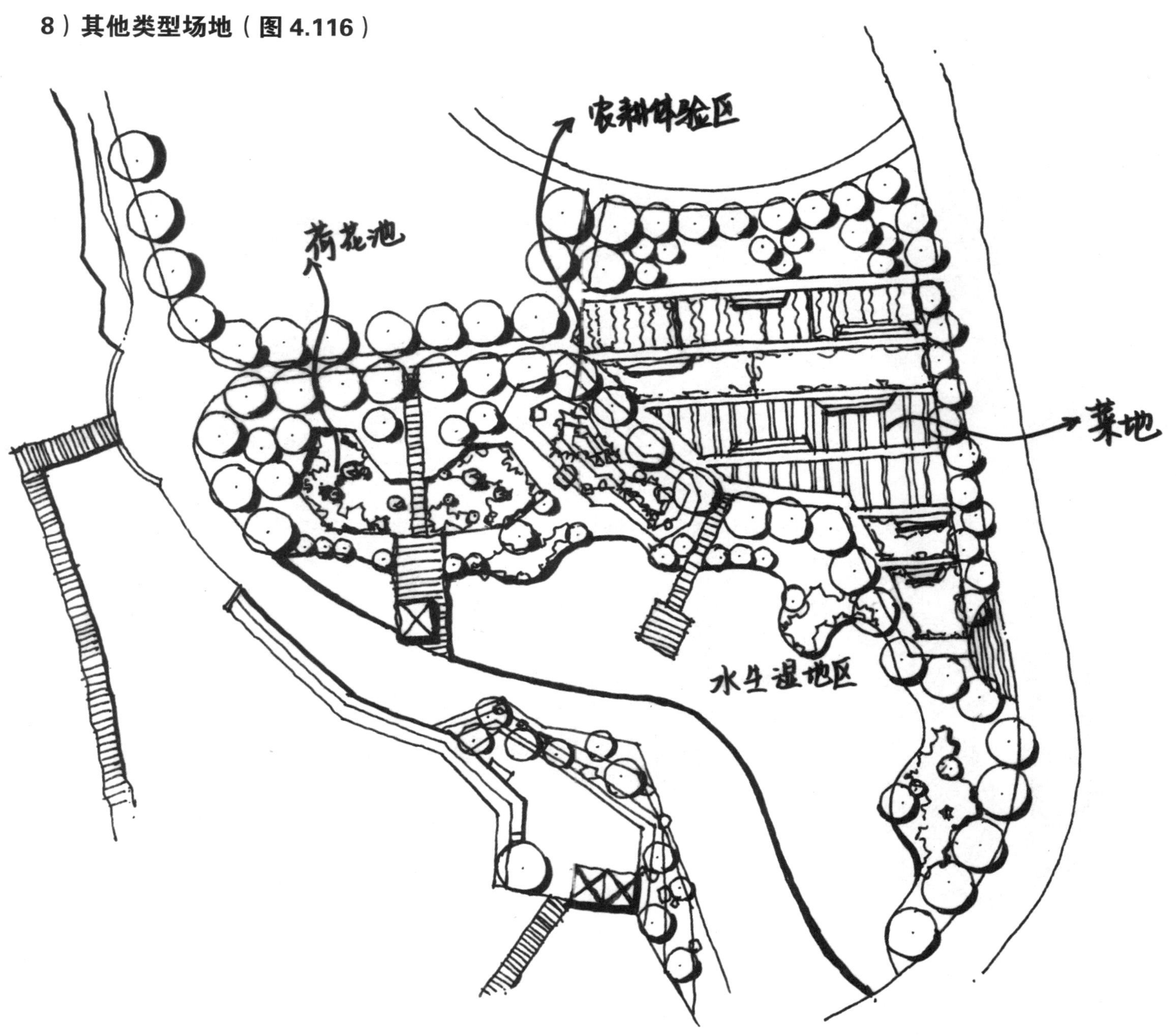

图 4.116 其他类型场地

4.2.6 其他景观节点参考（图 4.117~ 图 4.205）

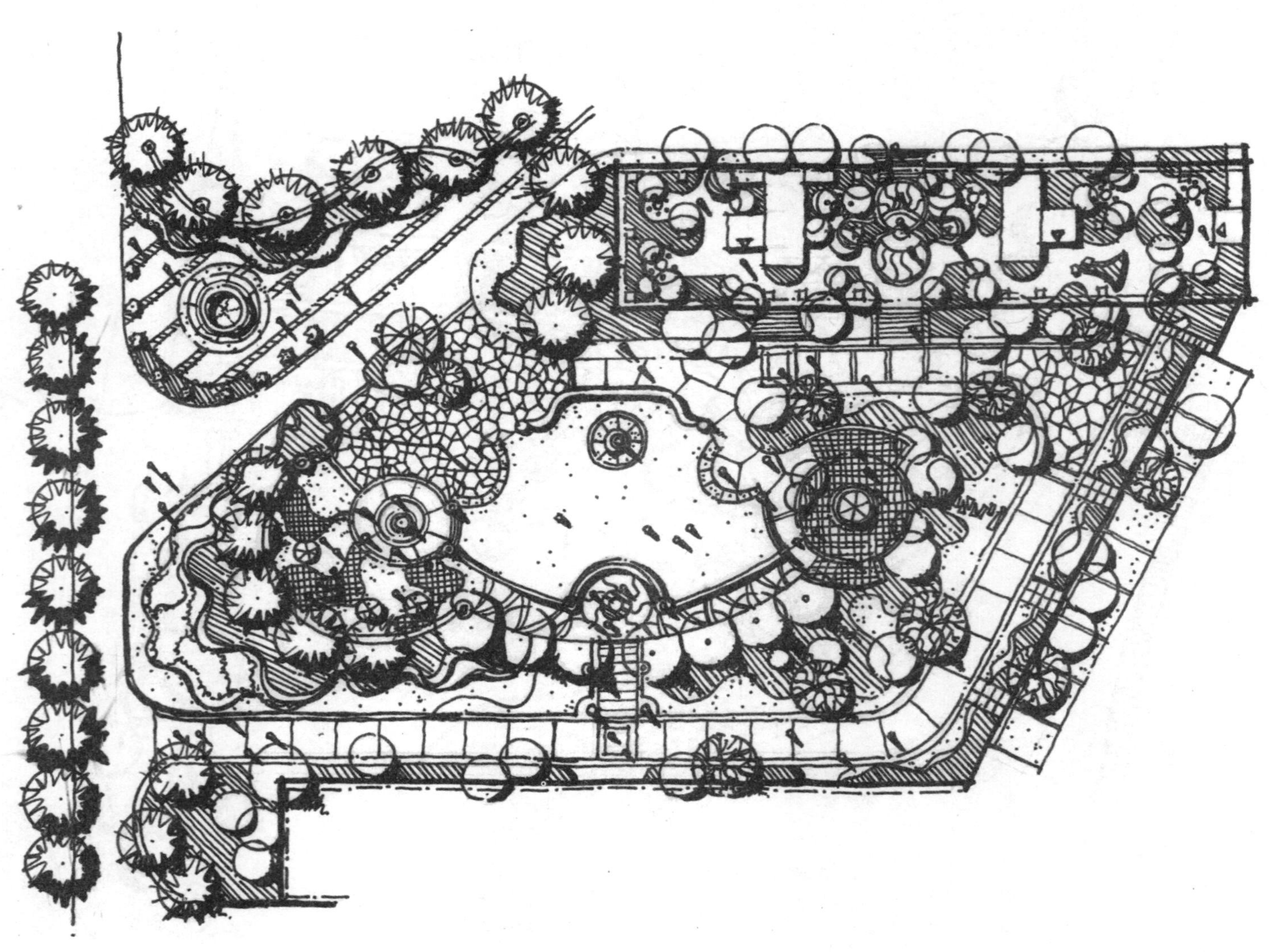

图 4.117 其他景观节点参考一

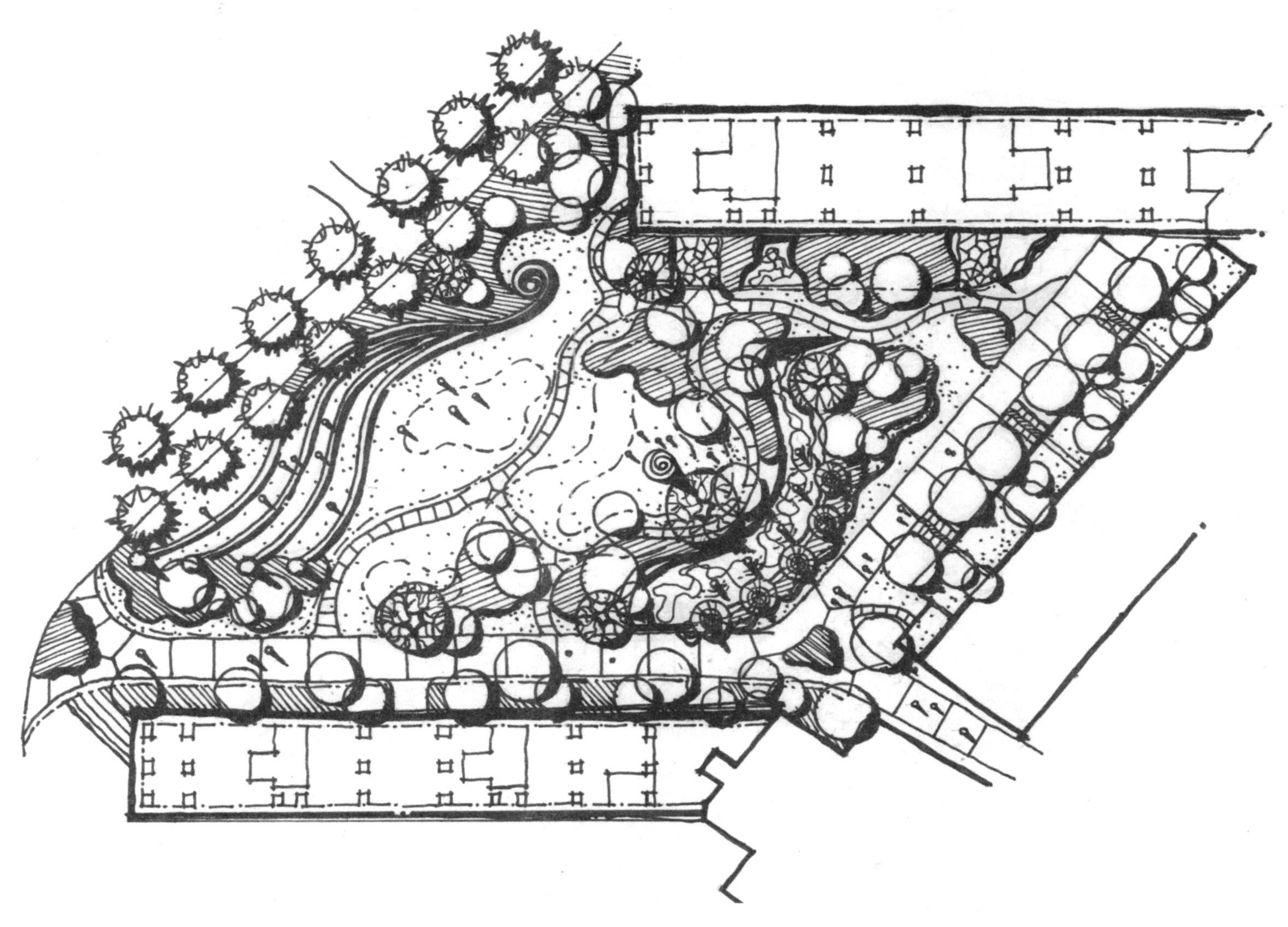

图 4.118. 其他景观节点参考二

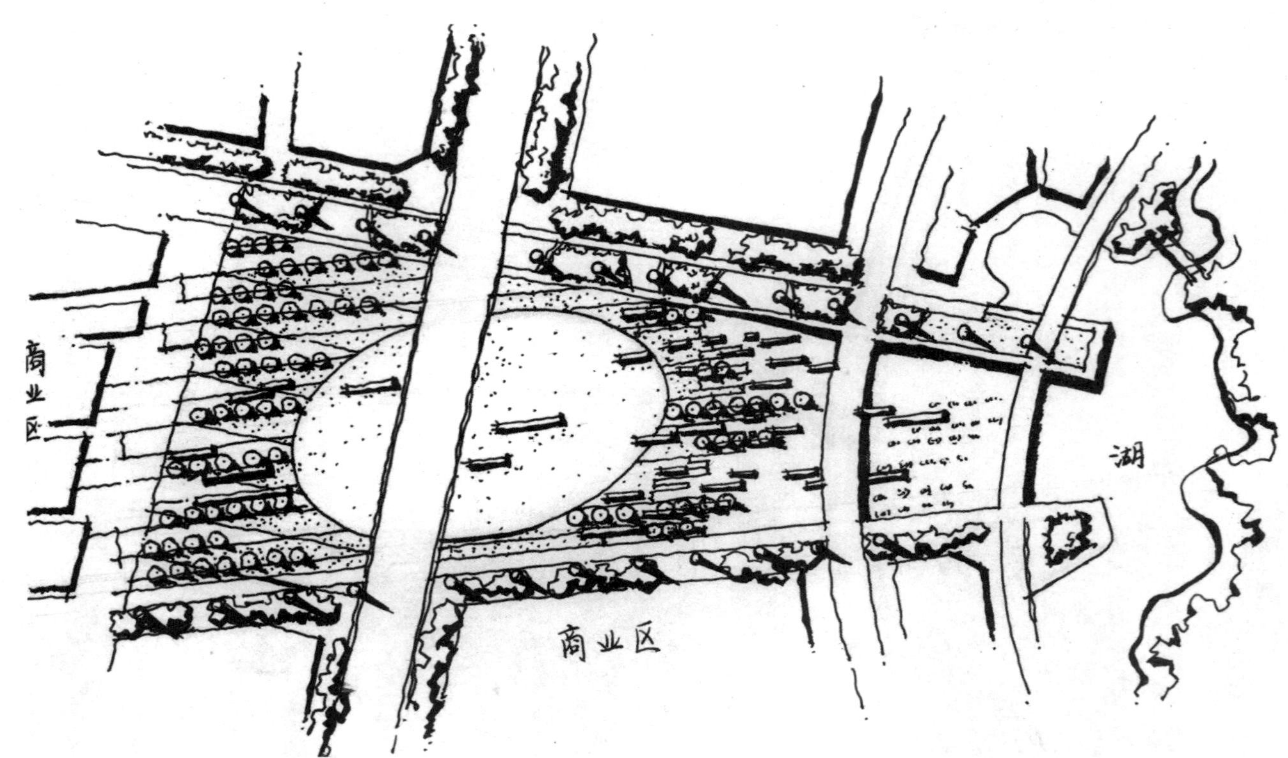

图 4.119 其他景观节点参考三

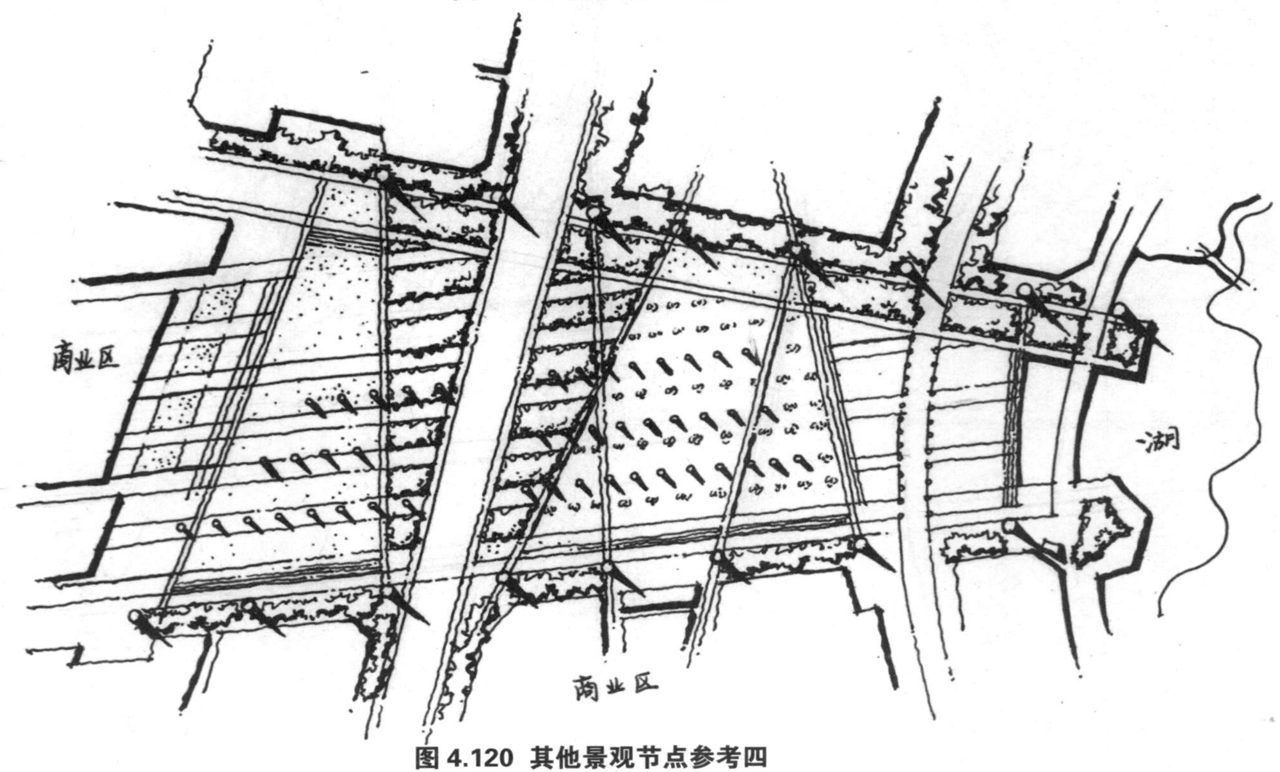

图 4.120 其他景观节点参考四

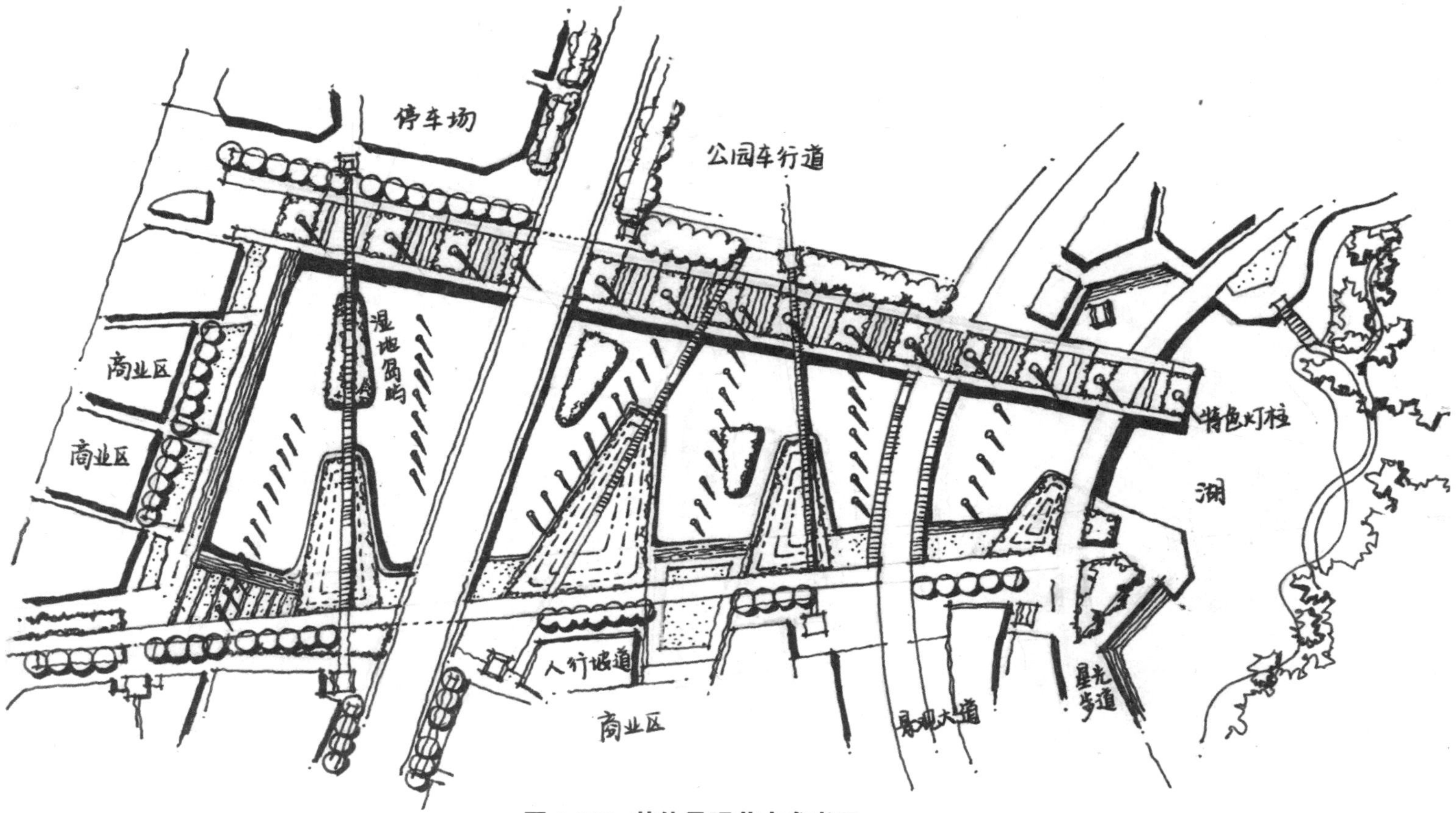

停车场
公园车行道
湿地岛屿
商业区
商业区
特色灯柱
湖
人行步道
商业区
景观大道
星光步道

图 4.121 其他景观节点参考五

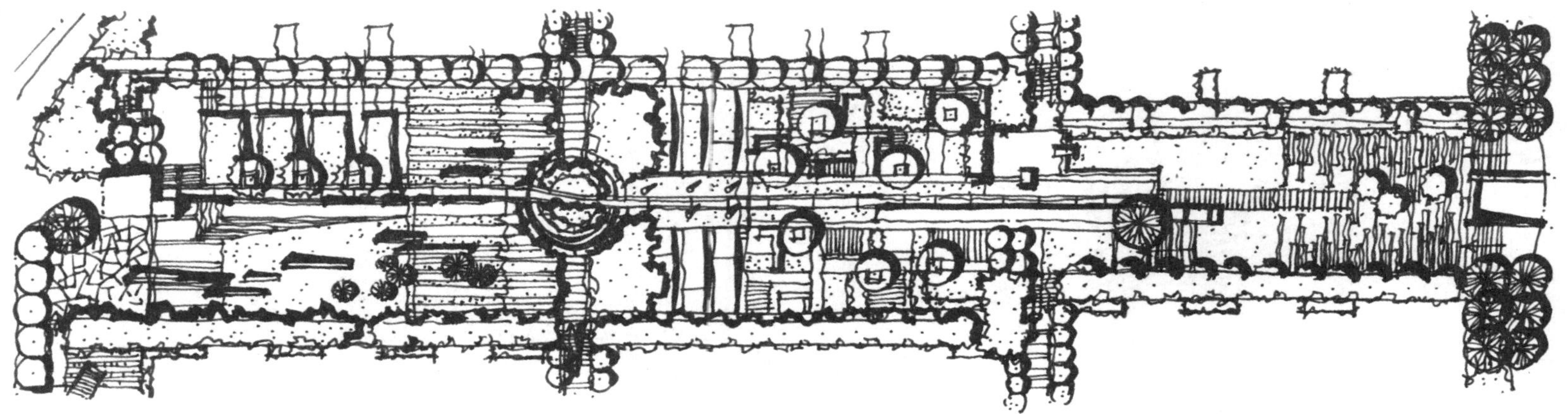

图 4.122 其他景观节点参考六

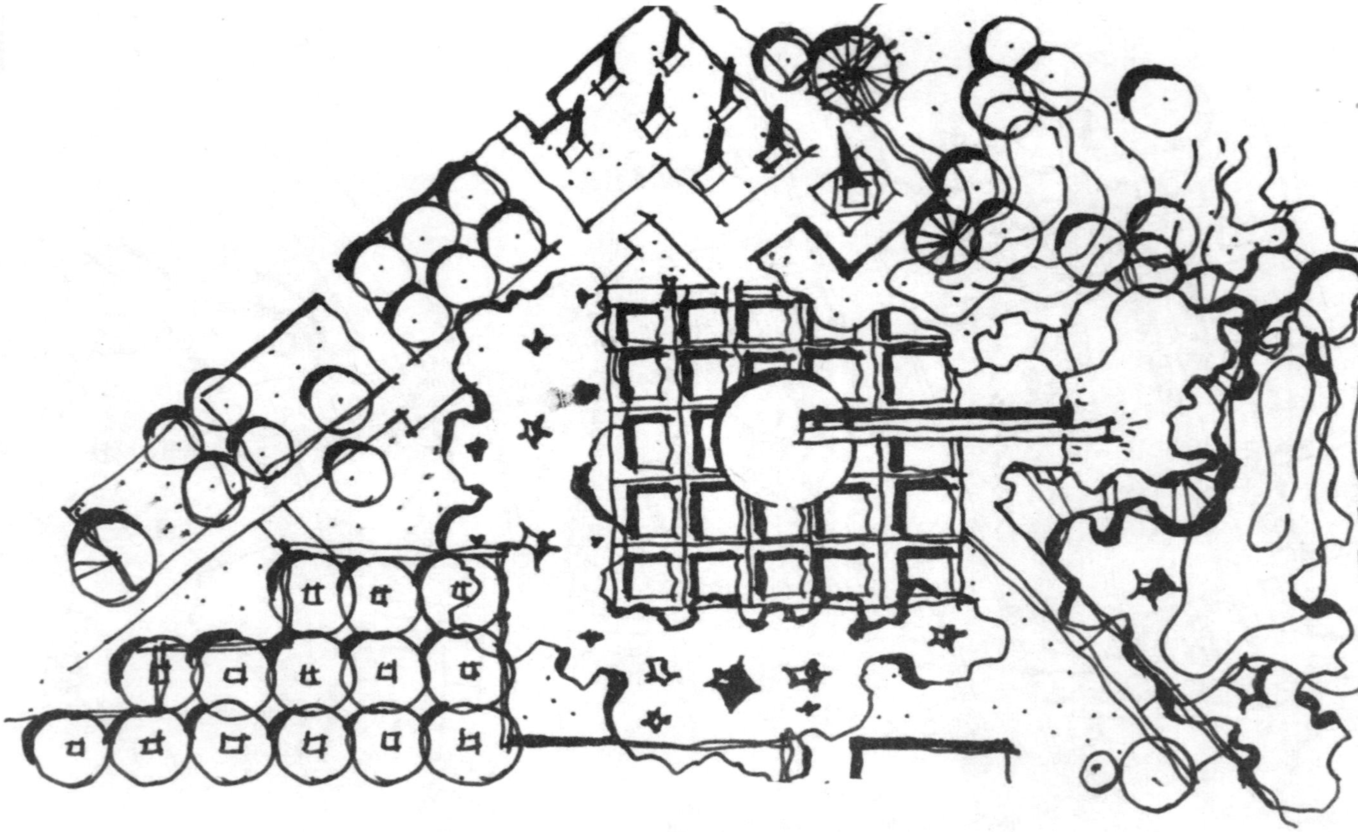

图 4.123 其他景观节点参考七

图 4.124 其他景观节点参考八

图 4.125 其他景观节点参考九

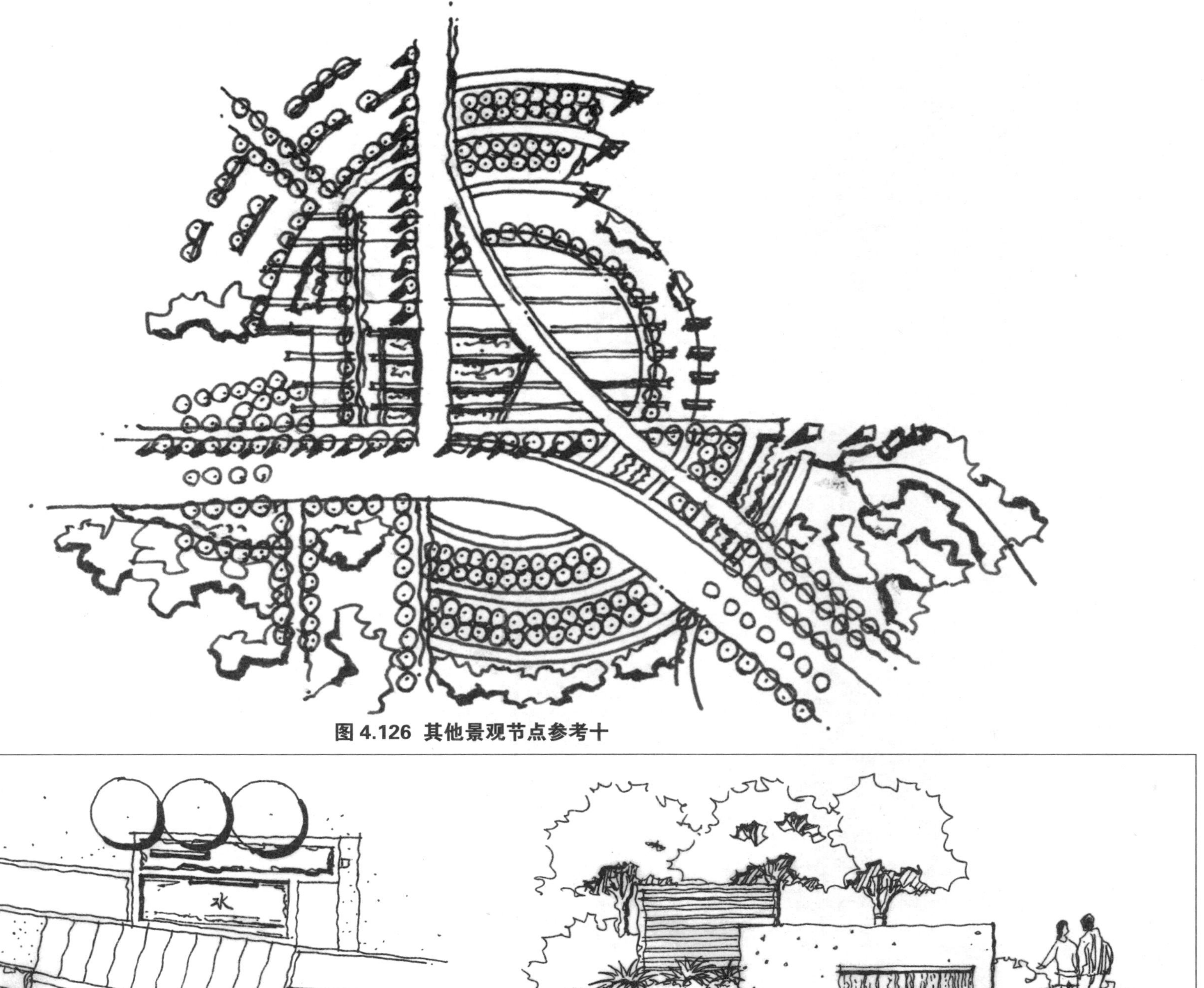

图 4.126　其他景观节点参考十

图 4.127　其他景观节点参考十一

图 4.128　其他景观节点参考十二

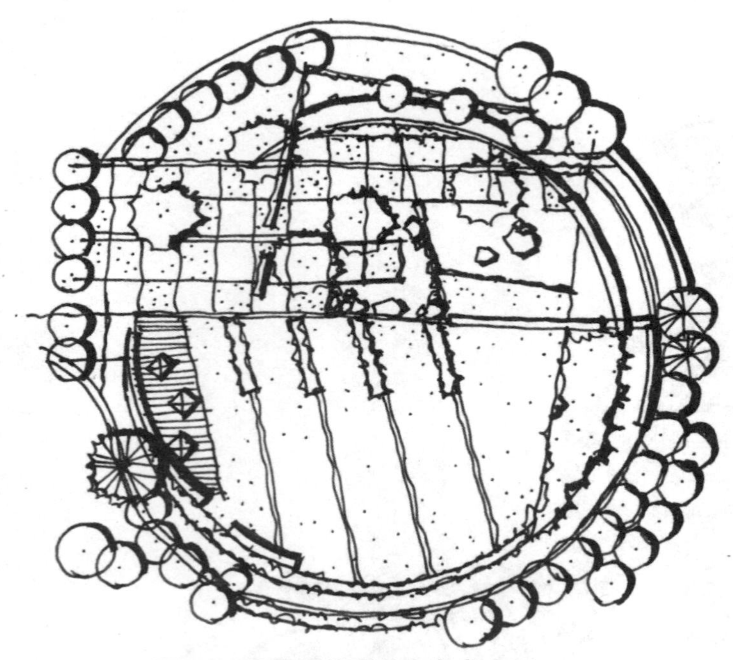

图 4.129 其他景观节点参考十三

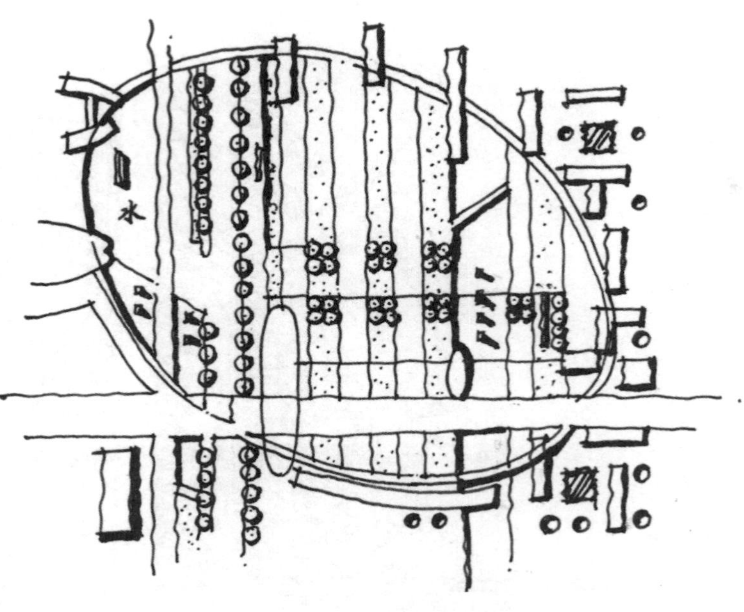

图 4.130 其他景观节点参考十四

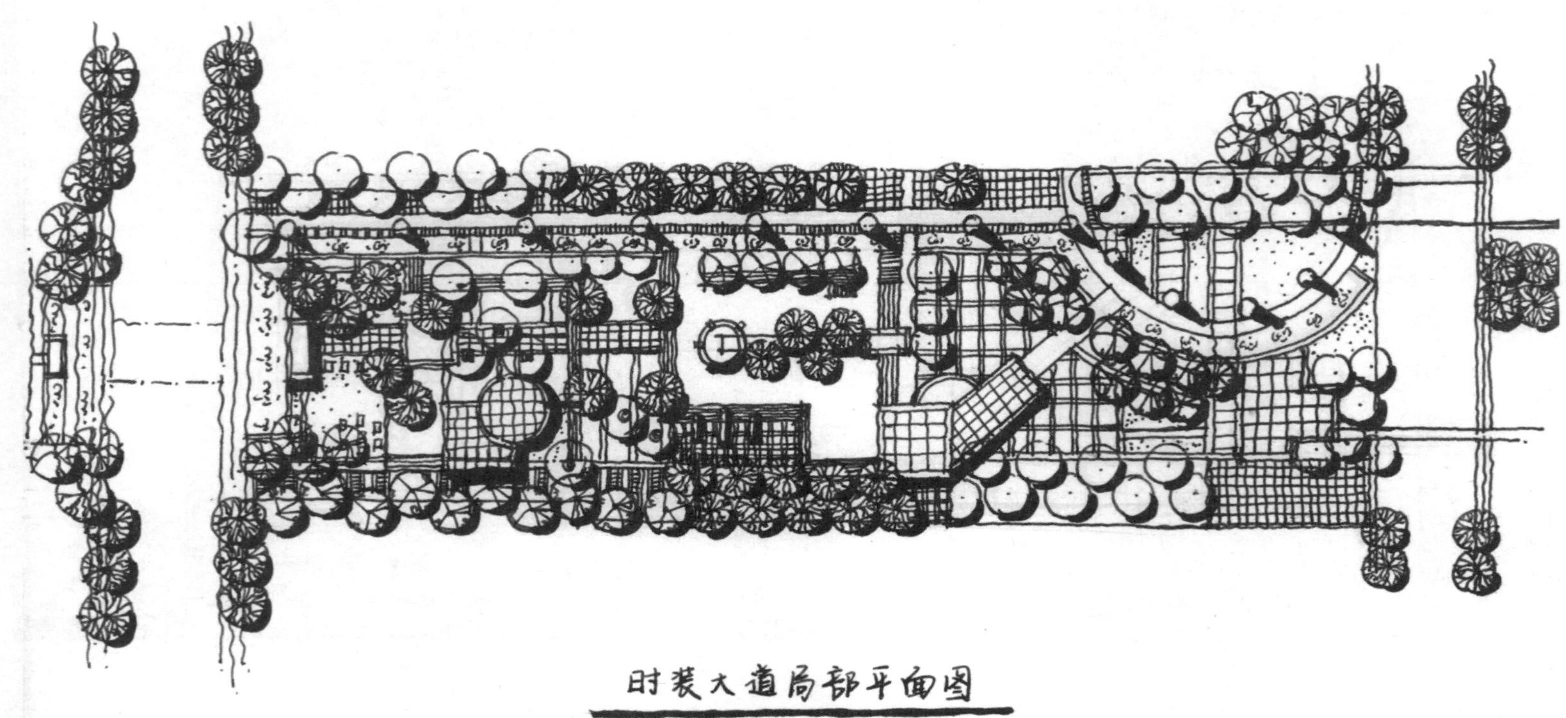

图 4.131 其他景观节点参考十五

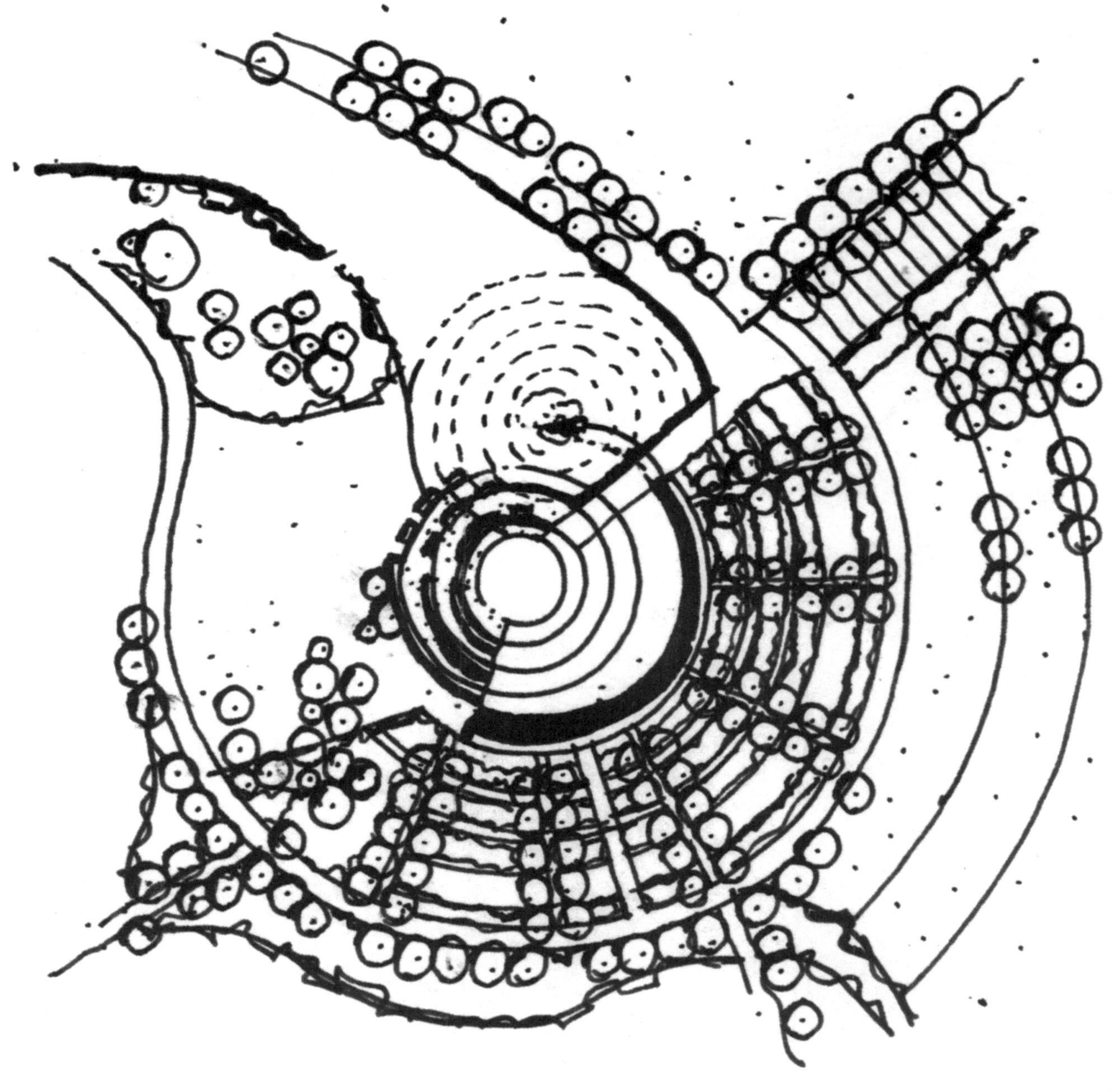

图 4.132 其他景观节点参考十六

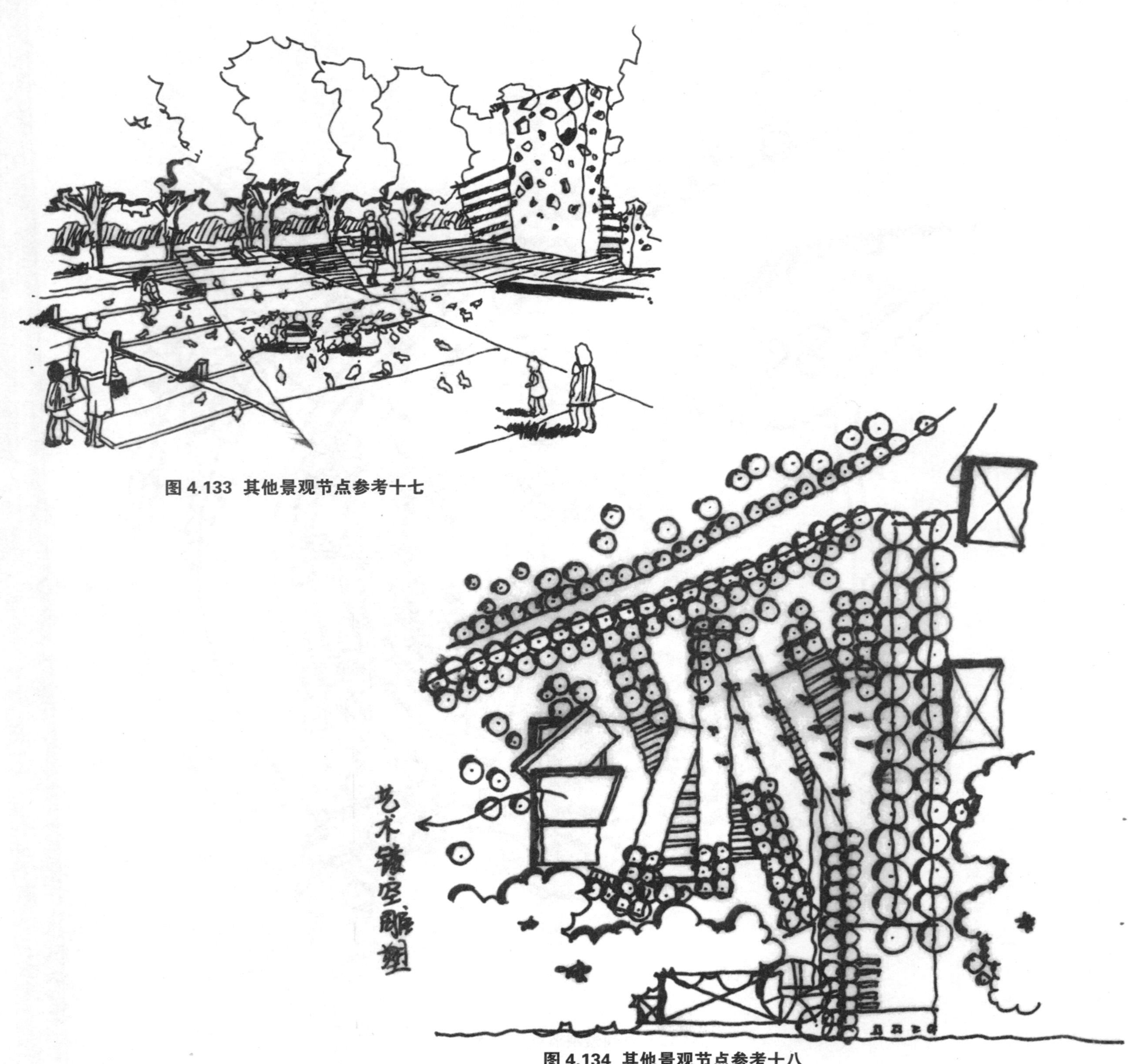

图 4.133 其他景观节点参考十七

图 4.134 其他景观节点参考十八

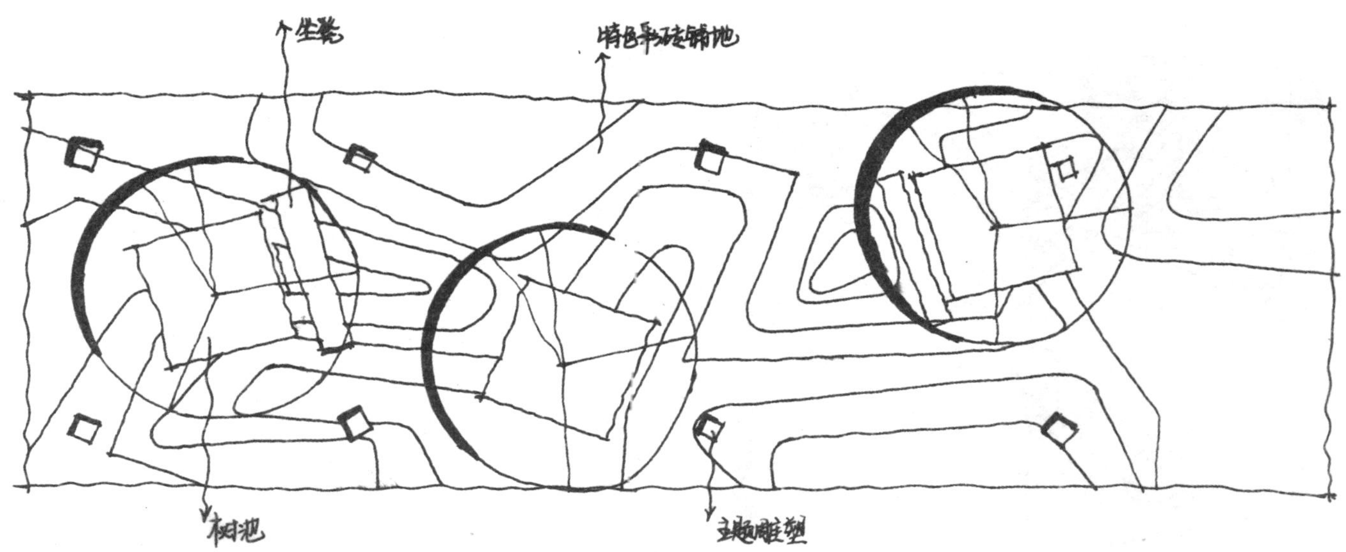

图 4.135 其他景观节点参考十九

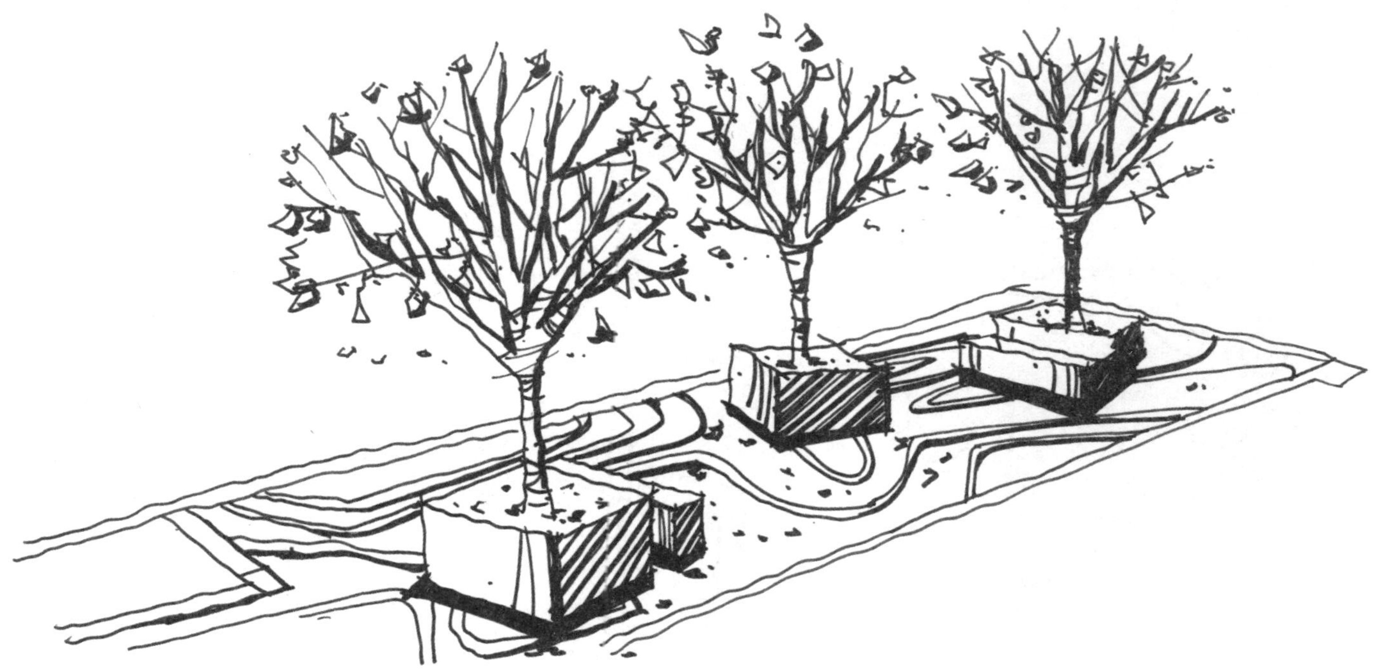

图 4.136 其他景观节点参考二十

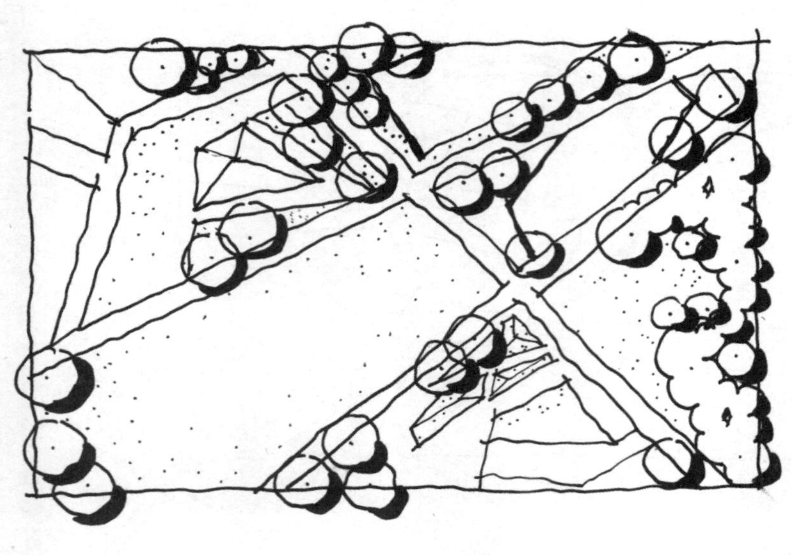

图 4.137 其他景观节点参考二十一

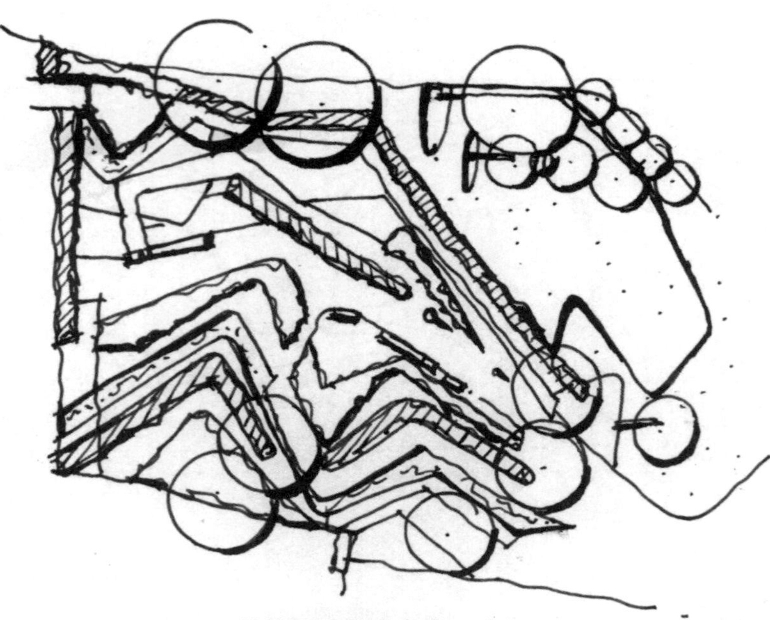

图 4.138 其他景观节点参考二十二

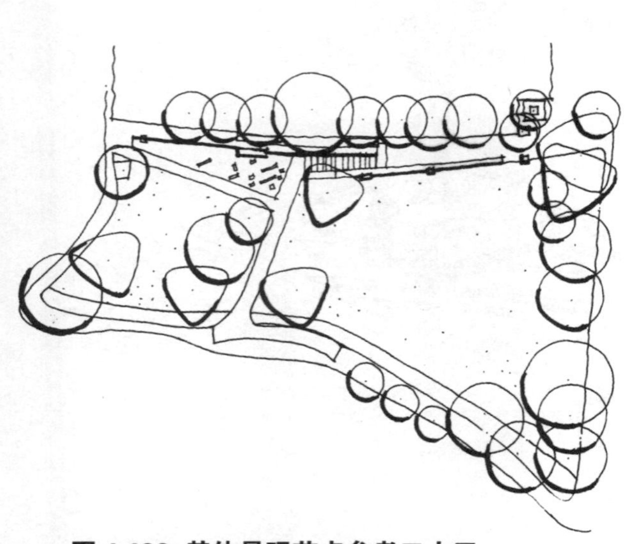

图 4.139 其他景观节点参考二十三

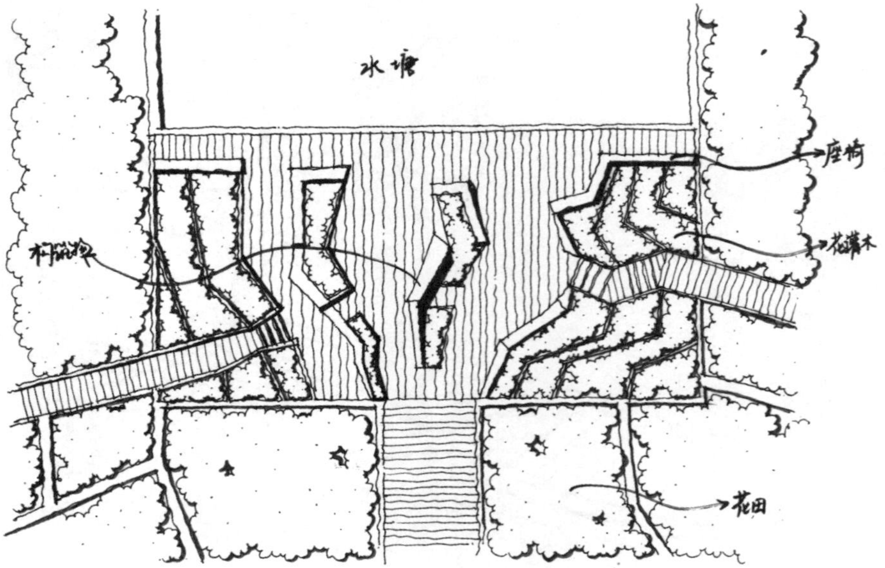

图 4.140 其他景观节点参考二十四

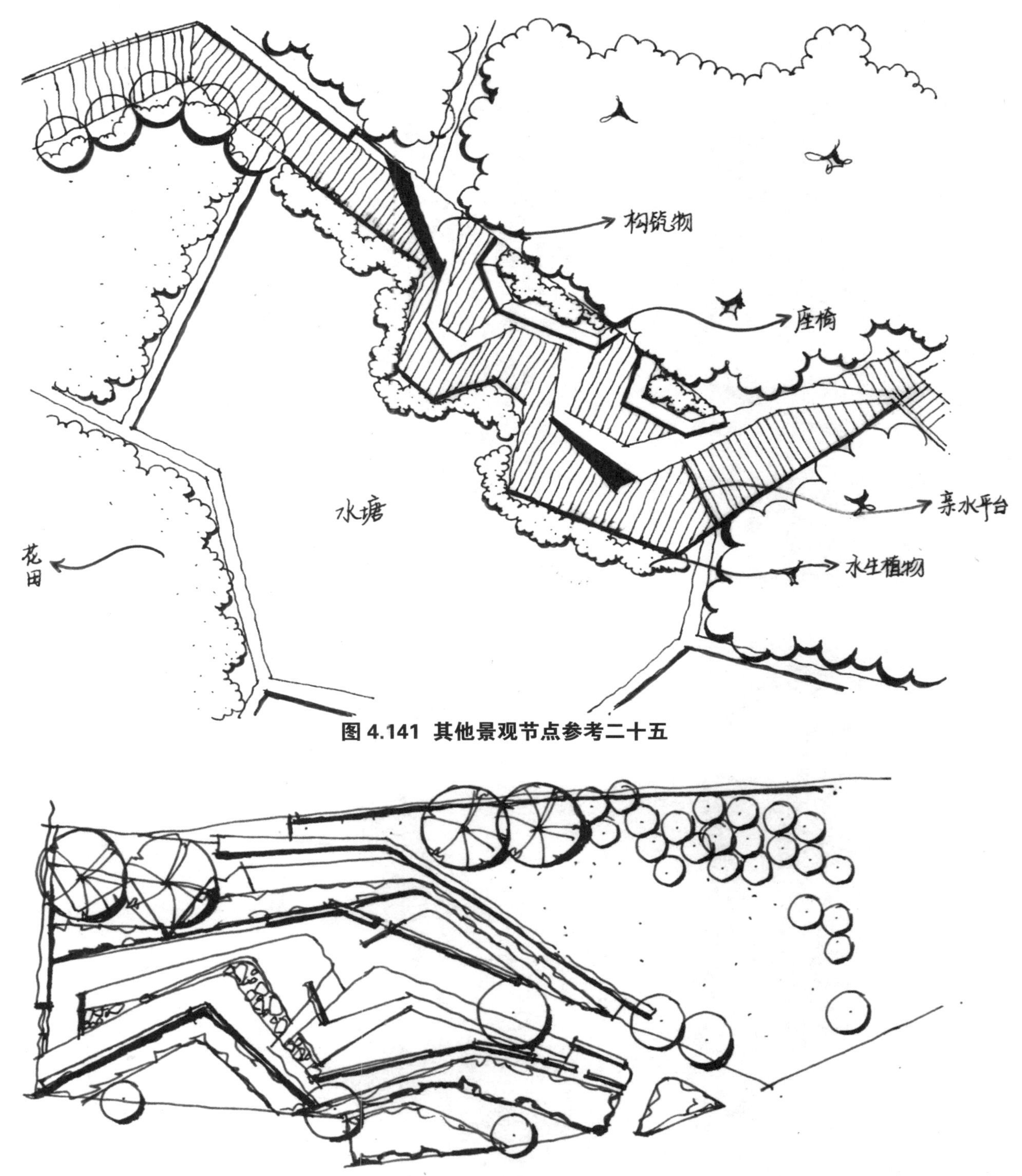

图 4.141　其他景观节点参考二十五

图 4.142　其他景观节点参考二十六

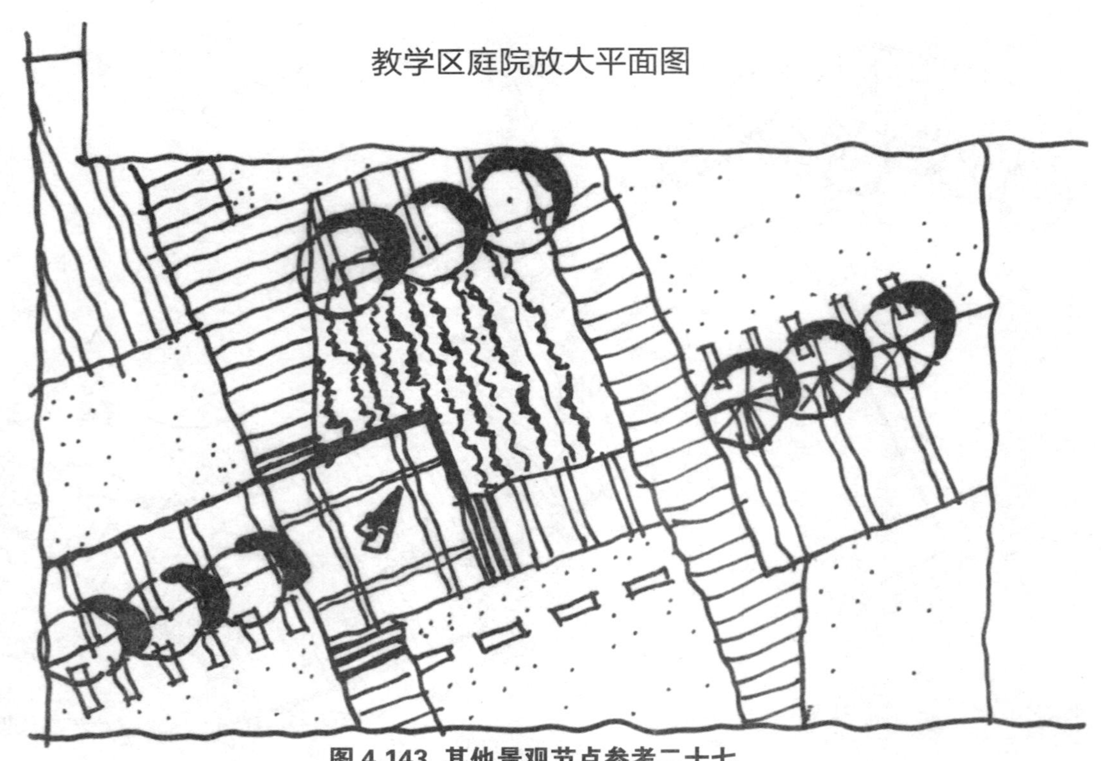

图 4.143 其他景观节点参考二十七

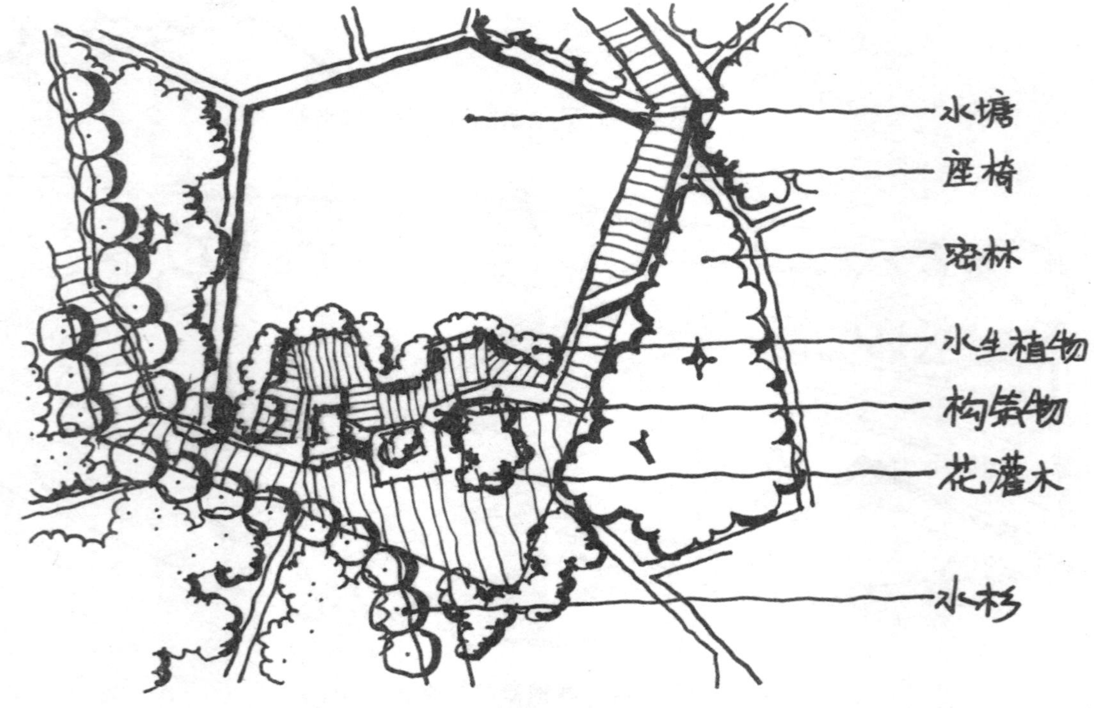

图 4.144 其他景观节点参考二十八

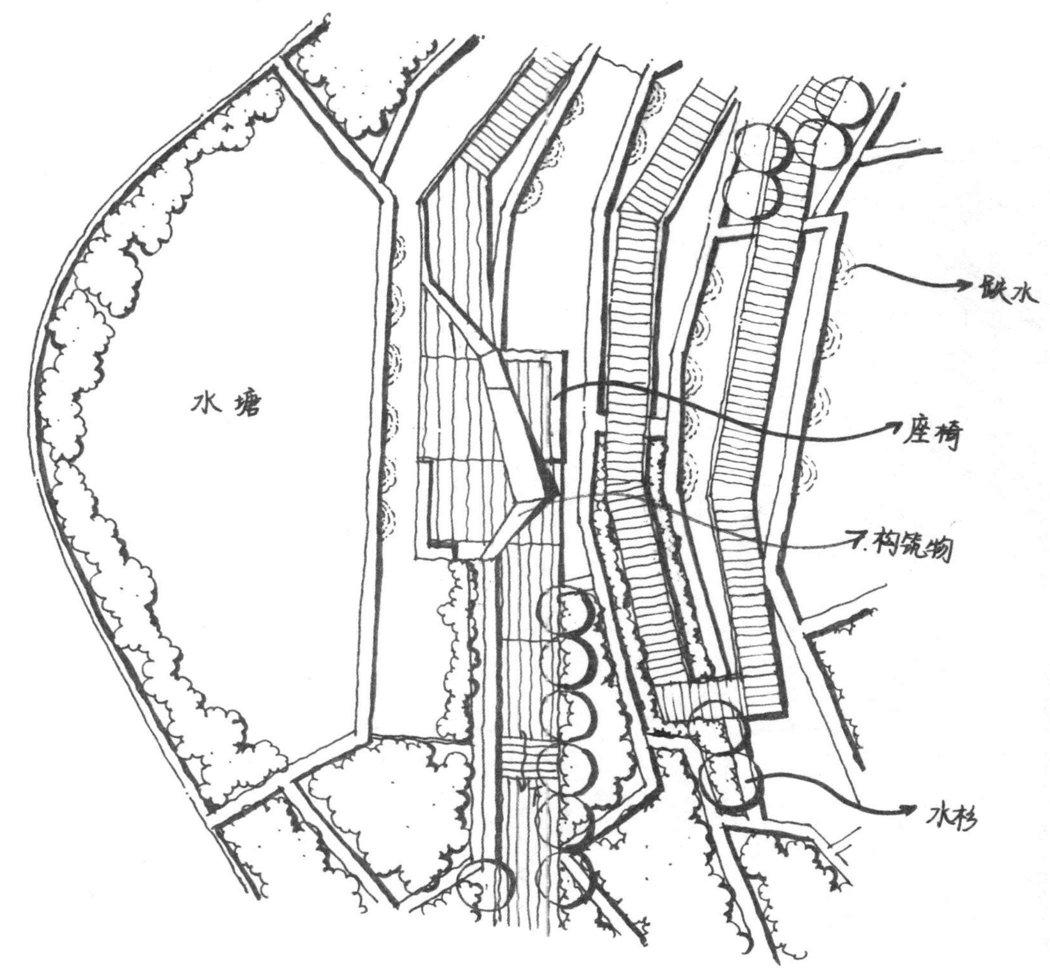

图 4.145　其他景观节点参考二十九

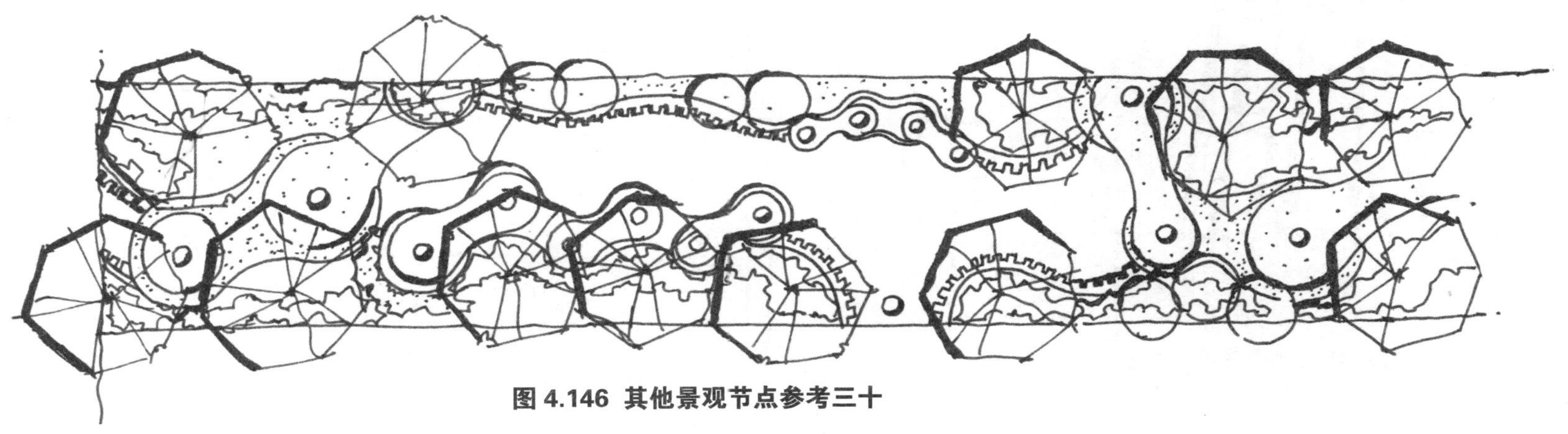

图 4.146　其他景观节点参考三十

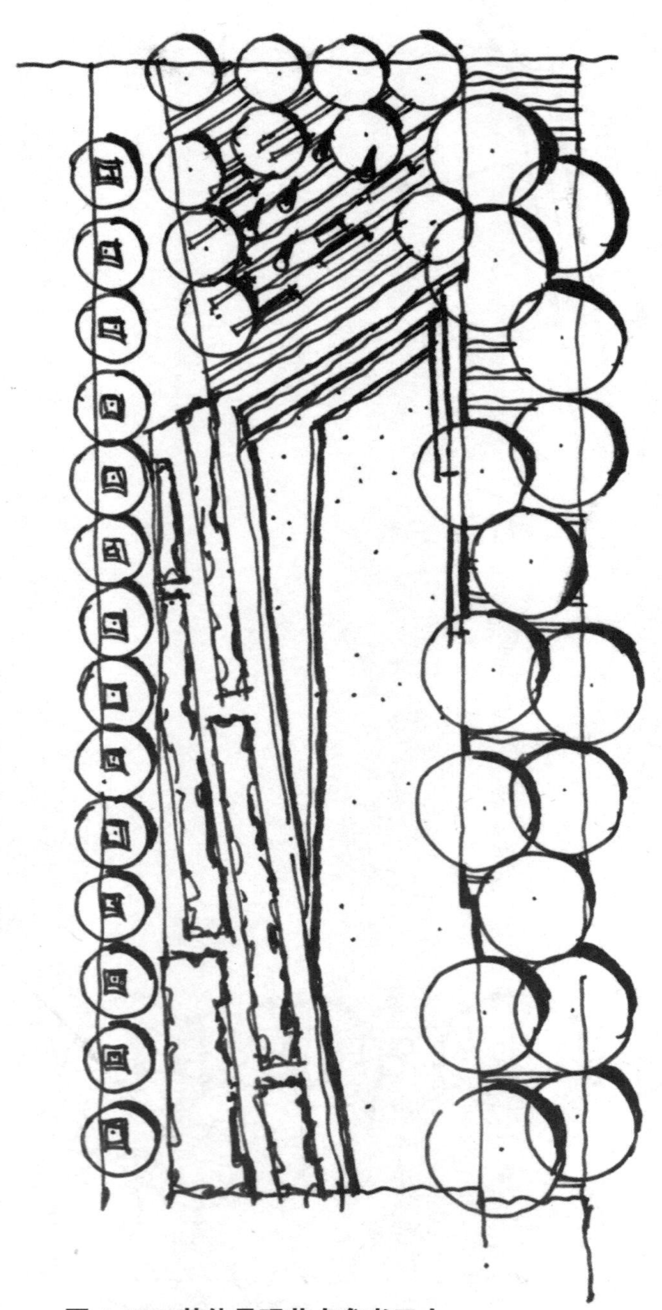

图 4.147 其他景观节点参考三十一

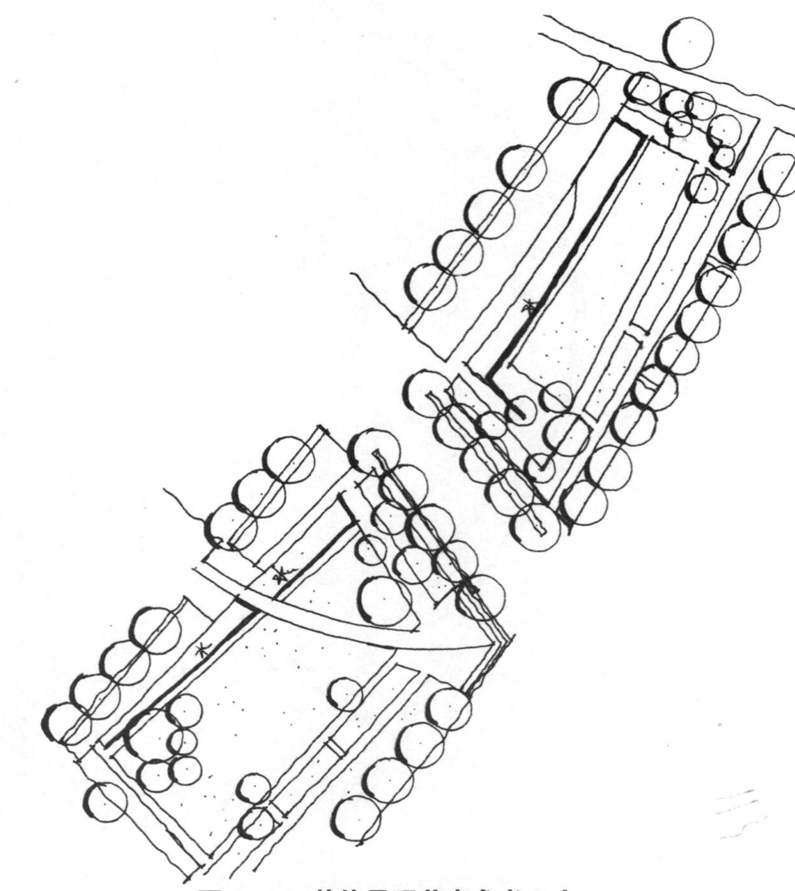

图 4.148 其他景观节点参考三十二

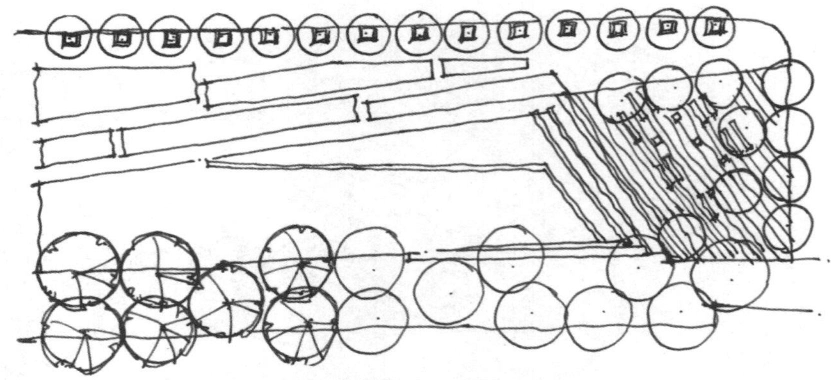

图 4.149 其他景观节点参考三十三

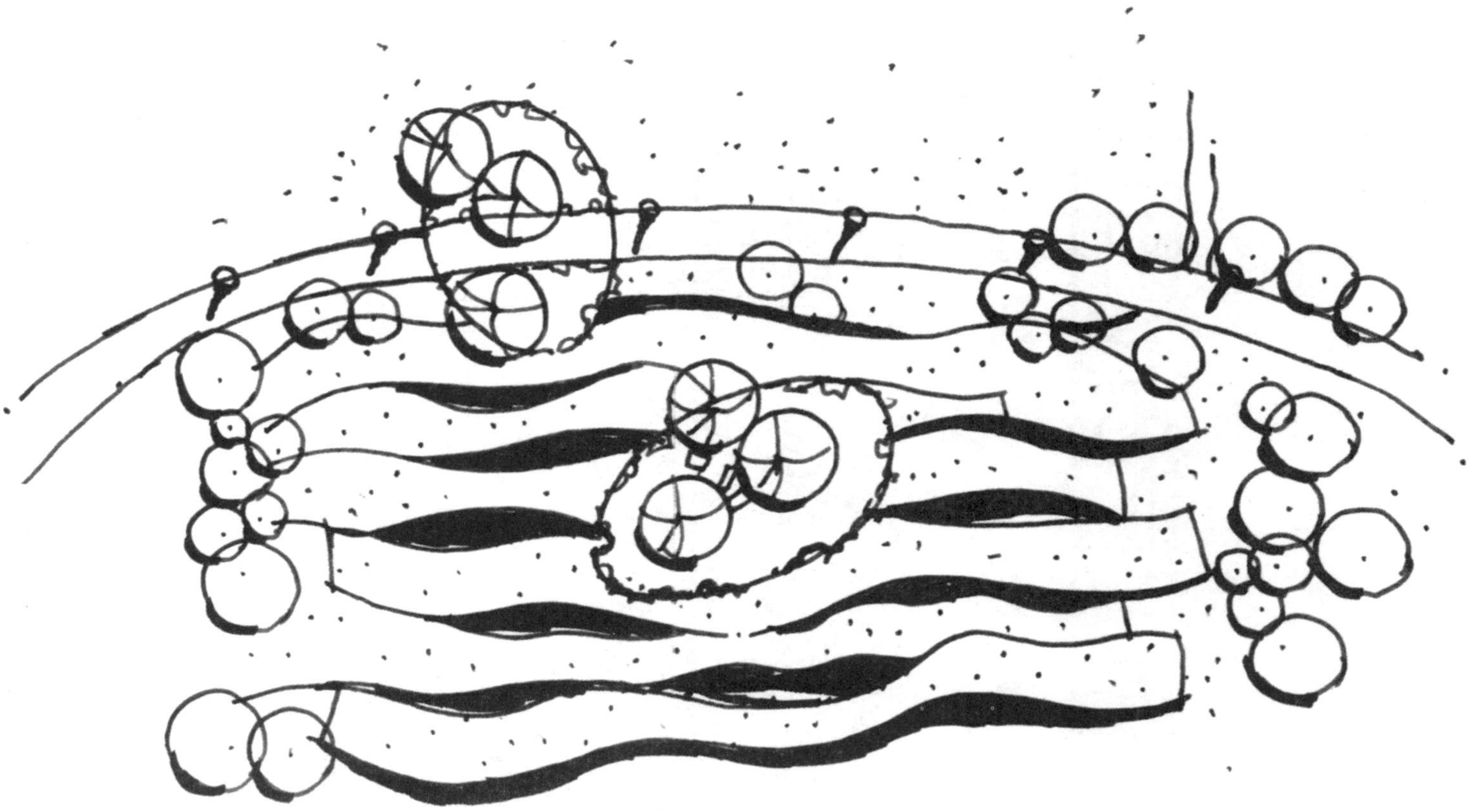

图 4.150　其他景观节点参考三十四

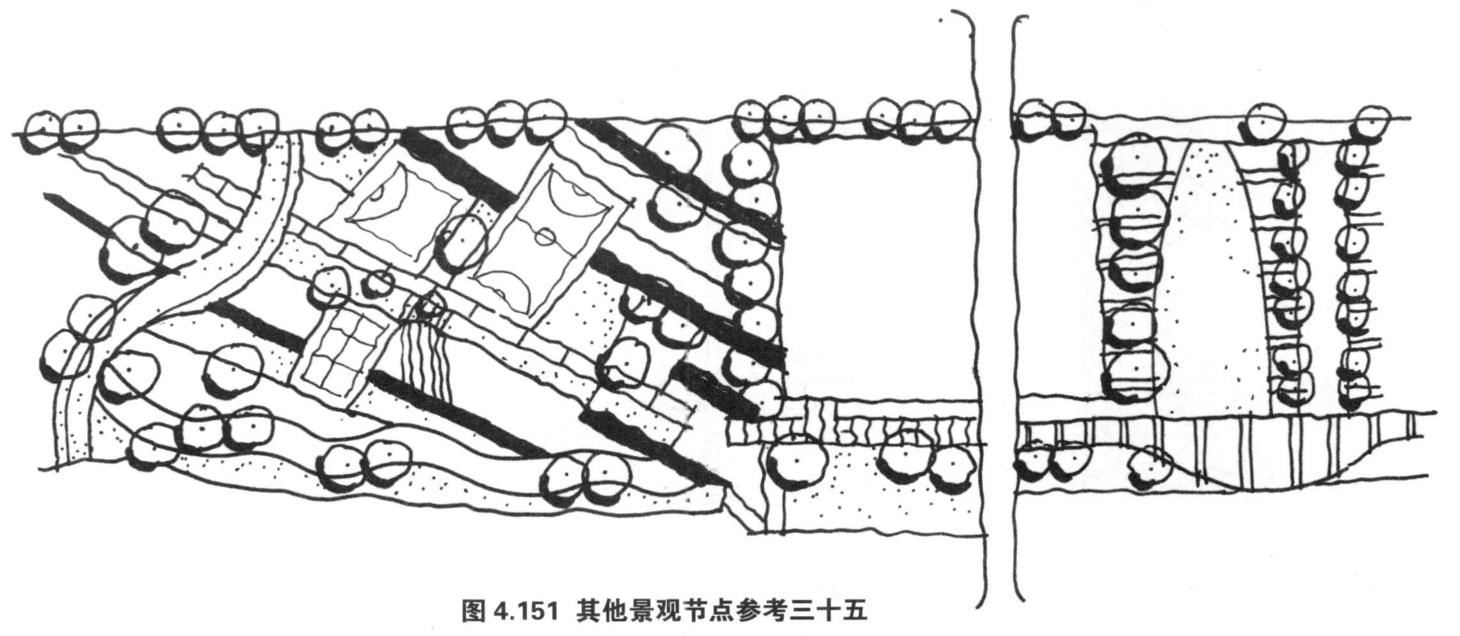

图 4.151　其他景观节点参考三十五

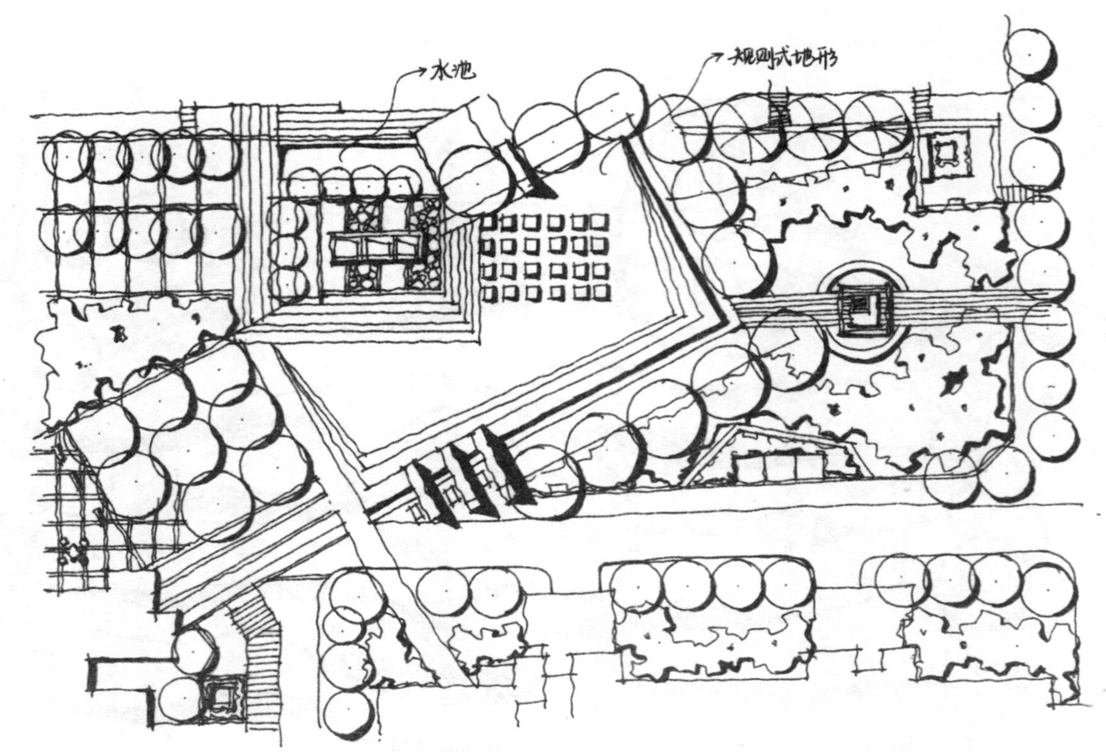

图 4.152 其他景观节点参考三十六

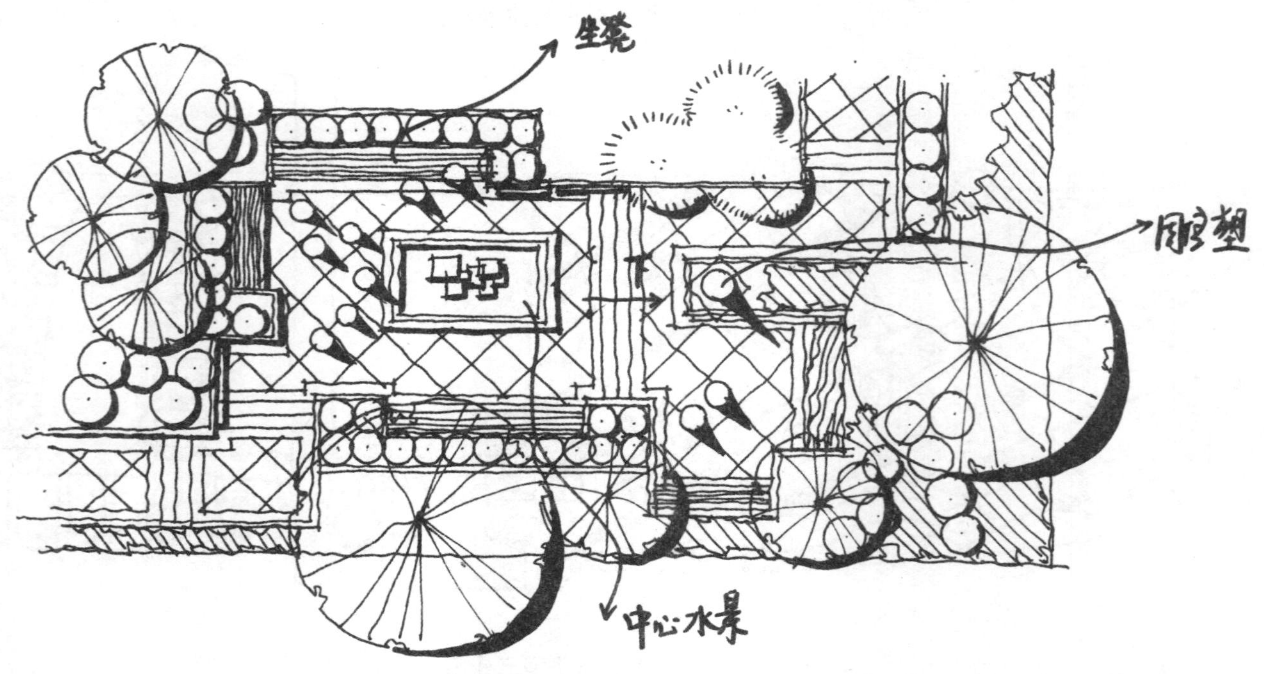

图 4.153 其他景观节点参考三十七

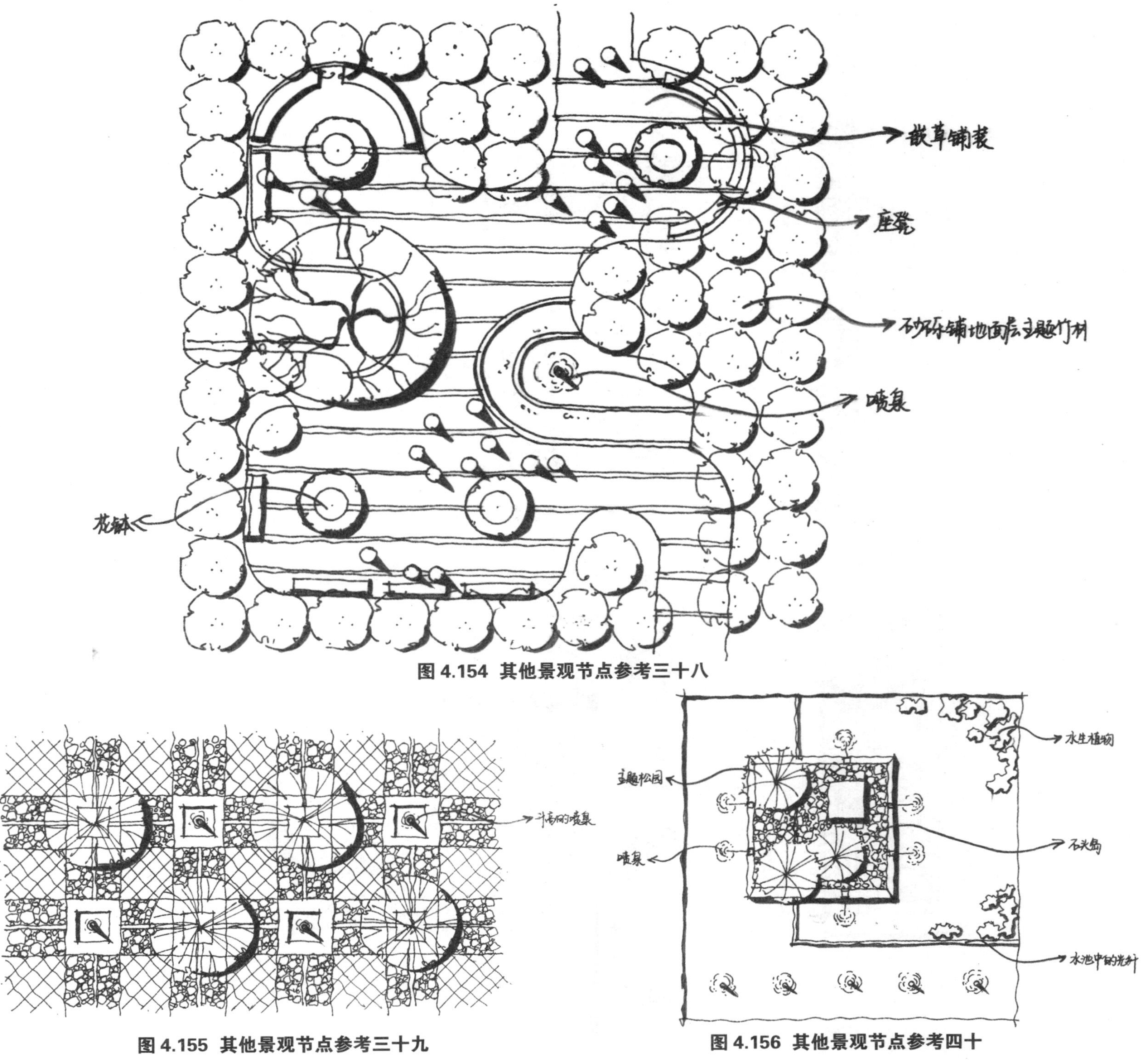

图 4.154　其他景观节点参考三十八

图 4.155　其他景观节点参考三十九

图 4.156　其他景观节点参考四十

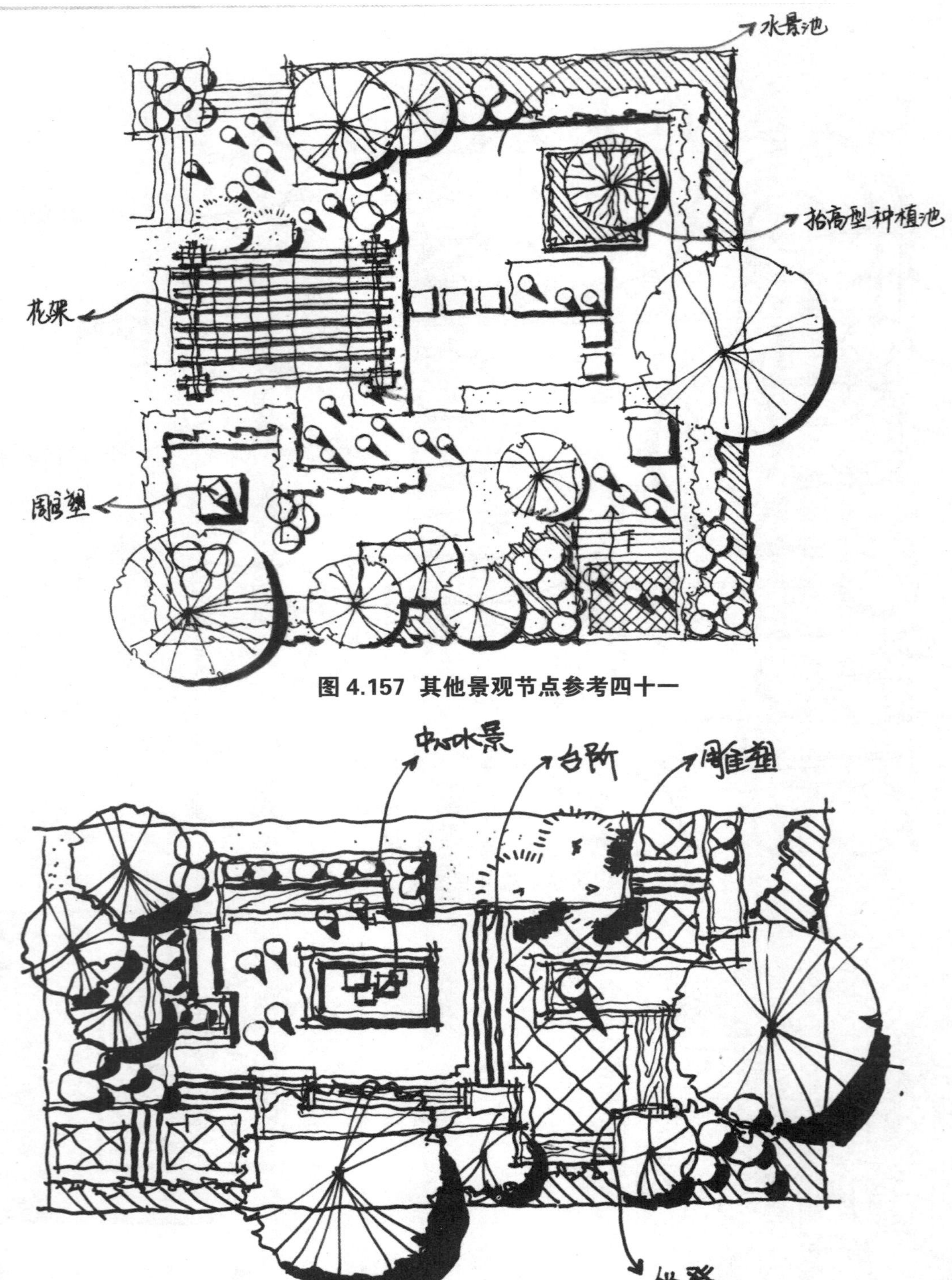

图 4.157 其他景观节点参考四十一

图 4.158 其他景观节点参考四十二

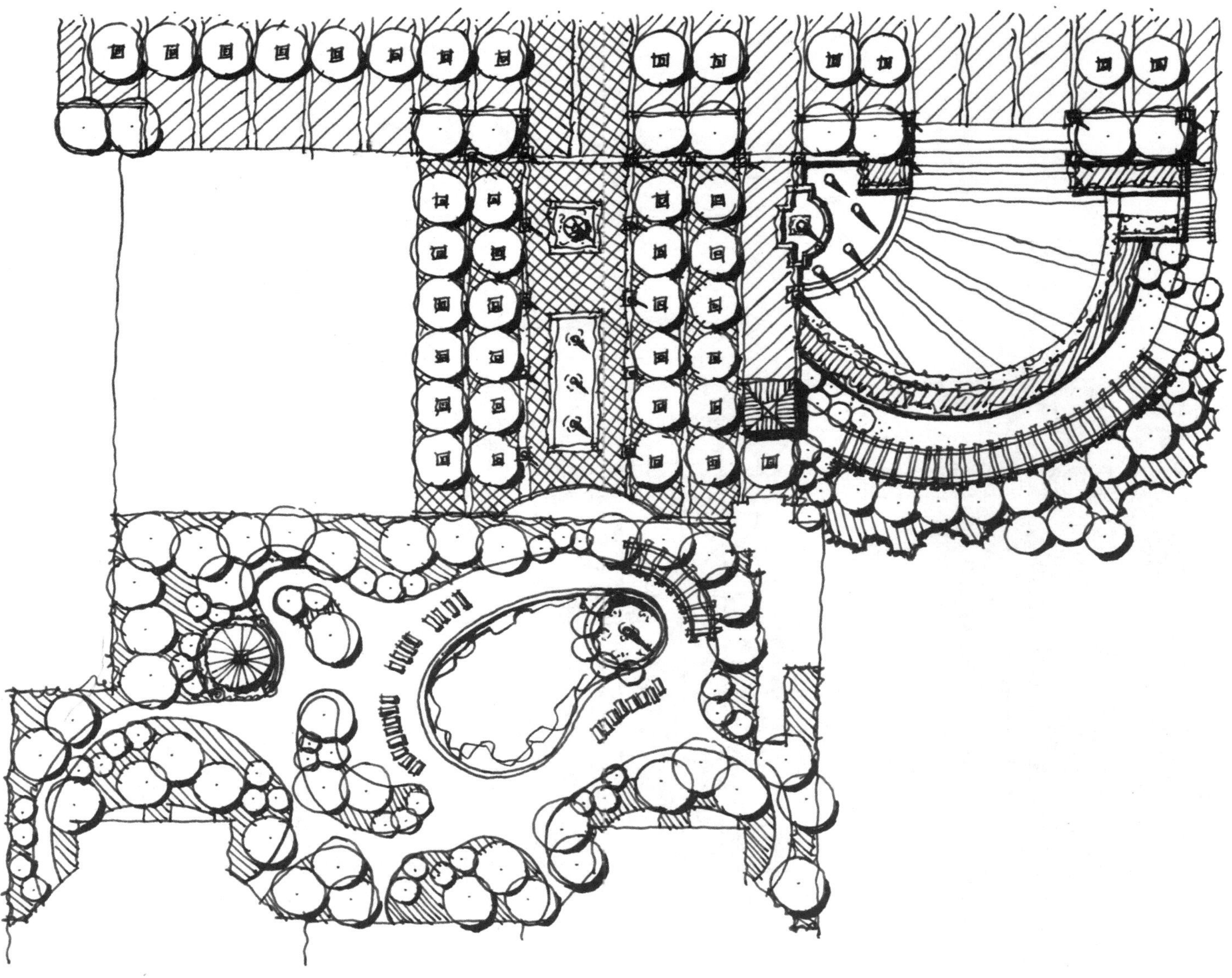

图 4.159 其他景观节点参考四十三

图 4.160 其他景观节点参考四十四

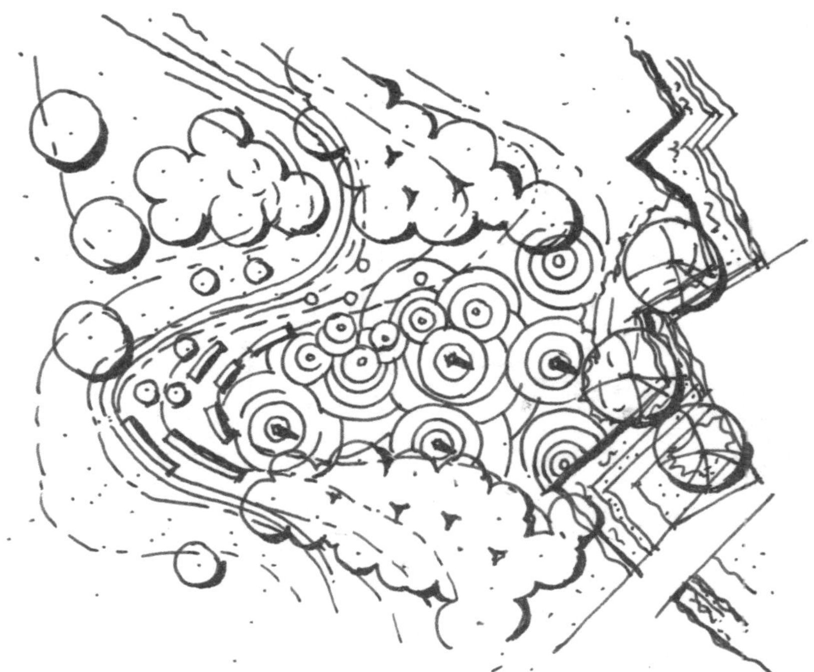

图 4.161　其他景观节点参考四十五

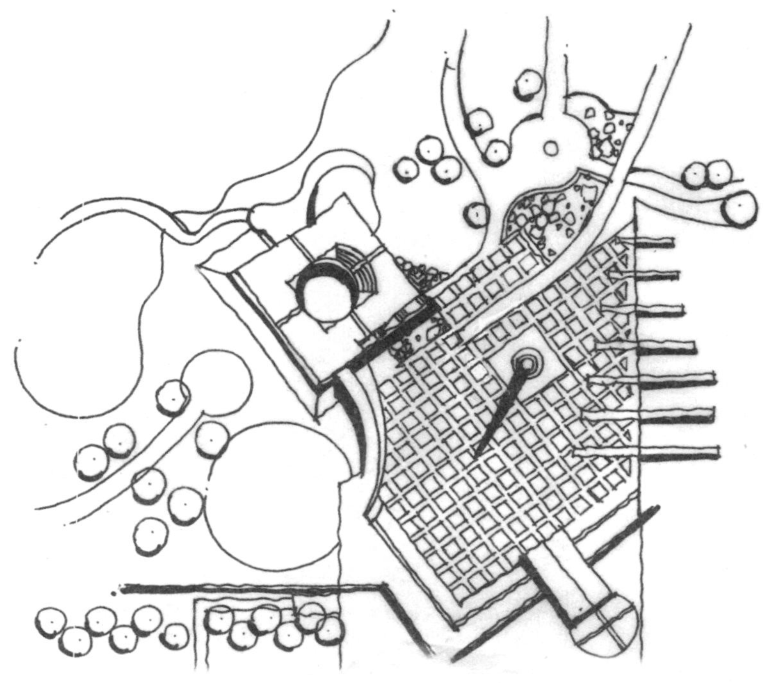

图 4.162　其他景观节点参考四十六

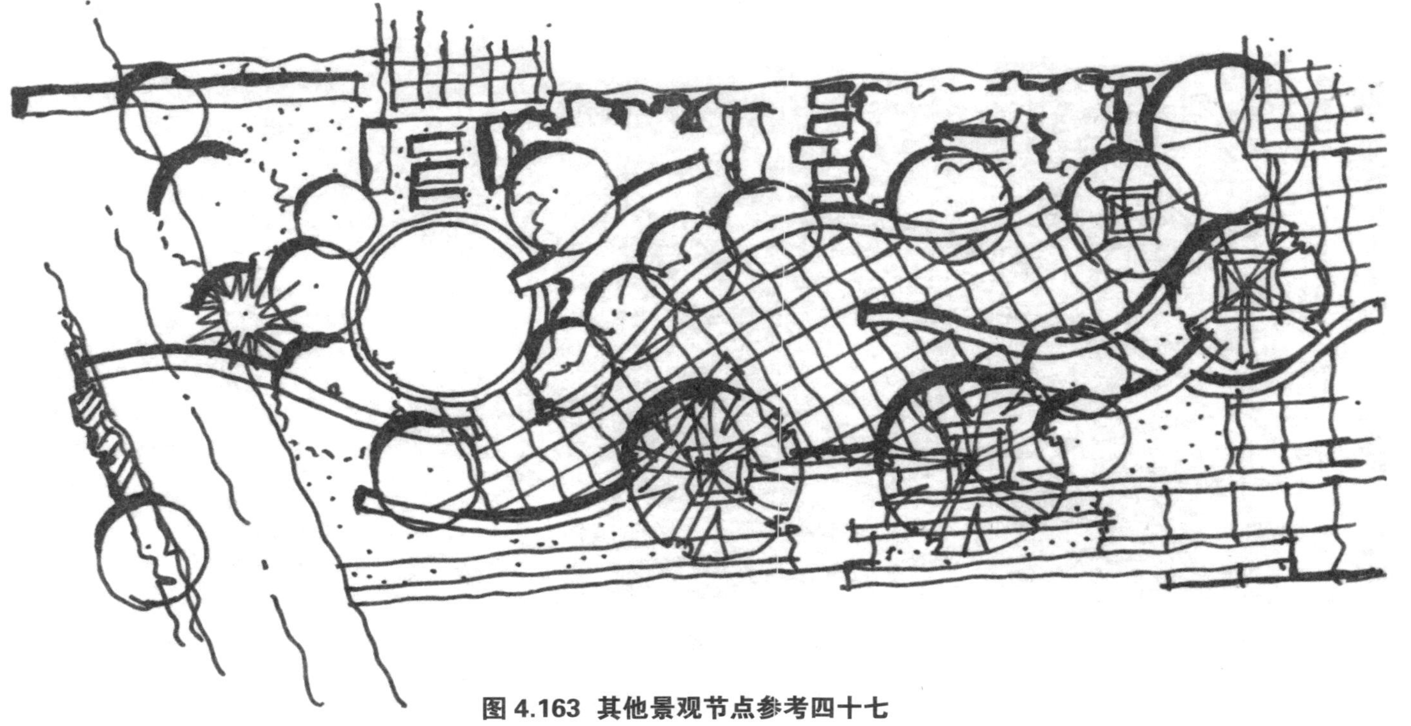

图 4.163　其他景观节点参考四十七

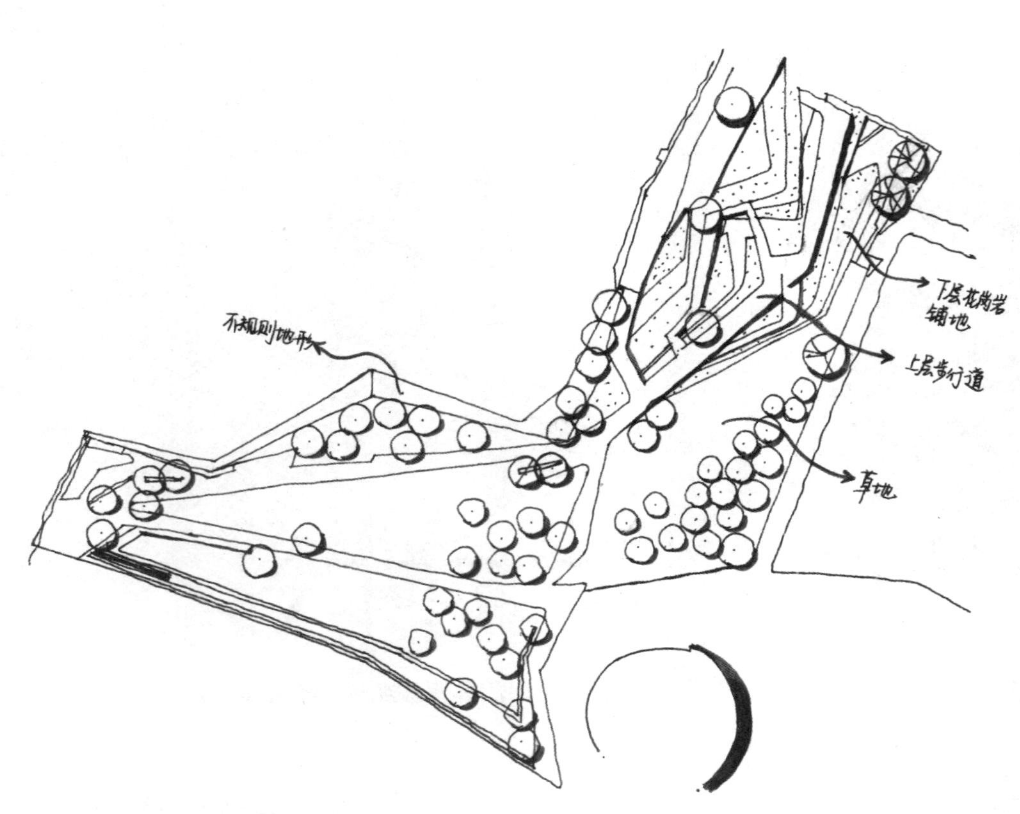

图 4.164 其他景观节点参考四十八

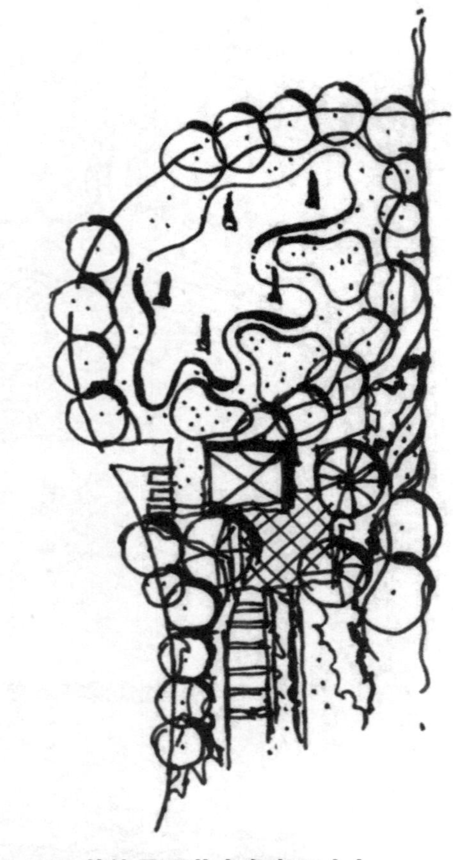

图 4.165 其他景观节点参考四十九

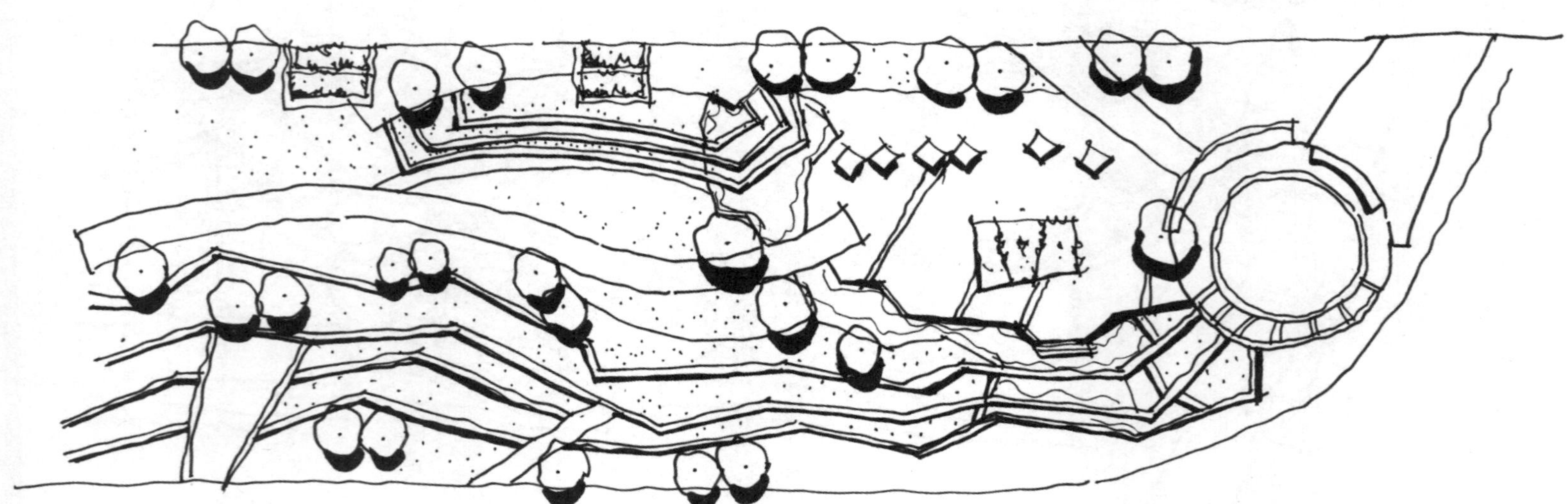

图 4.166 其他景观节点参考五十

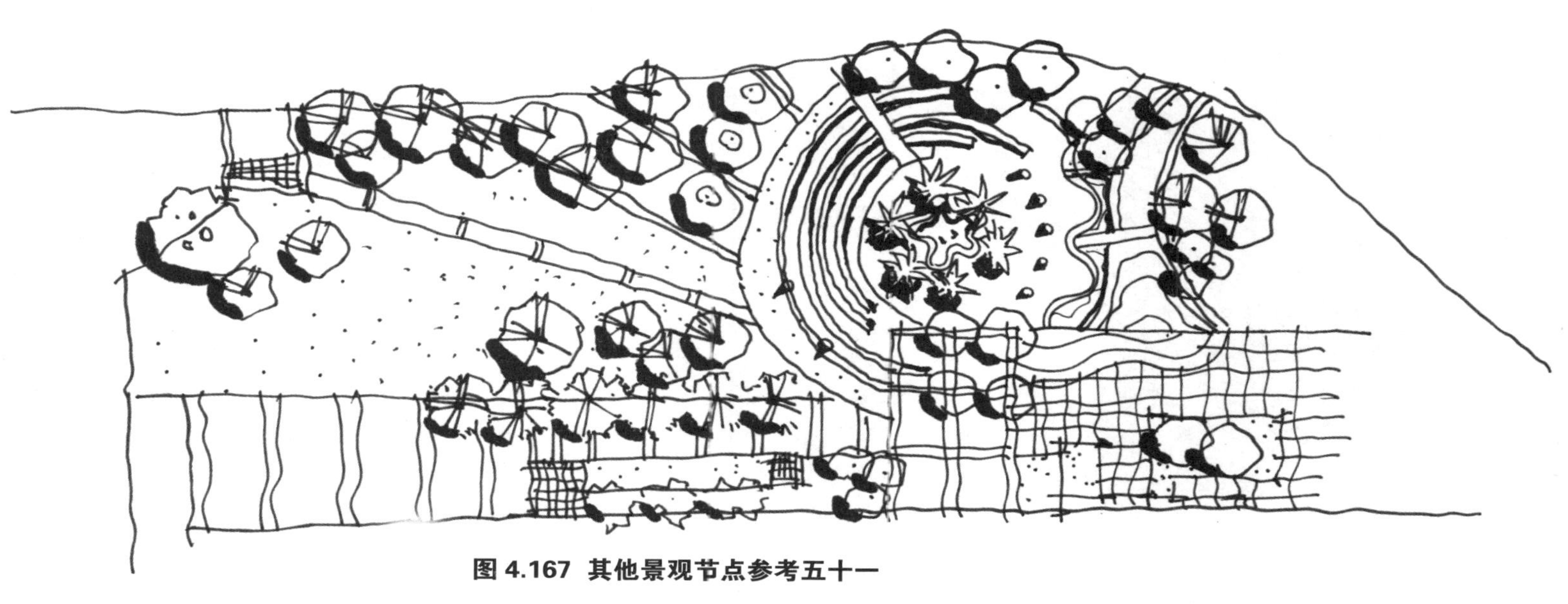

图 4.167 其他景观节点参考五十一

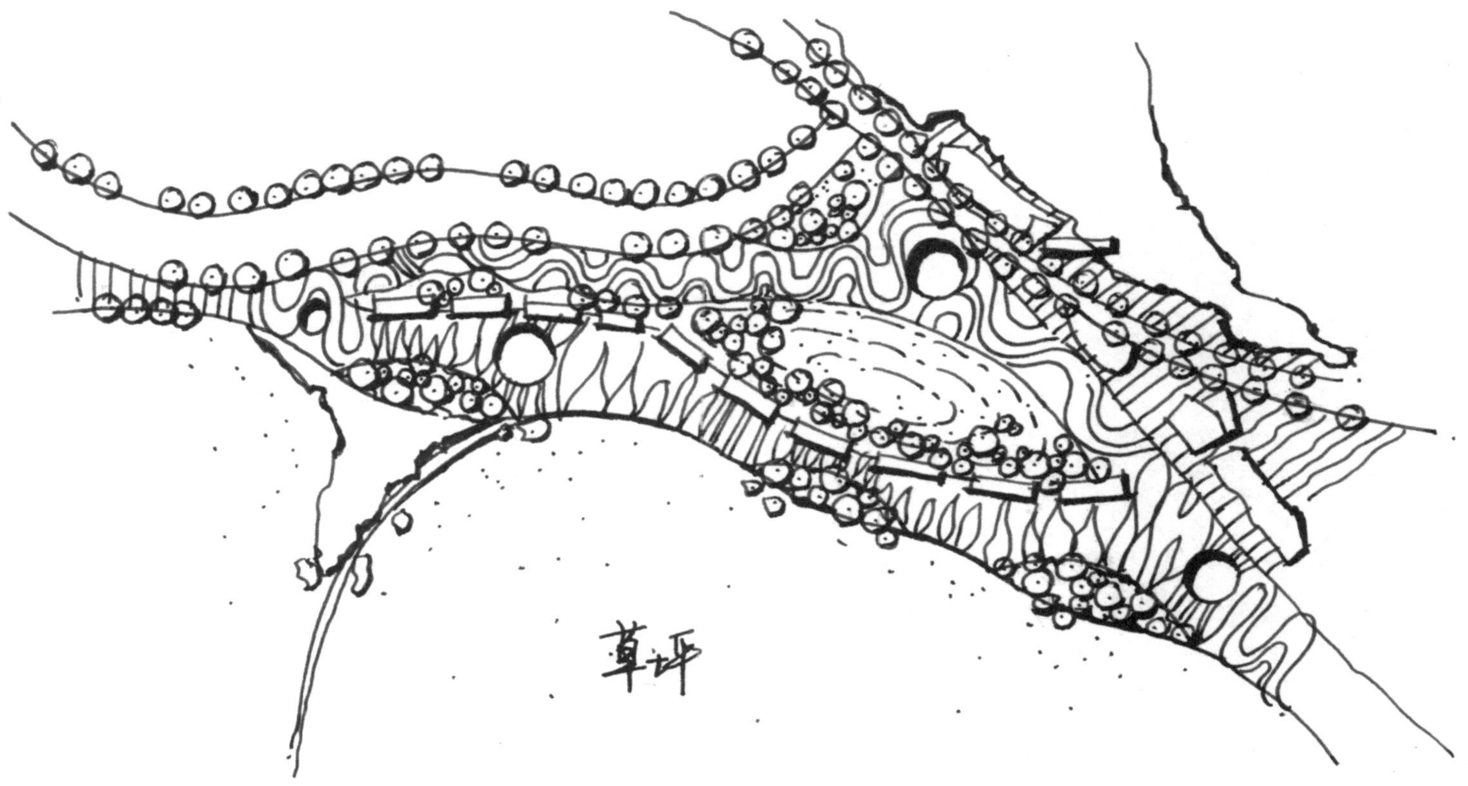

图 4.168 其他景观节点参考五十二

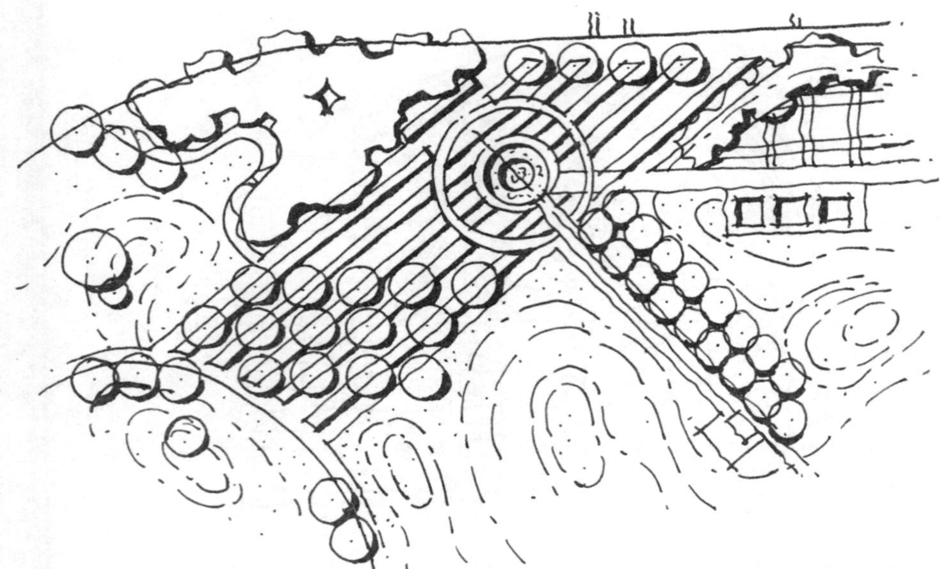

图 4.169 其他景观节点参考五十三

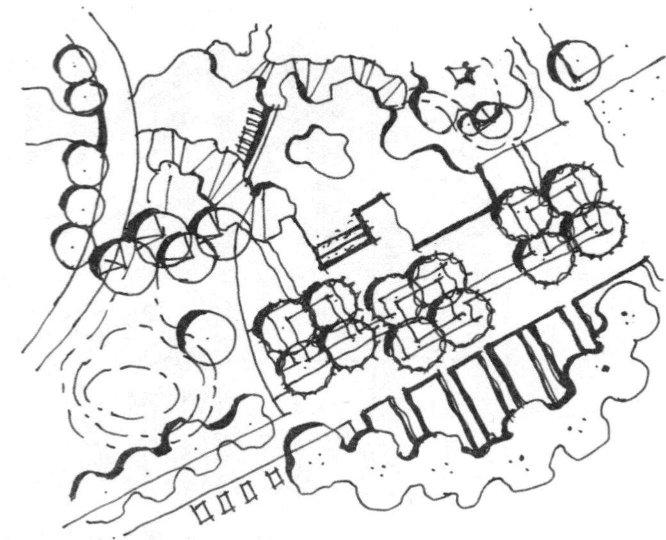

图 4.170 其他景观节点参考五十四

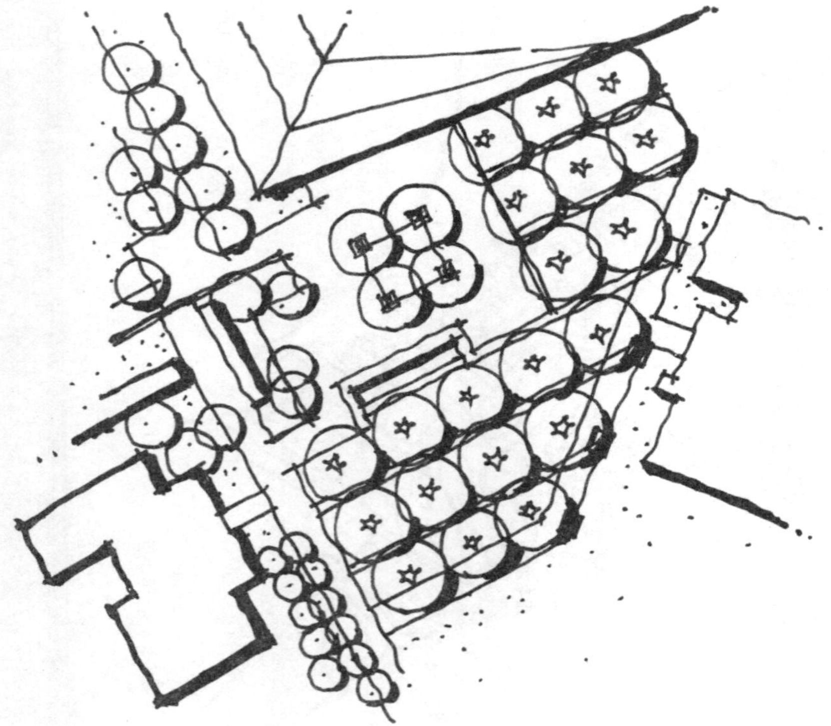

图 4.171 其他景观节点参考五十五

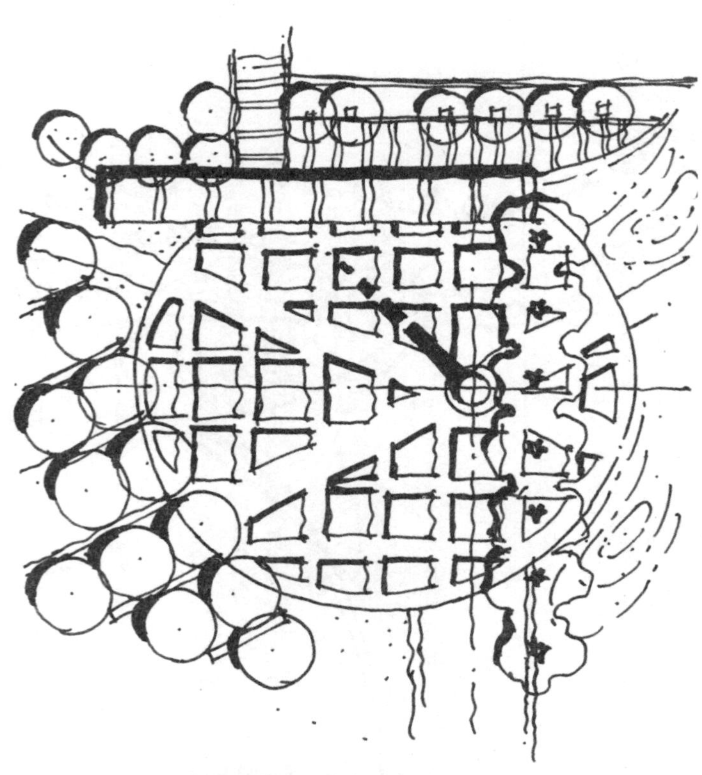

图 4.172 其他景观节点参考五十六

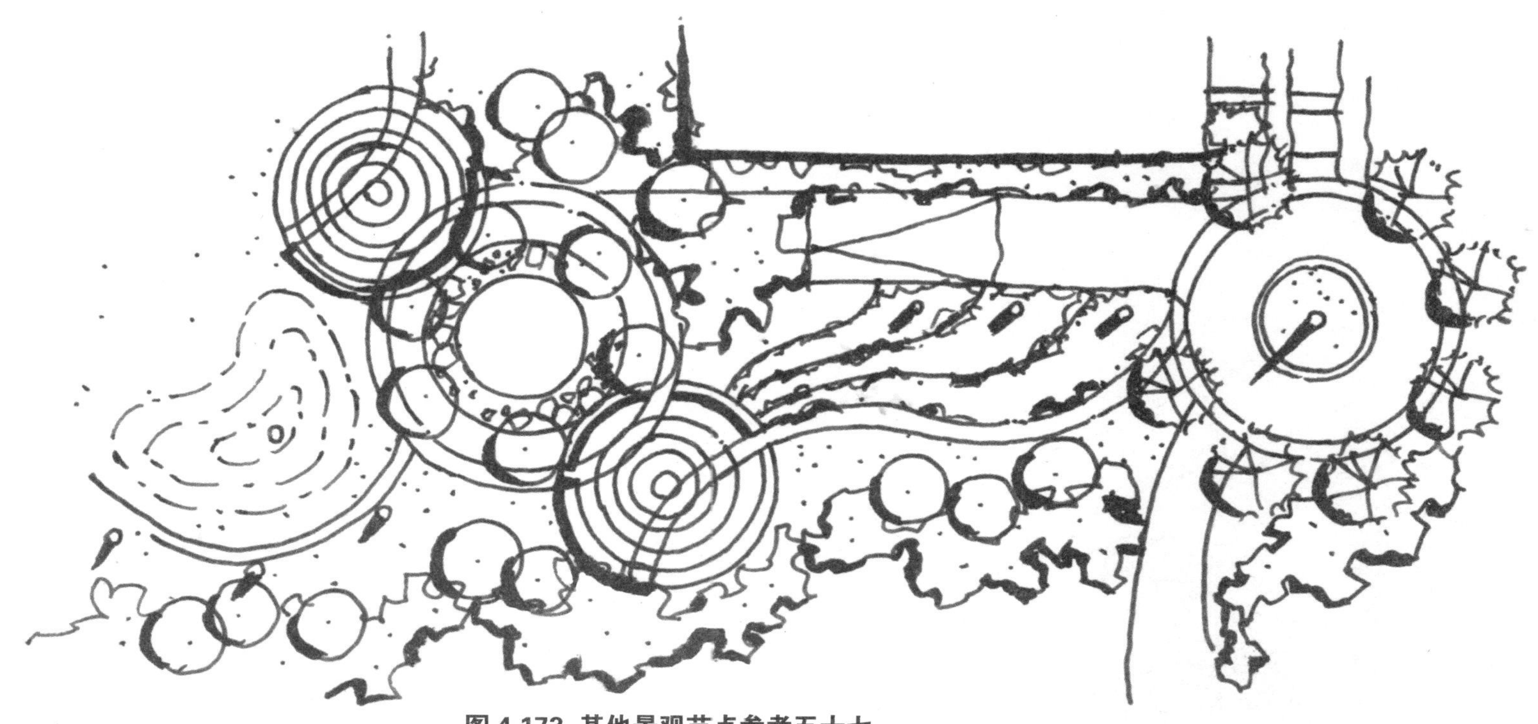

图 4.173　其他景观节点参考五十七

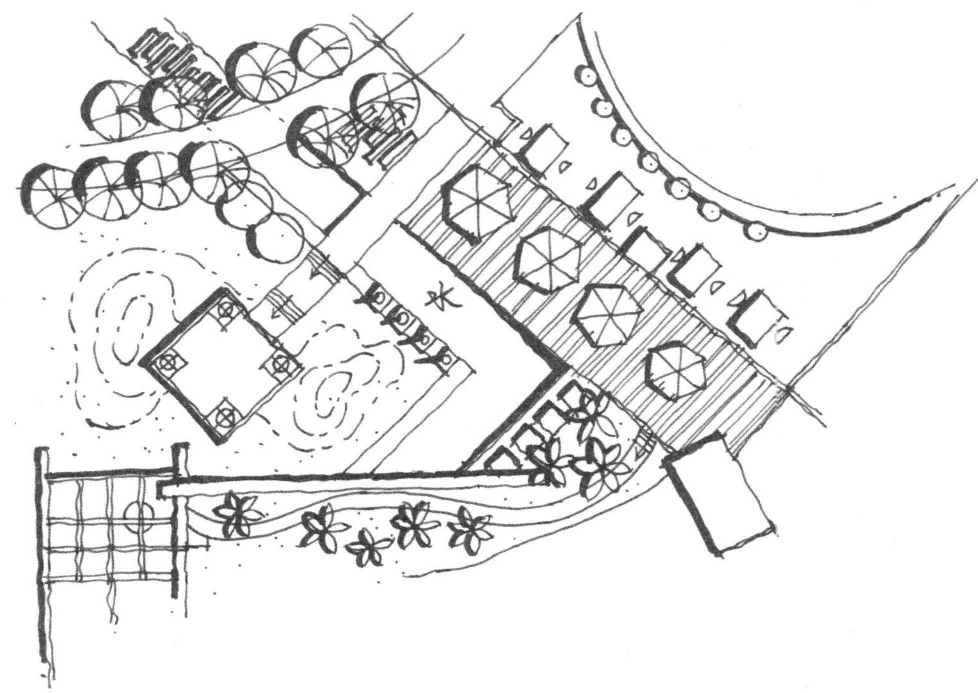

图 4.174　其他景观节点参考五十八

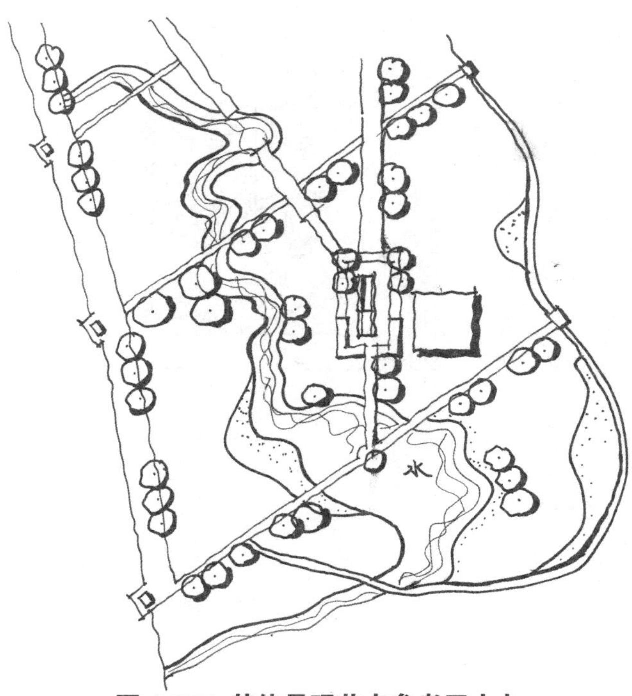

图 4.175　其他景观节点参考五十九

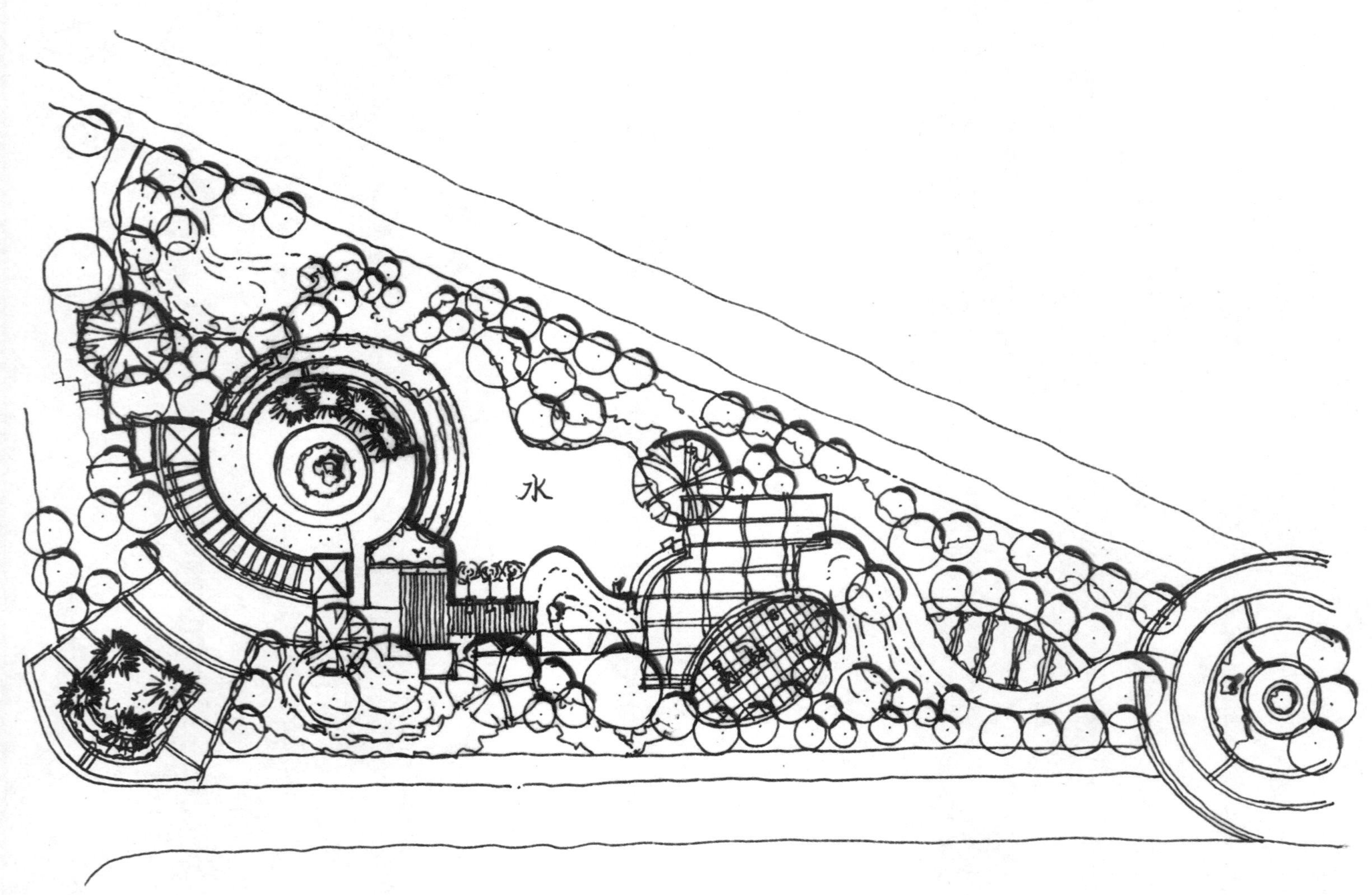

图 4.176 其他景观节点参考六十

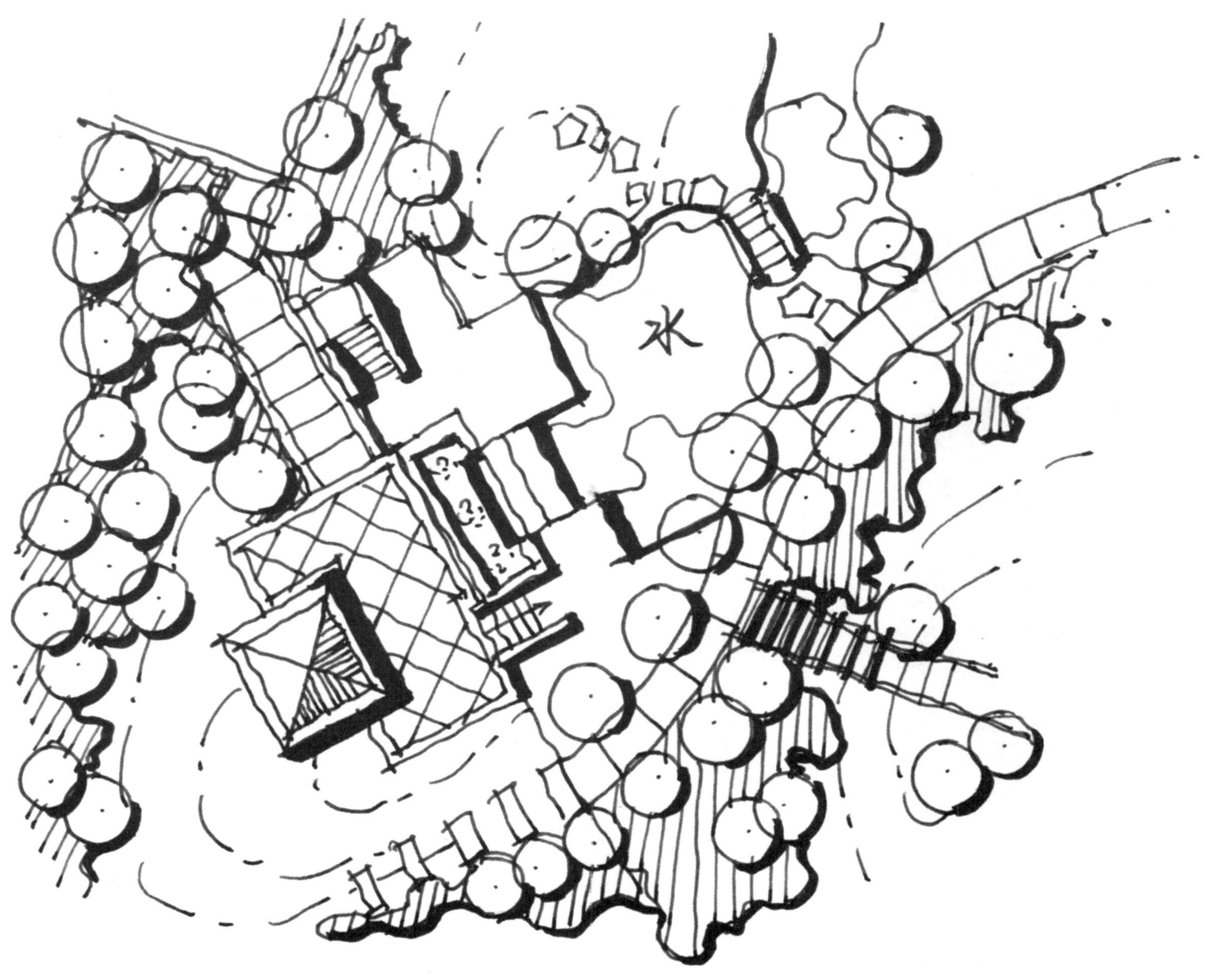

图 4.177　其他景观节点参考六十一

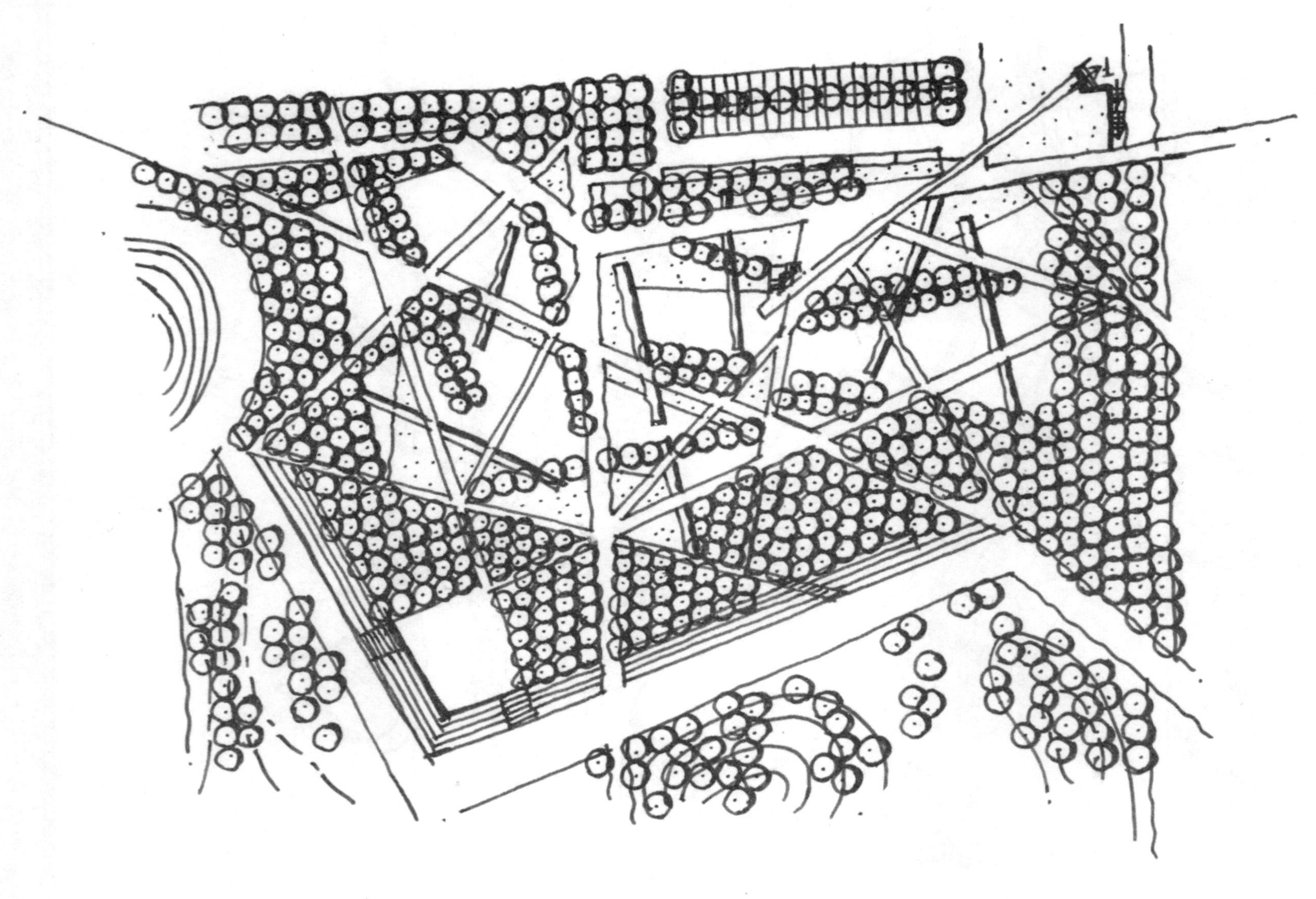

图 4.178 其他景观节点参考六十二

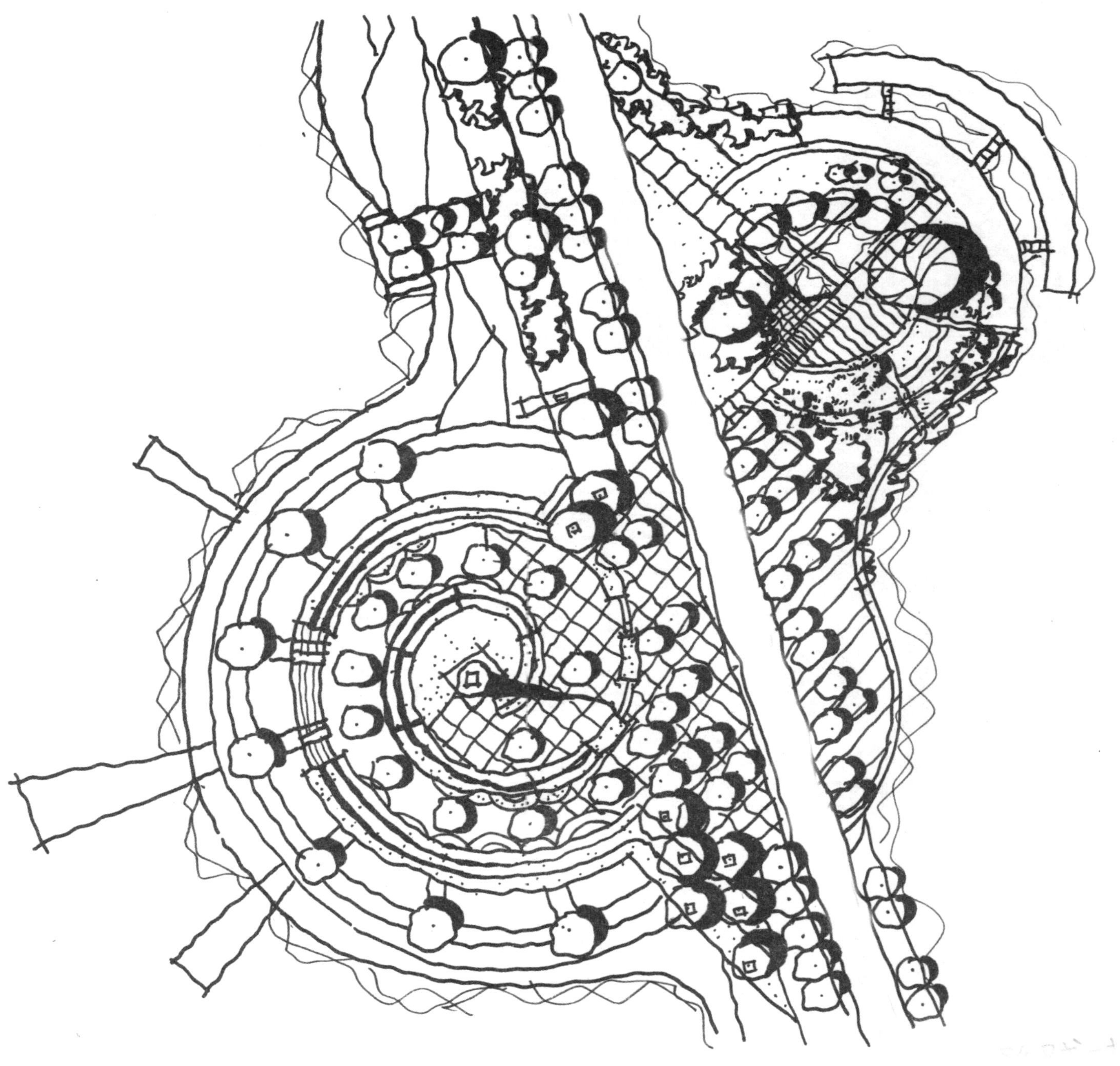

图 4.179 其他景观节点参考六十三

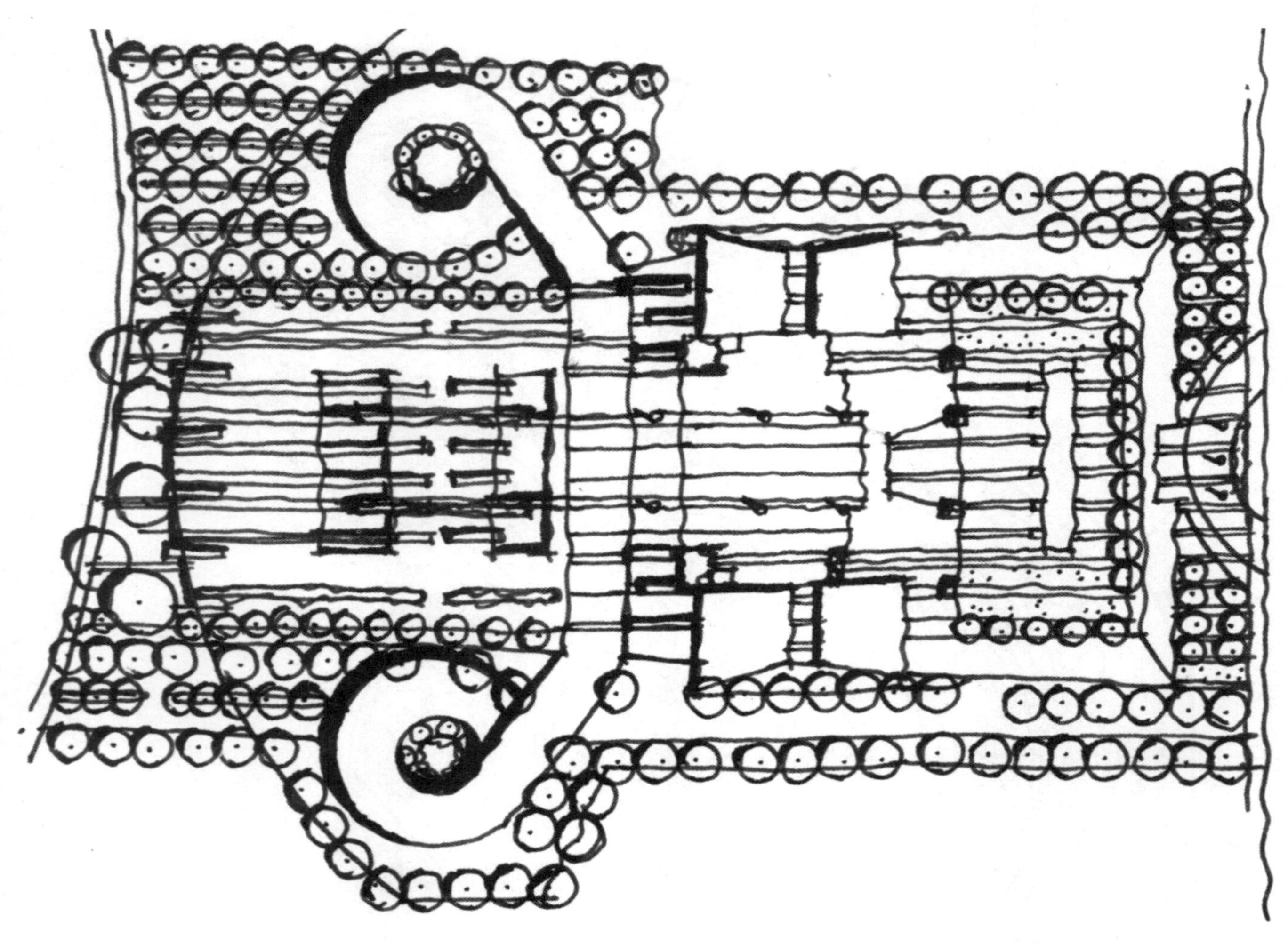

图 4.180 其他景观节点参考六十四

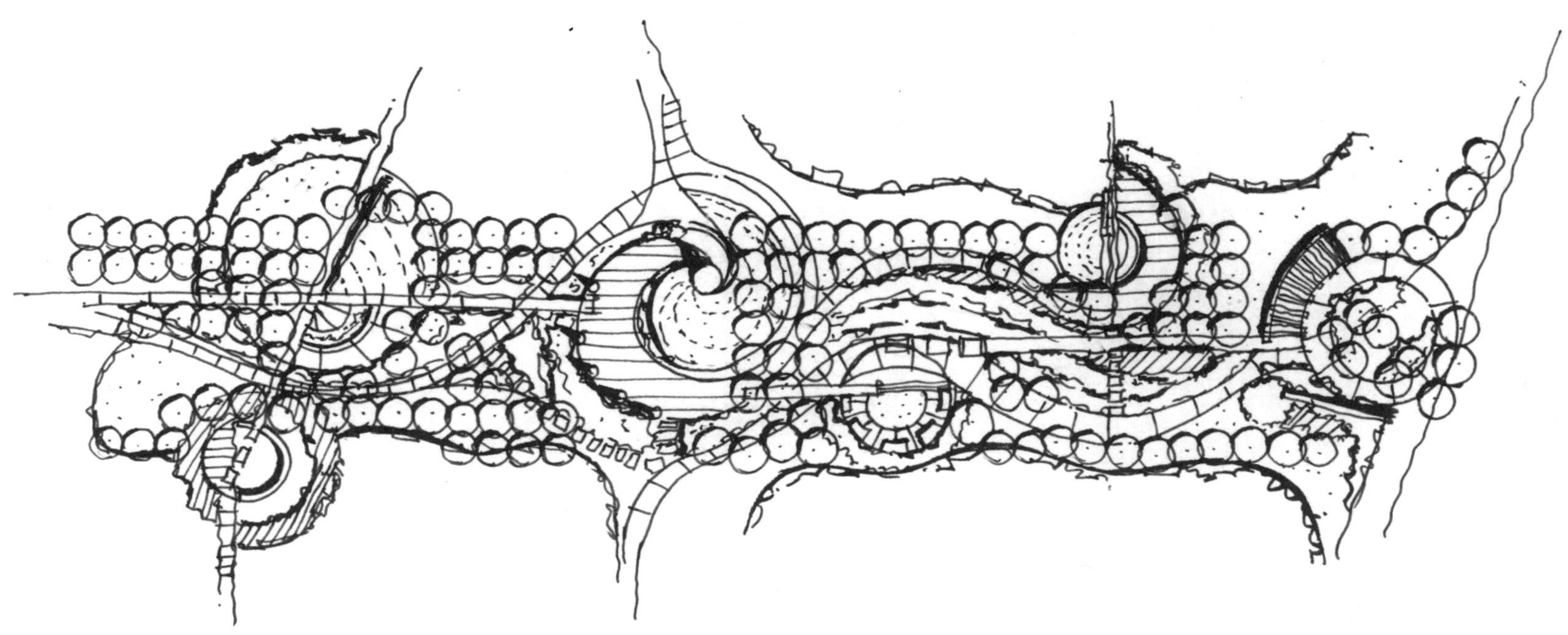

图 4.181　其他景观节点参考六十五

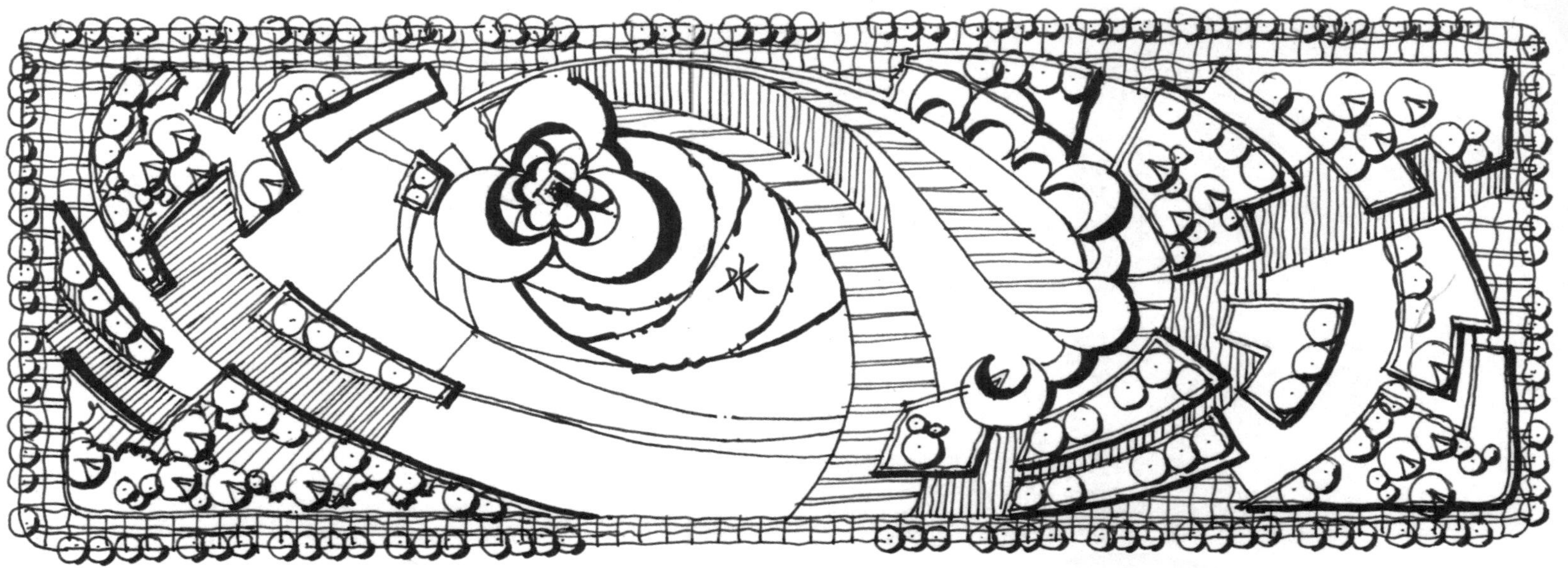

图 4.182　其他景观节点参考六十六

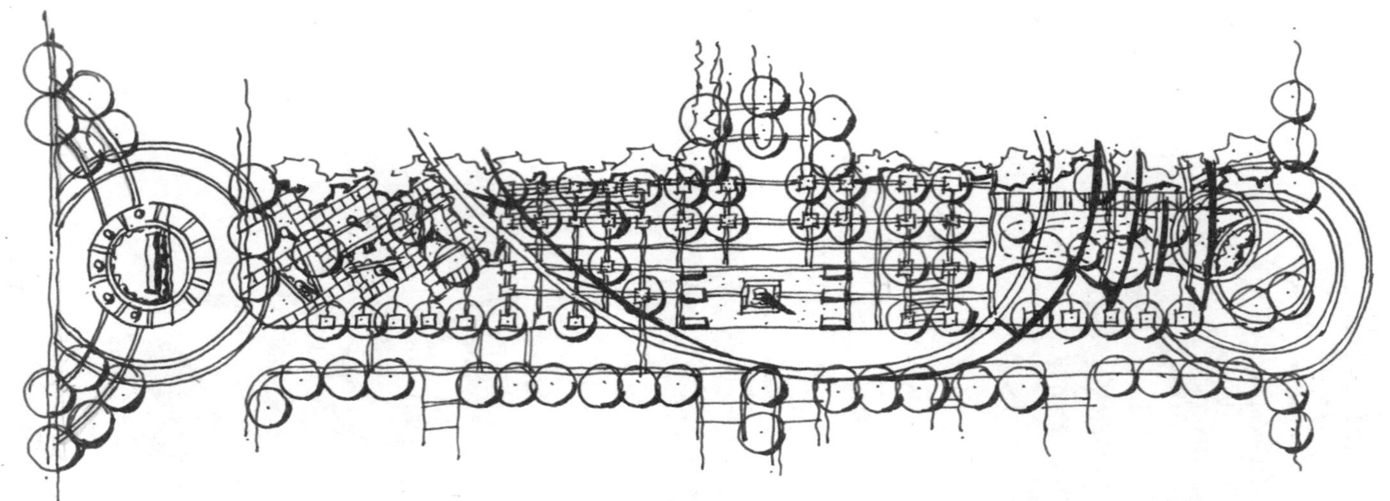

图 4.183 其他景观节点参考六十七

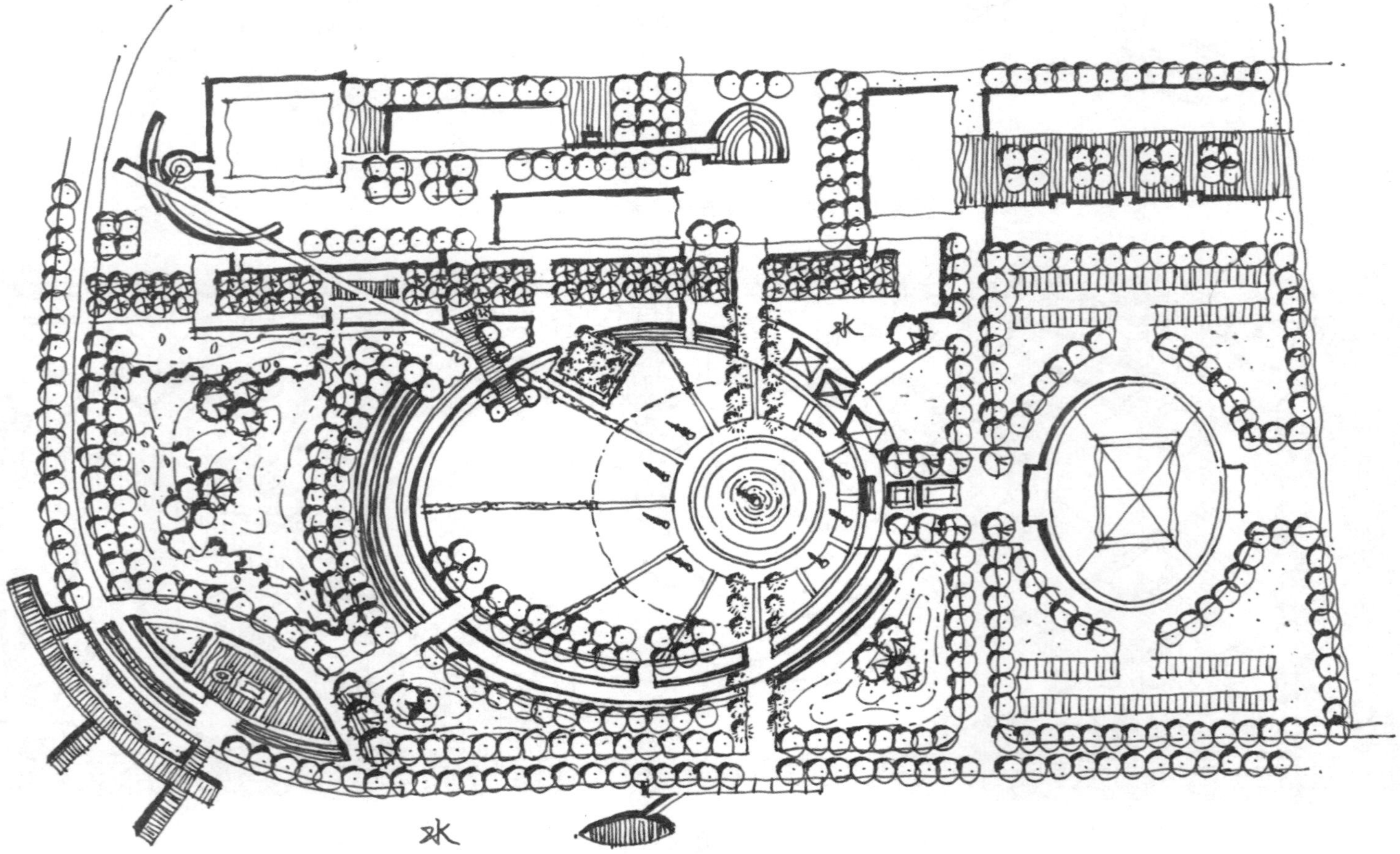

图 4.184 其他景观节点参考六十八

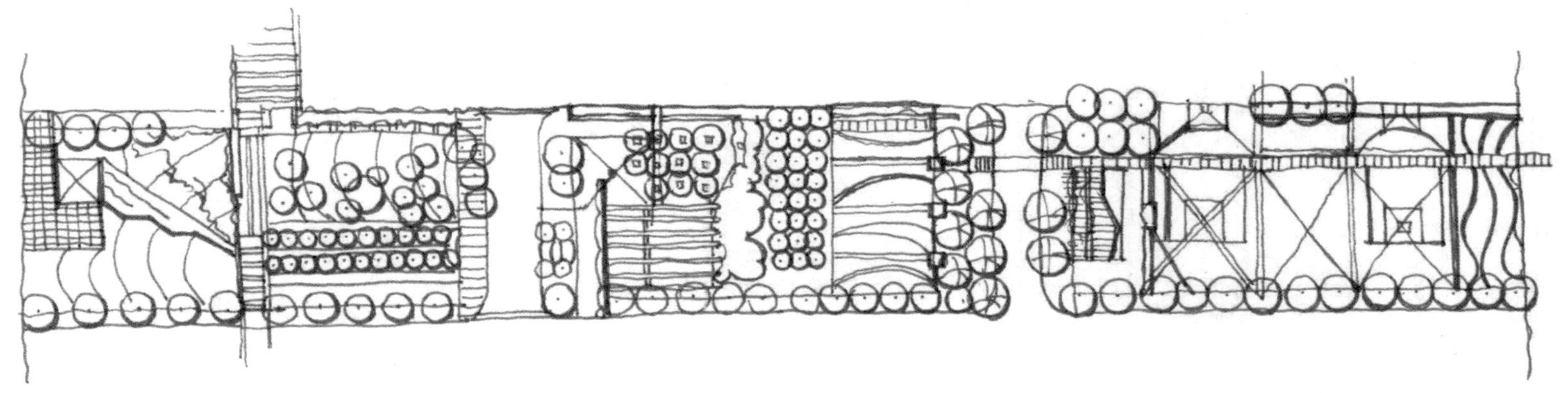

图 4.185　其他景观节点参考六十九

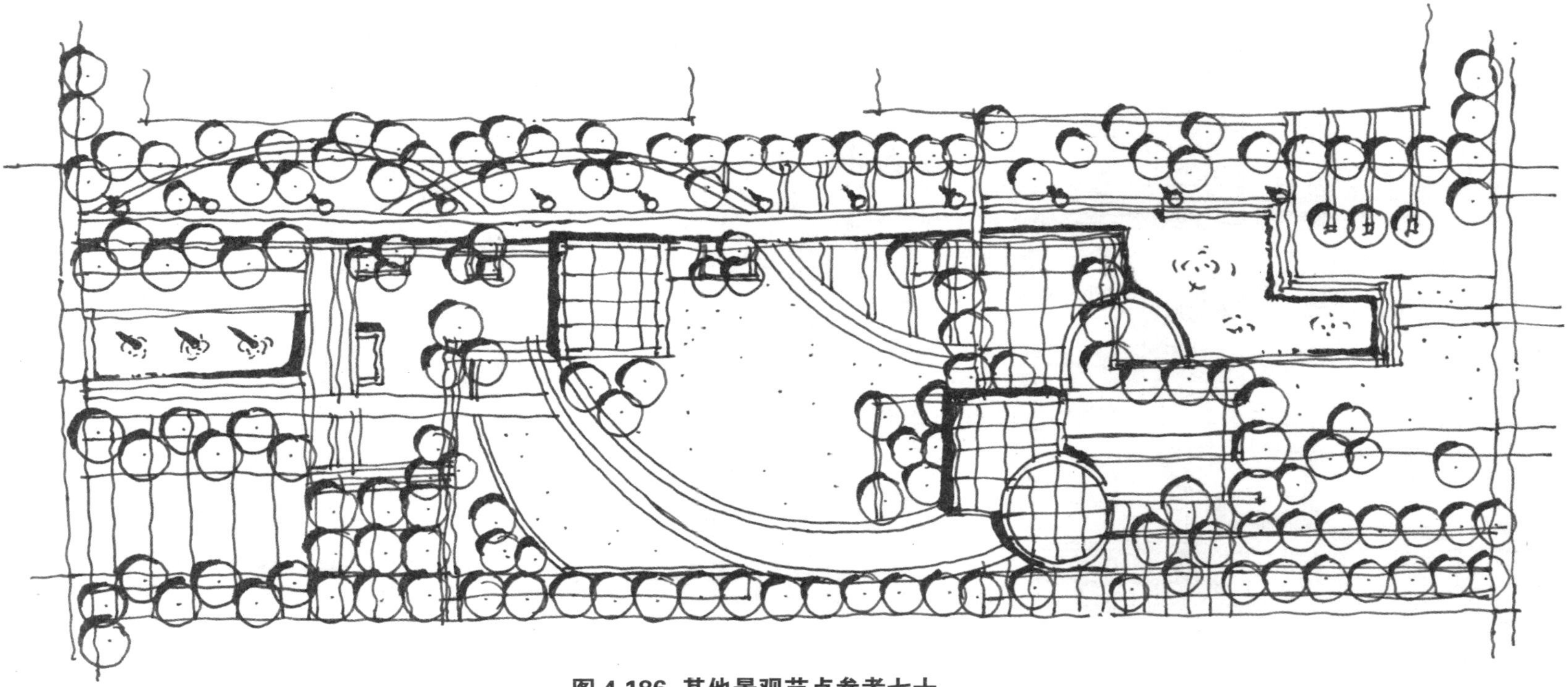

图 4.186　其他景观节点参考七十

图 4.187 其他景观节点参考七十一

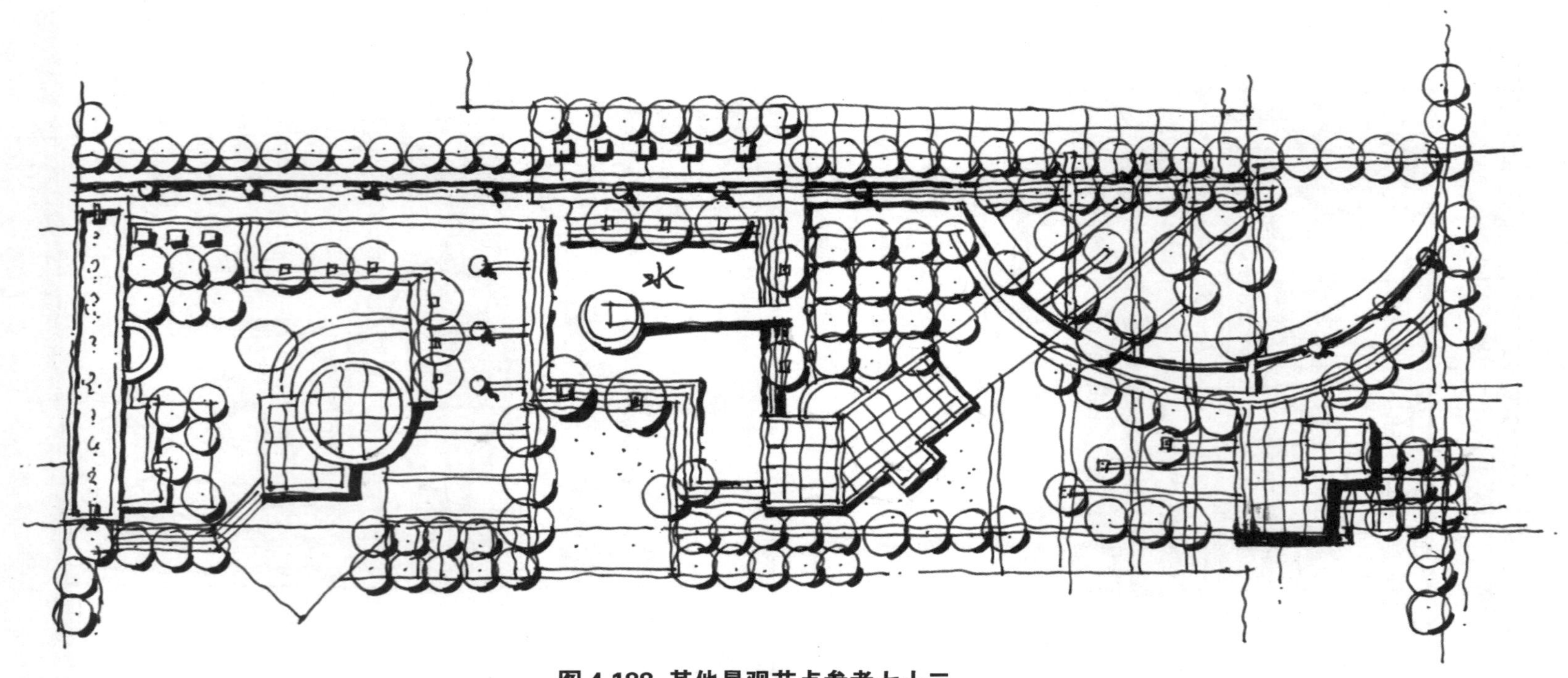

图 4.188 其他景观节点参考七十二

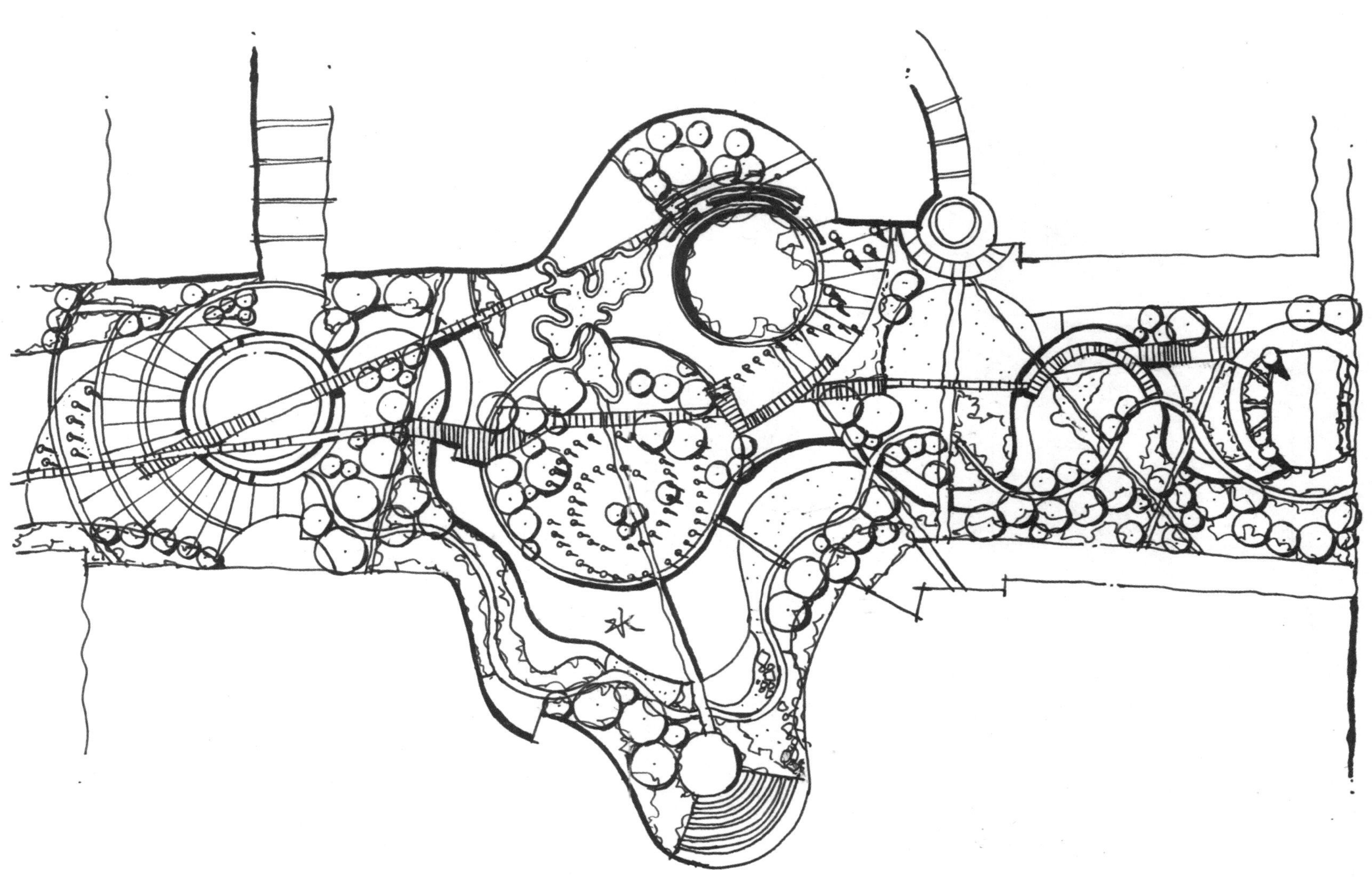

图 4.189　其他景观节点参考七十三

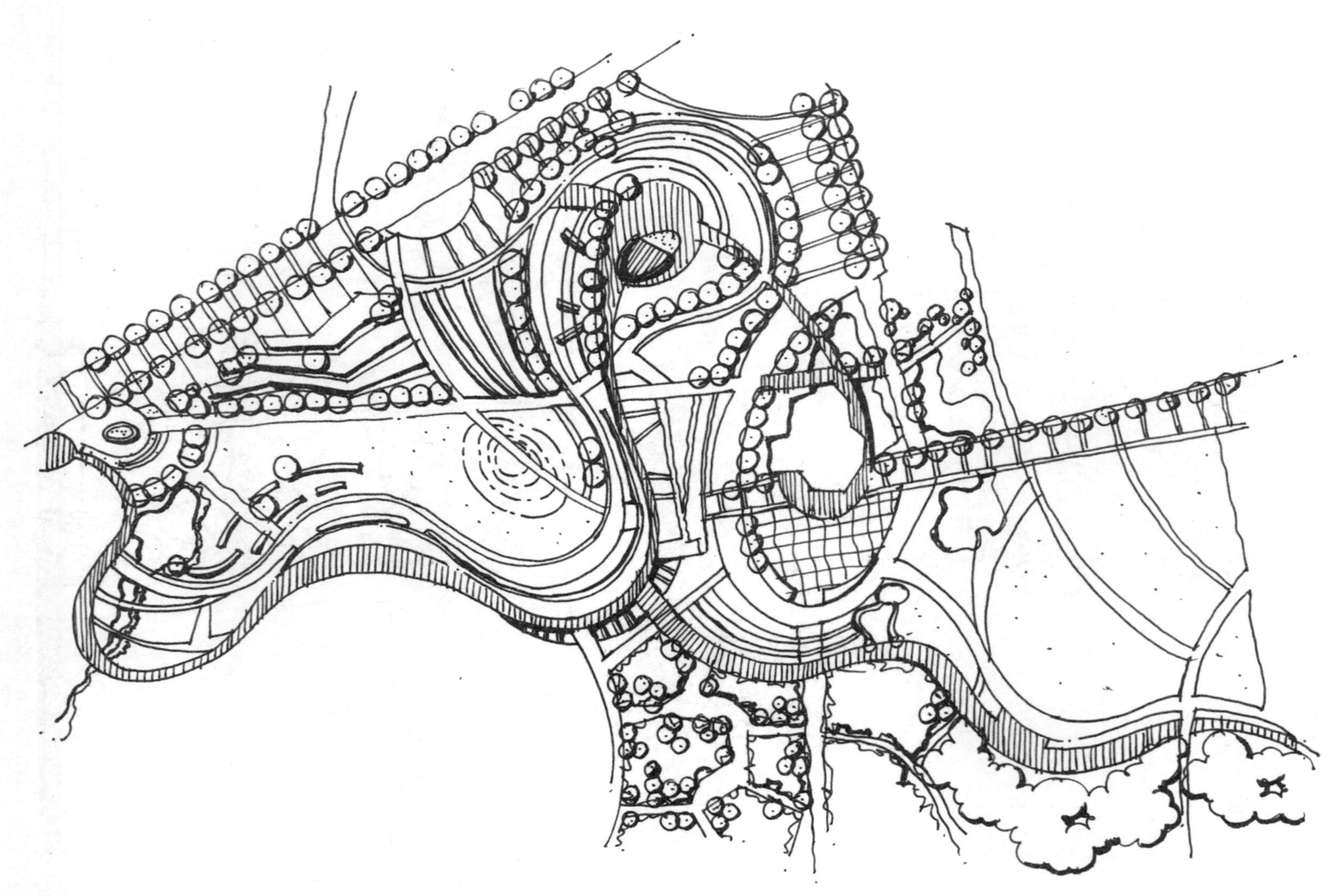

图 4.190 其他景观节点参考七十四

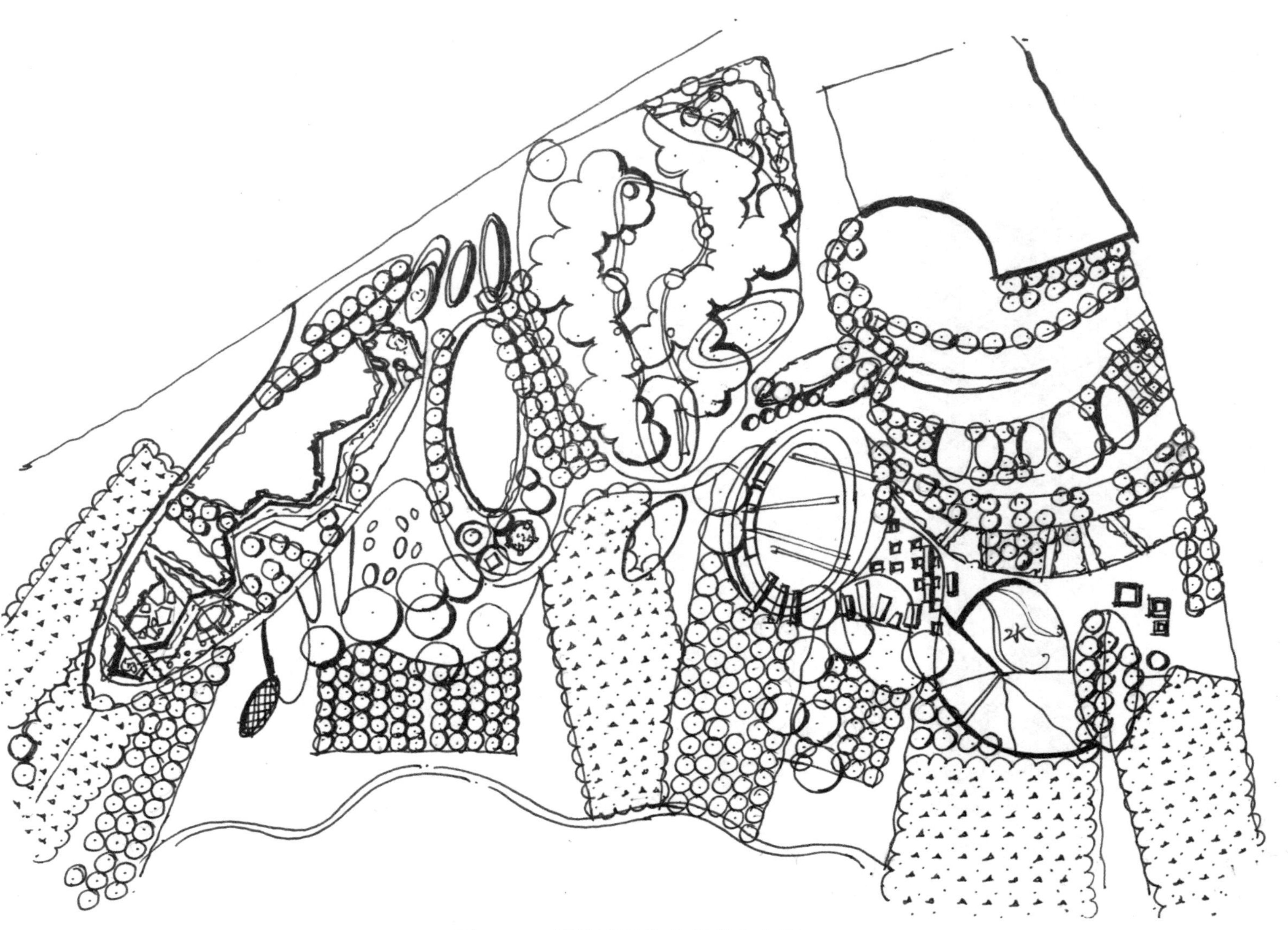

图 4.191　其他景观节点参考七十五

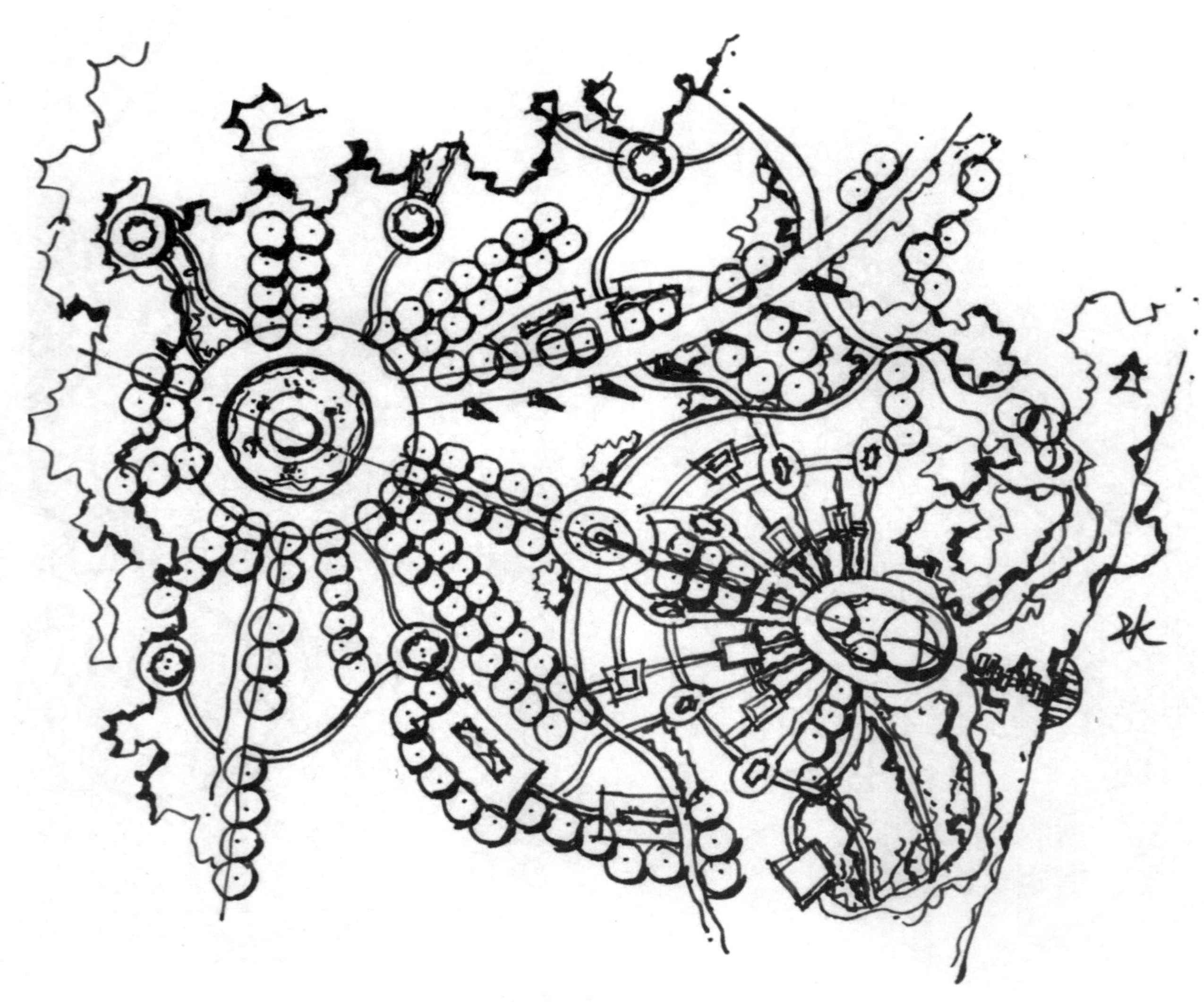

图 4.192 其他景观节点参考七十六

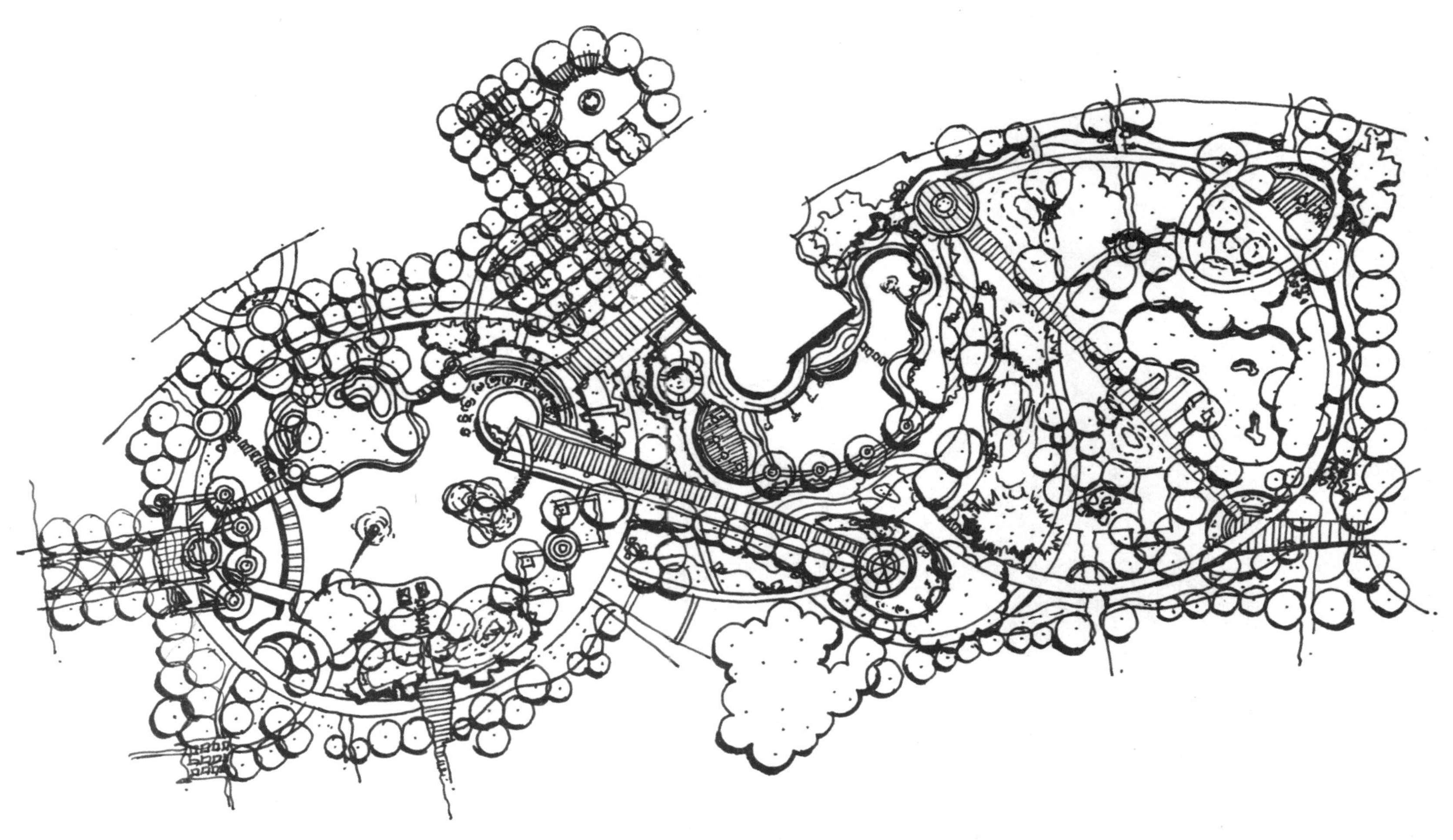

图 4.193　其他景观节点参考七十七

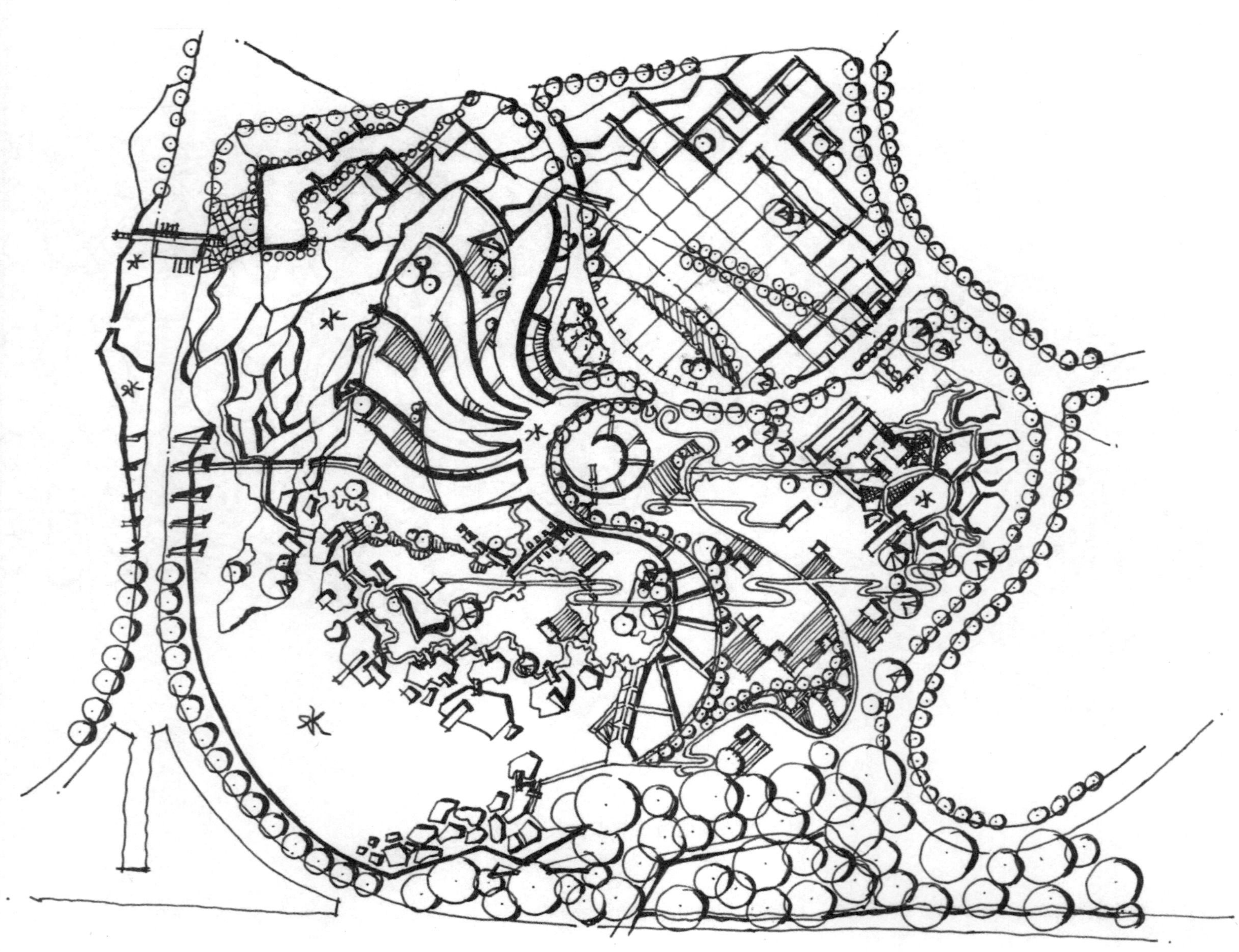

图 4.194 其他景观节点参考七十八

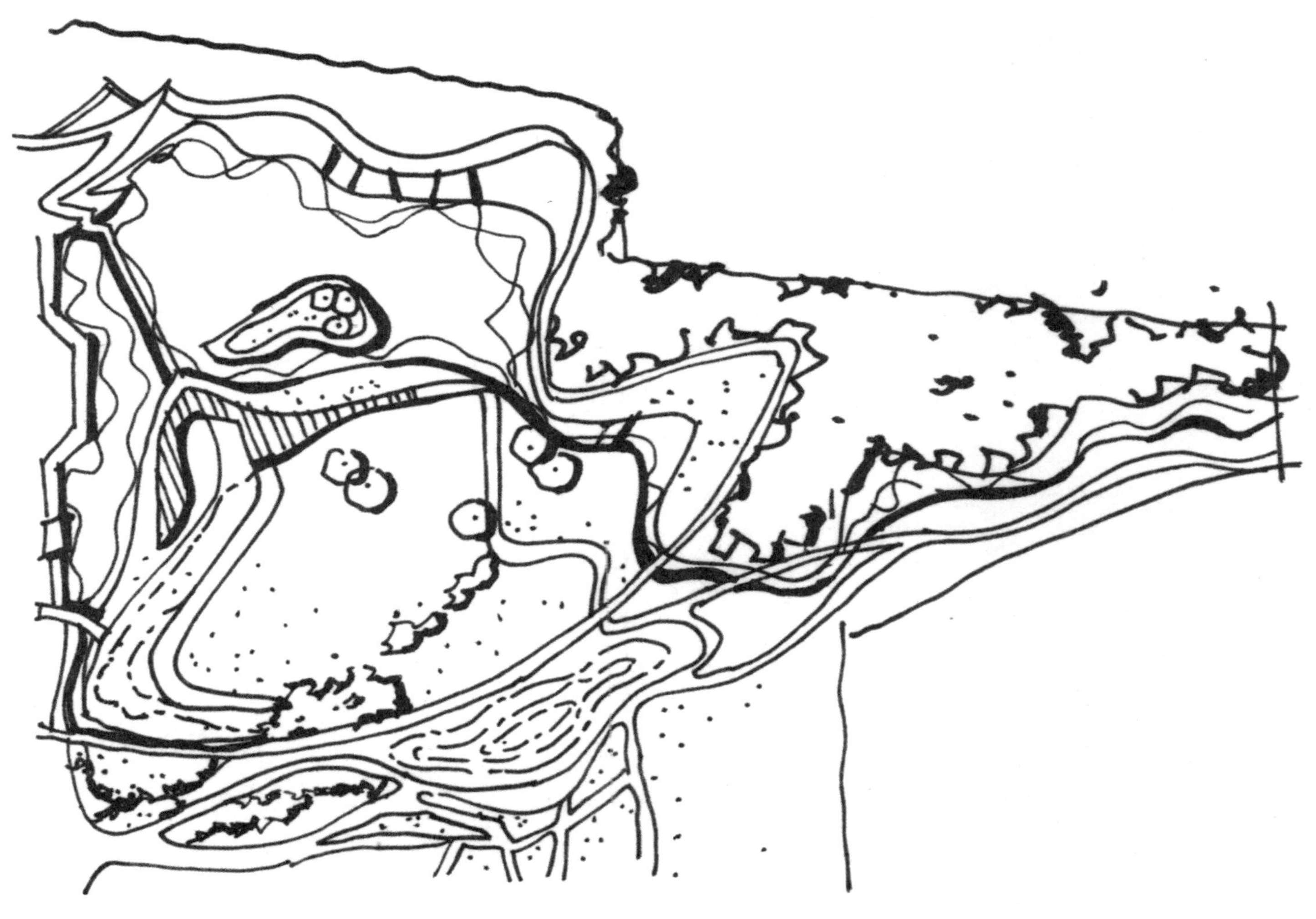

图 4.195　其他景观节点参考七十九

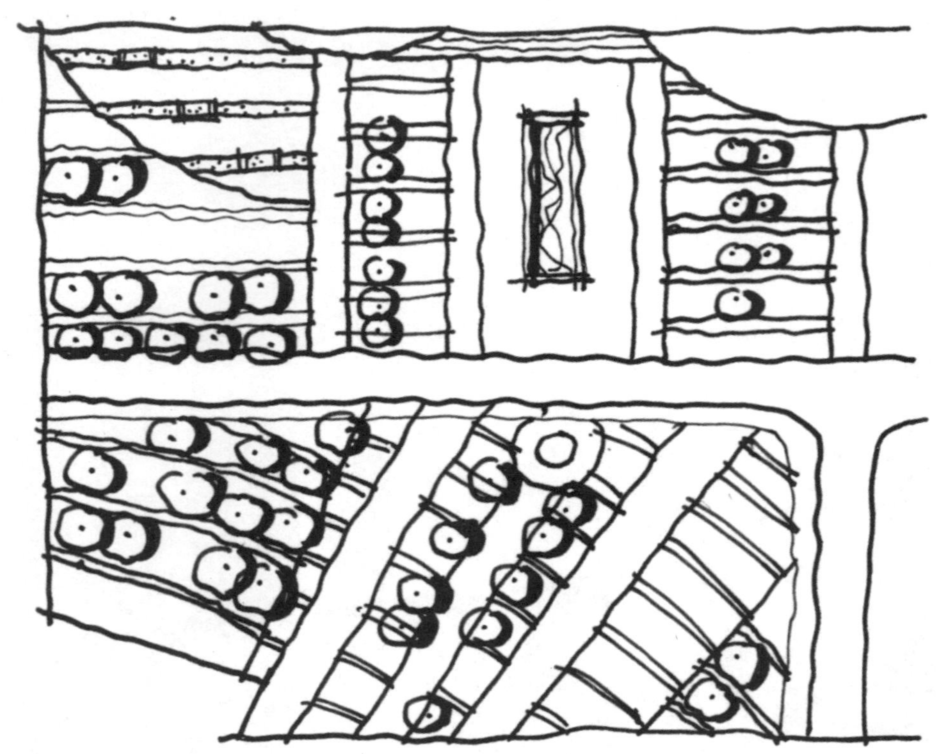

图 4.196 其他景观节点参考八十

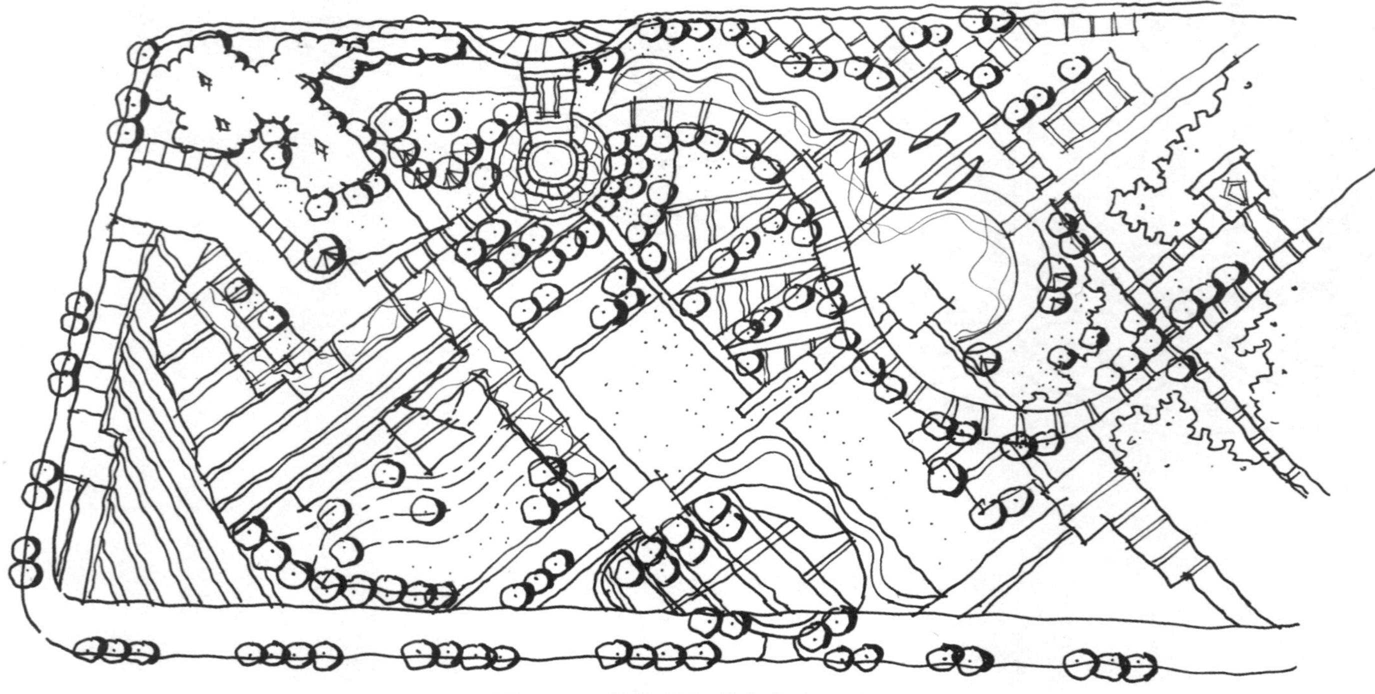

图 4.197 其他景观节点参考八十一

图 4.198　其他景观节点参考八十二

图 4.199　其他景观节点参考八十三

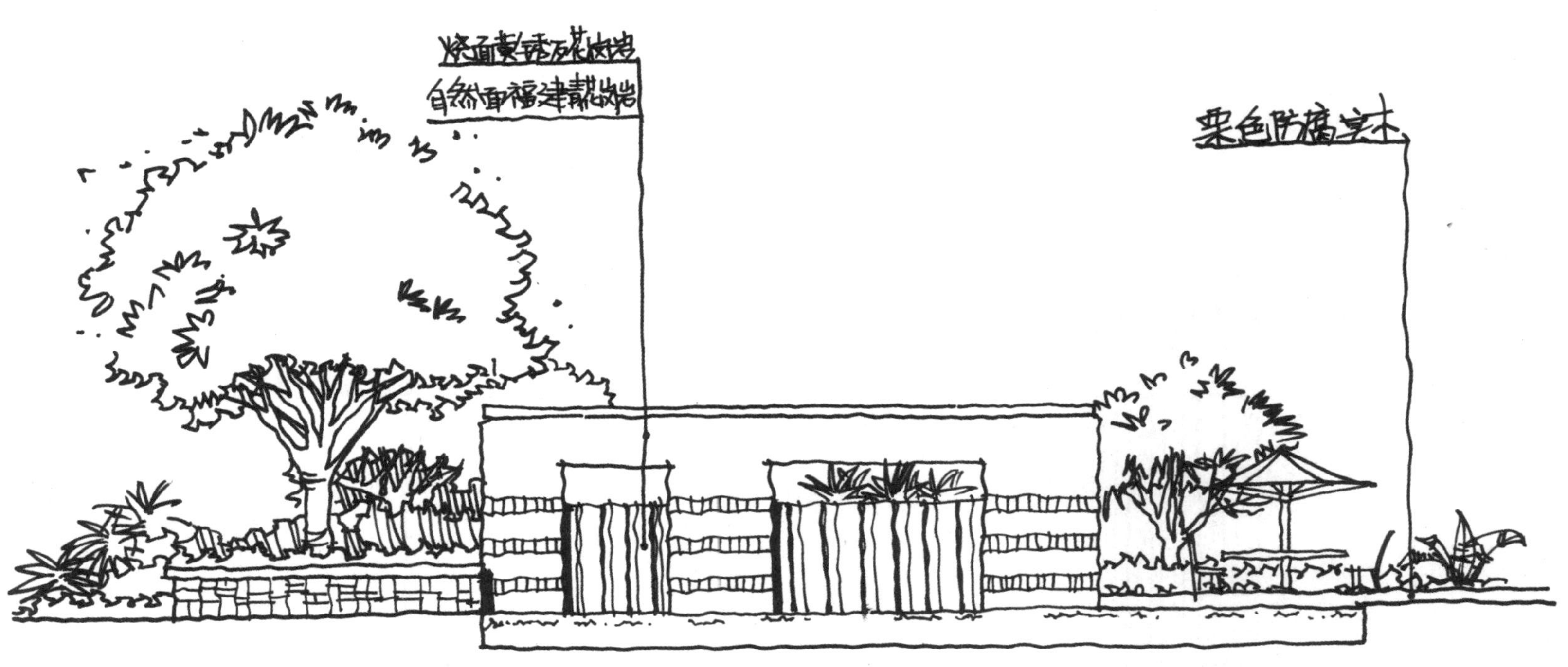

图 4.200　其他景观节点参考八十四

图 4.201 其他景观节点参考八十五

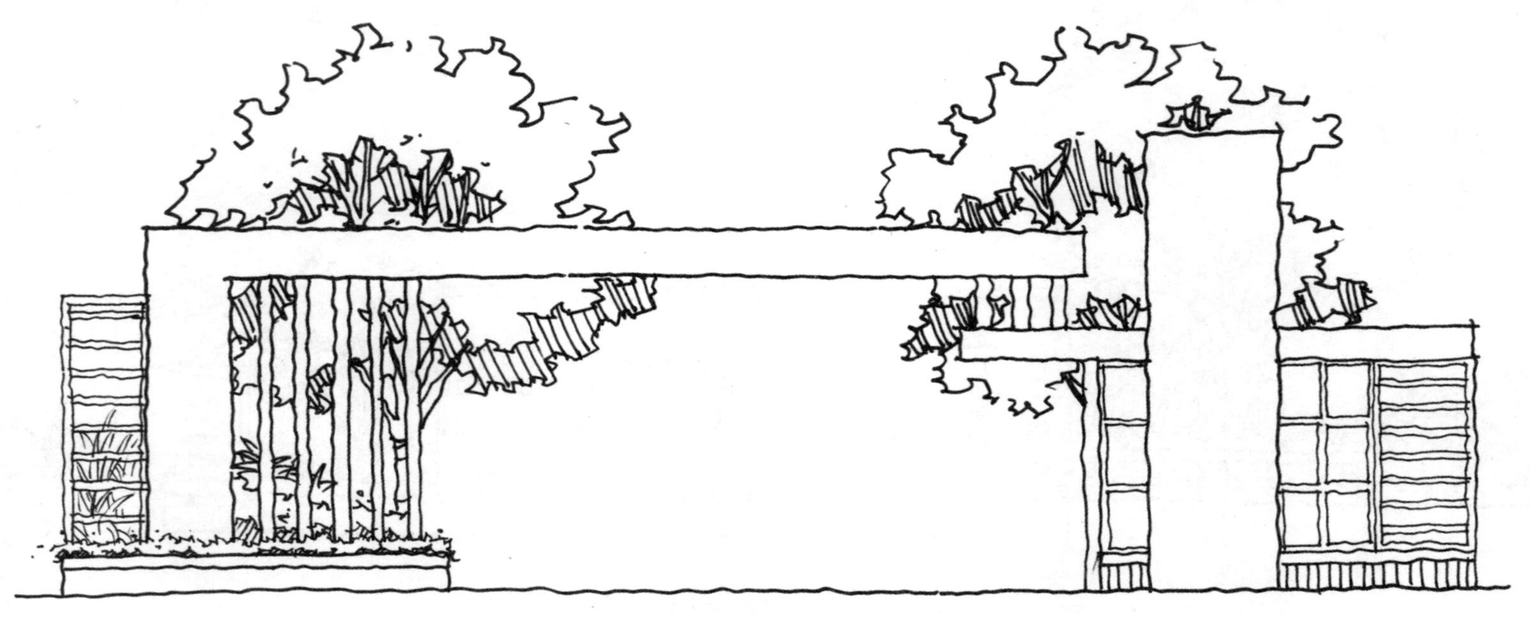

图 4.202 其他景观节点参考八十六

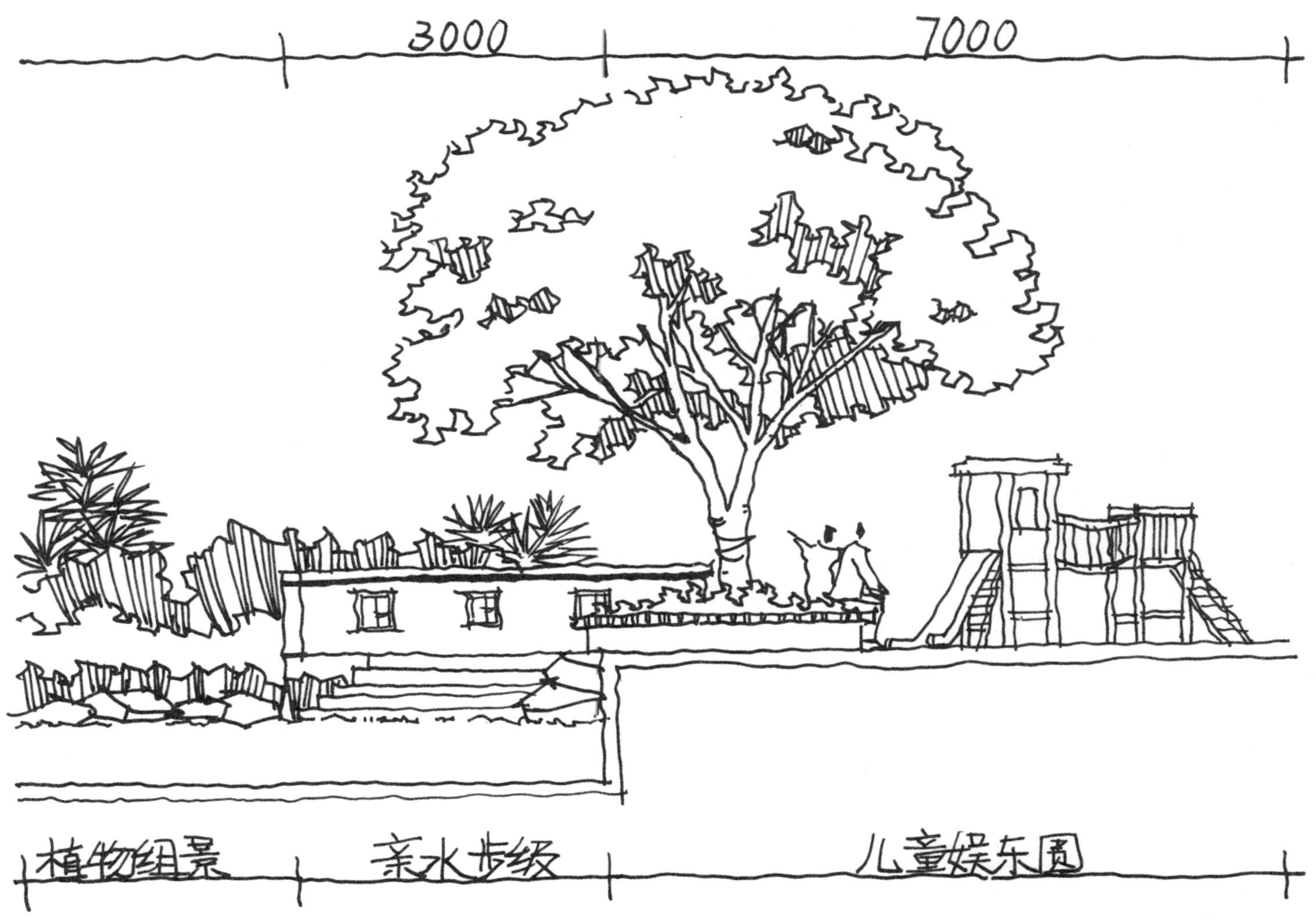

图 4.203　其他景观节点参考八十七

图 4.204 其他景观节点参考八十八

图 4.205 其他景观节点参考八十九

第 5 章　设计能力提高方法

5.1 构图联想

构图联想主要是指导学员快速掌握平面构成的技巧，为快题设计整体大结构的设计及细部空间分割的构成工作打下基础，在基于第 3 章纯粹吸取借鉴的基础上，上升到自我创作与提炼的高度。这也是快题设计能力高低的分水岭，即如何在一定程度的借鉴上融入自己的思考与特点，进行二次再创作。

笔者在这里介绍两种关于构图联想的方法：一是基于 Google 遥感影像的国内外优秀设计作品平面的构图联想，二是景观类富有创意的意向图及实地照片的平面化。利用这两种方法加强对构图及节点设计上的练习与提高，能够使广大学员的设计更具有实地性、丰富性以及多变性。

5.1.1 Google 遥感图片解译

Google 遥感图片解译如图 5.1~ 图 5.3 所示。

Google 遥感图片

平面转化图

图 5.1 小庭院景观示意

Google 遥感图片

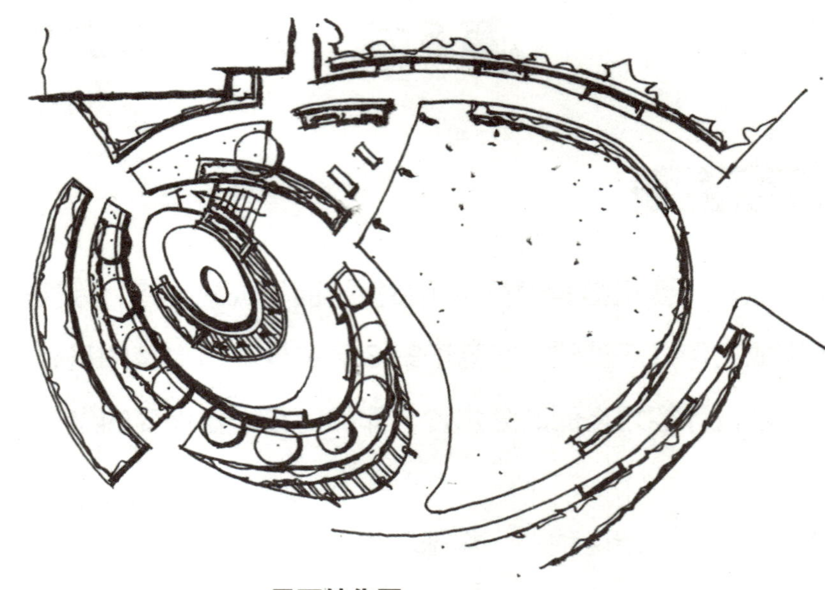
平面转化图

图 5.2 中心广场景观示意

Google 遥感图片

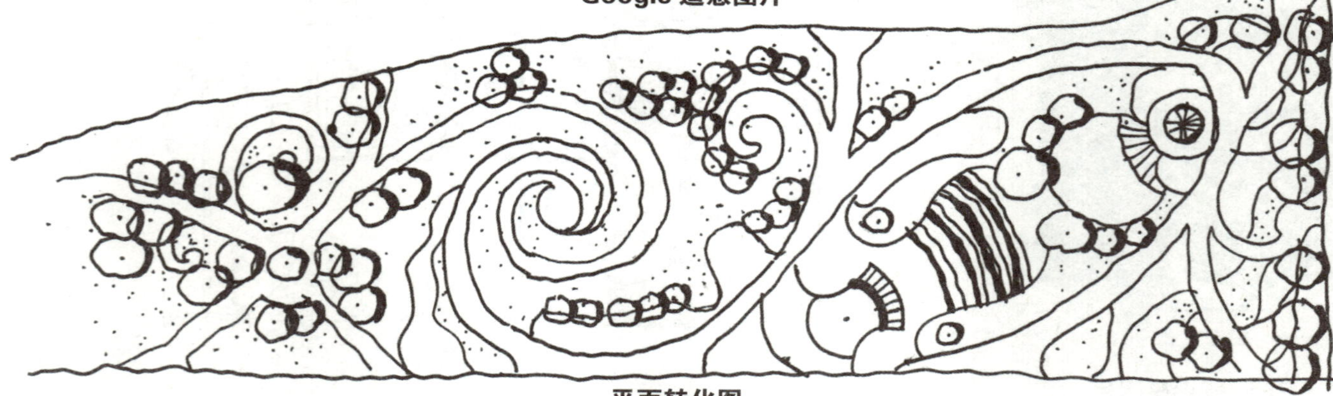
平面转化图

图 5.3 大尺度公园总平面示意

通过 Google 截取的影像图片，我们可以清晰地看到全球各类景观设计方案的平面实景图，通过这些实景图片去感受公园落地后的尺度感与整体画面感。利用该方法将地图上的实景公园转化为直观的图纸平面表达，用来进行景观案例的学习与借鉴，加强对图形、空间、设计方法的掌握，增强自身的设计能力。Google 可成为景观学习强大的资源库。

5.1.2 景观设计意向图的平面化

景观设计意向图的平面化如图 5.4、图 5.5 所示。

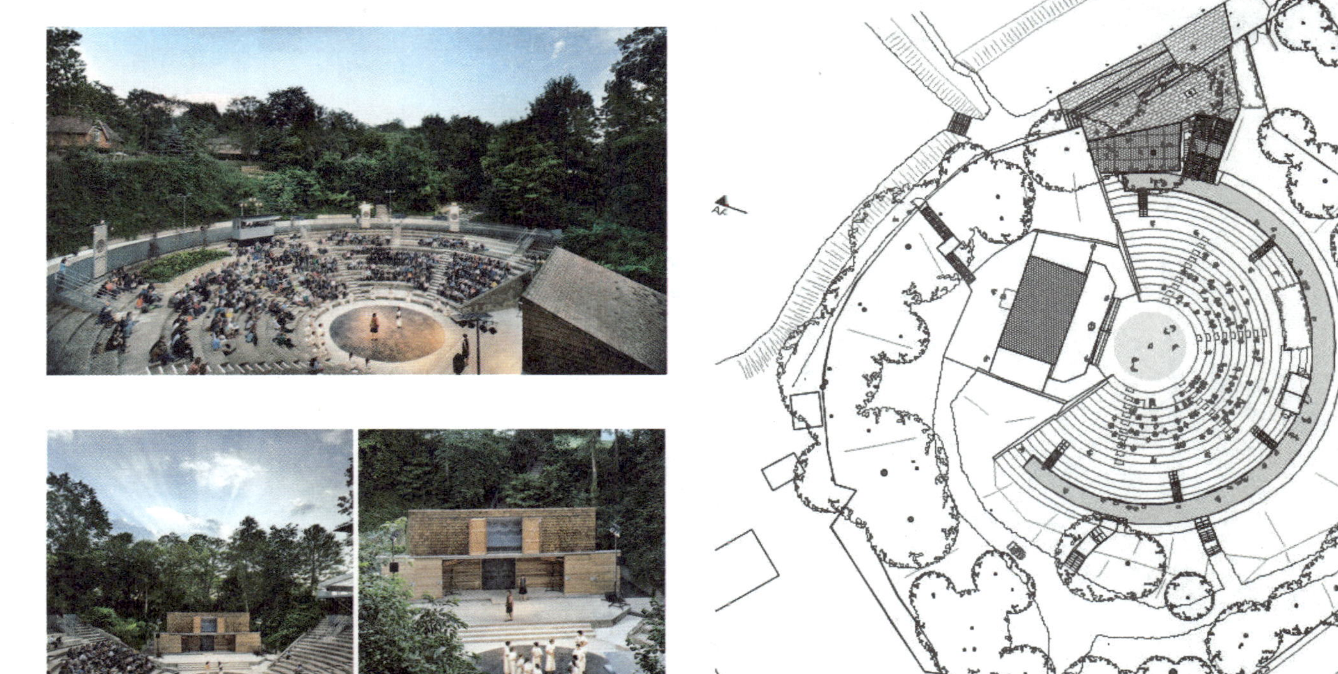

实景照片　　　　平面转化图

图 5.4　舞台设计

实景照片

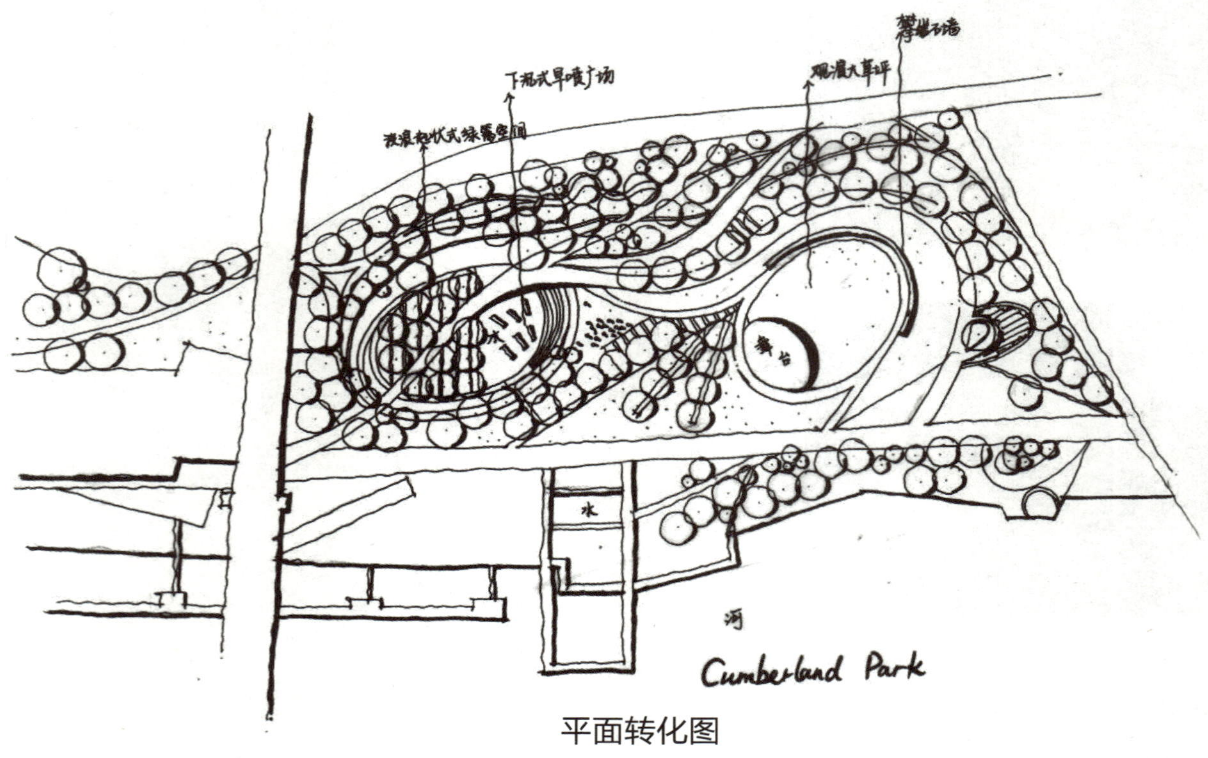

平面转化图

图 5.5　公园设计

5.2 构图示意

通过构图方法的巧妙学习，我们能总结出来一个普适化的结论：好的线形构图一般是基于黄金分割点的，且构图中要注意大小对比、主次空间对比、虚实对比等问题，这样才能使构图具有魅力。如图 5.6 所示。

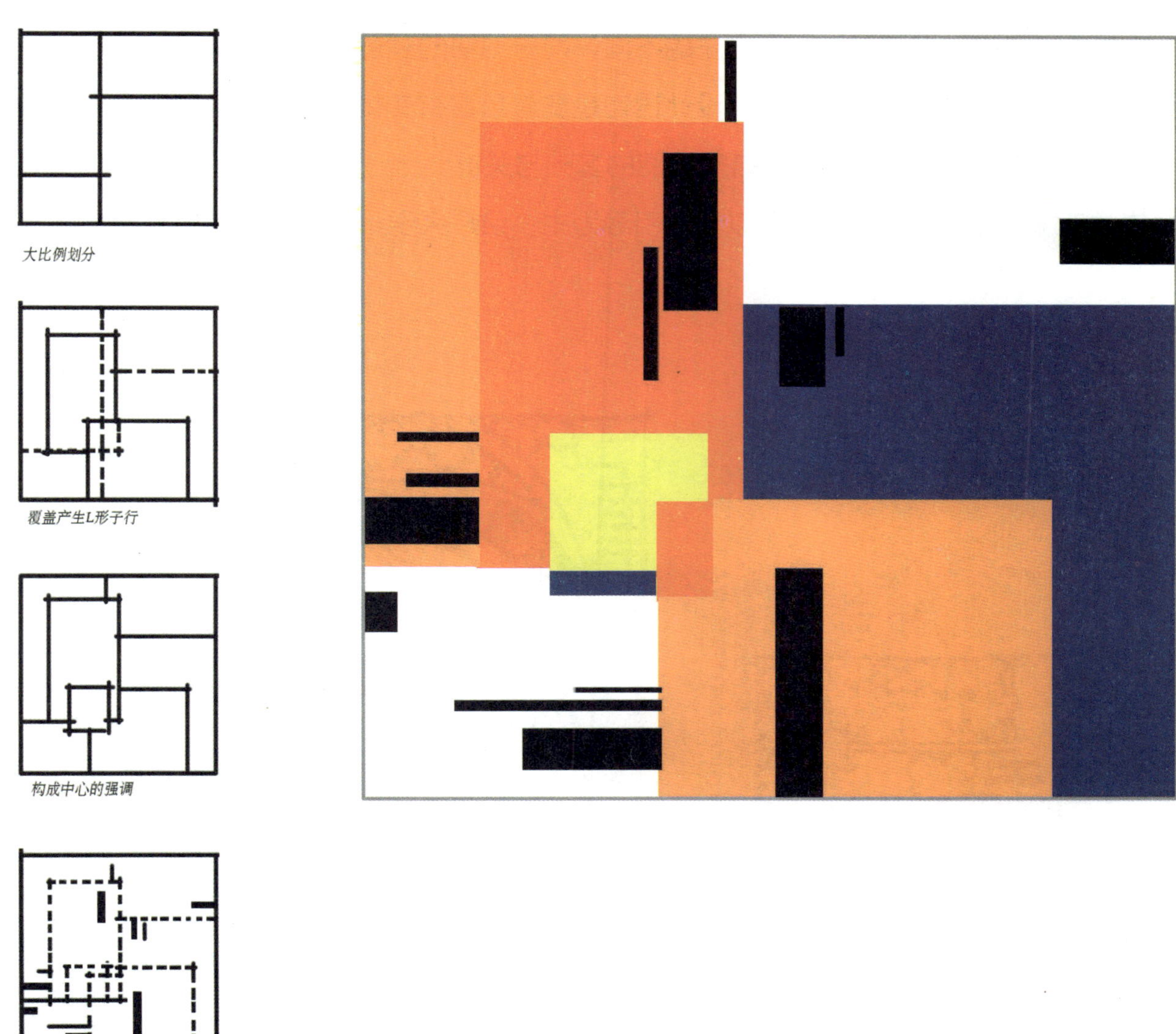

图 5.6　构图分割原则示意

基于构图原则下的形态设计不仅是直观美学上的提升，而且重要的是其形态变化的节奏感、场地大小的对比关系、空间的开合度也能给使用者带来更为舒适自然的体验。

同一地块，因设计师风格的不同、设计思维落脚点的不同以及构图表达方式的不同，都能带来不同类型的构图设计。为此，本节为各位学员提供针对同一场地的不同类型的构图方式，供学员加强理解并不断学习深化，如图 5.7、图 5.8 所示。

通过以上对于同一地块不同的构图方式的展示，各位学员可以了解到设计方案的多样性与特色风格化的特点。因设计者喜好与设计方法的不同，同一地块的解读方法也有不同的表现形式，同一种解读方法也有不同的形态转换方式。设计语言是多重且富有变化的，在设计中把握图形风格的整体性，把握形式美与功能性的结合是各类构图的基础与关键。

本节对于这一方法的指导，主要以示意引导为主，给广大学员一个学习和思考的发展方向。

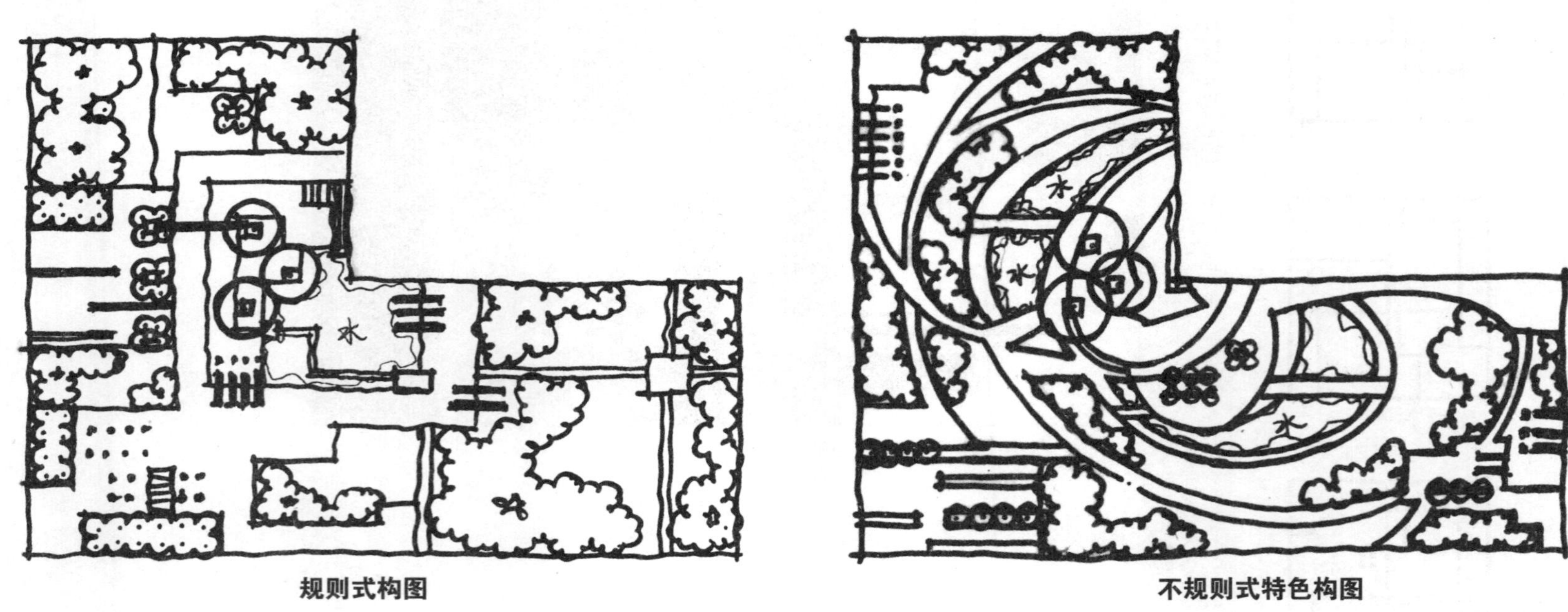

规则式构图　　　　不规则式特色构图

图 5.7　校园绿地设计构图

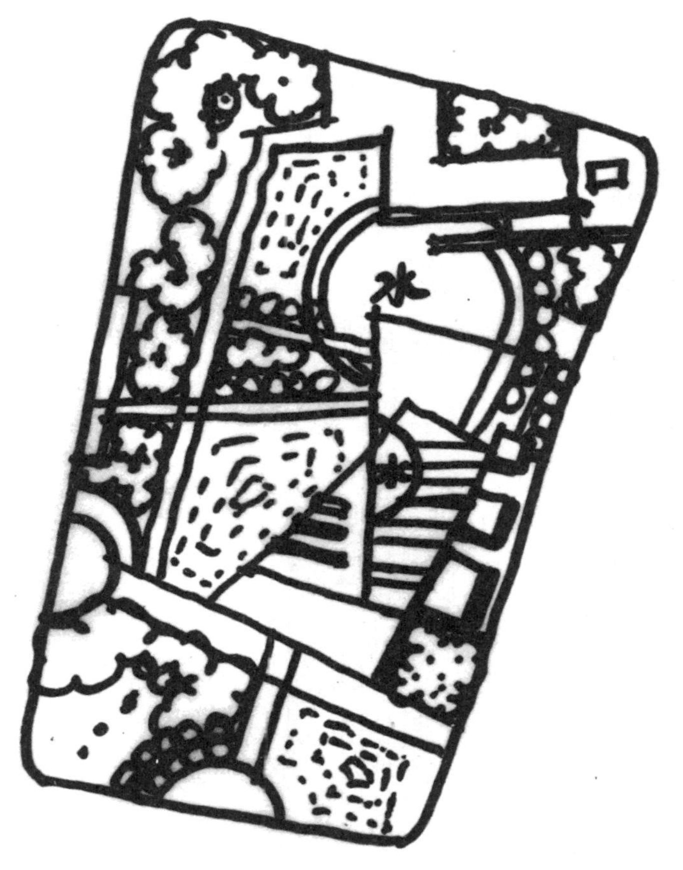

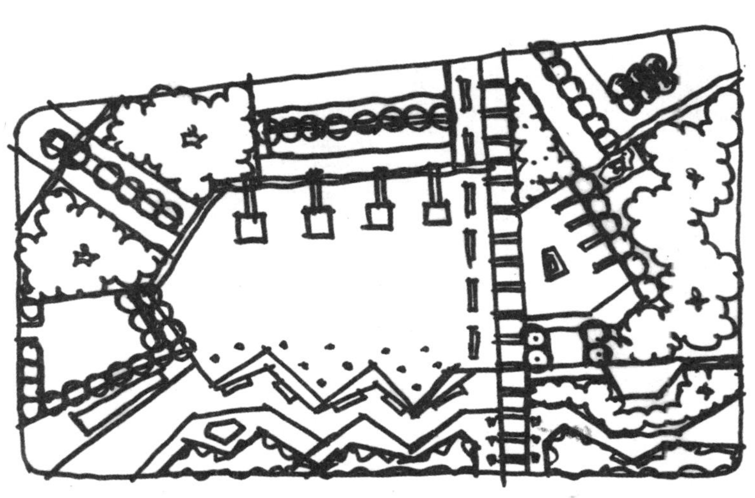

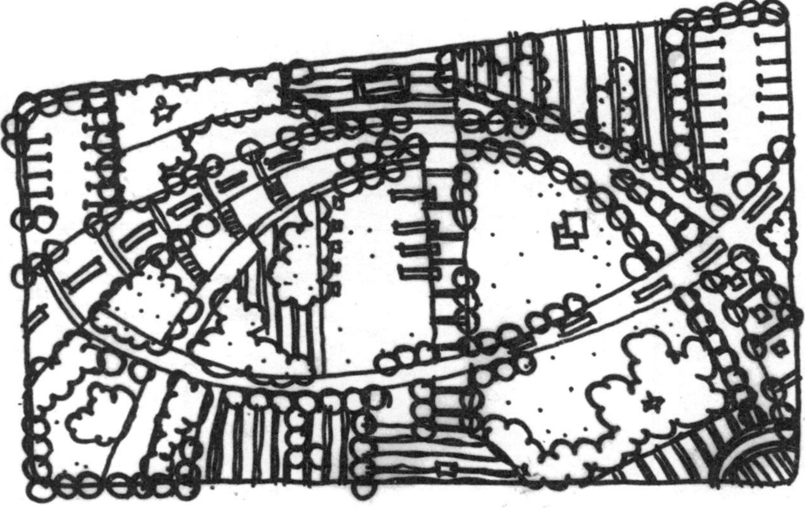

图 5.8　文化雕塑广场设计构图

第 6 章　景观效果图赏析

6.1 人视点效果图

人视点效果图需要交代场景中的近、中、远景，局部场地的变换衔接。真实反映局部场景的人视效果，绘制过程中需注意透视和尺度的把握（图 6.1）。

图 6.1　人视点效果图

6.2　鸟瞰图

鸟瞰图的表达需要交代场地中的结构骨架关系，反映空间的围合、水系的形状、道路的走向、节点的位置和主次、硬软质的比例分配等（图 6.2）。

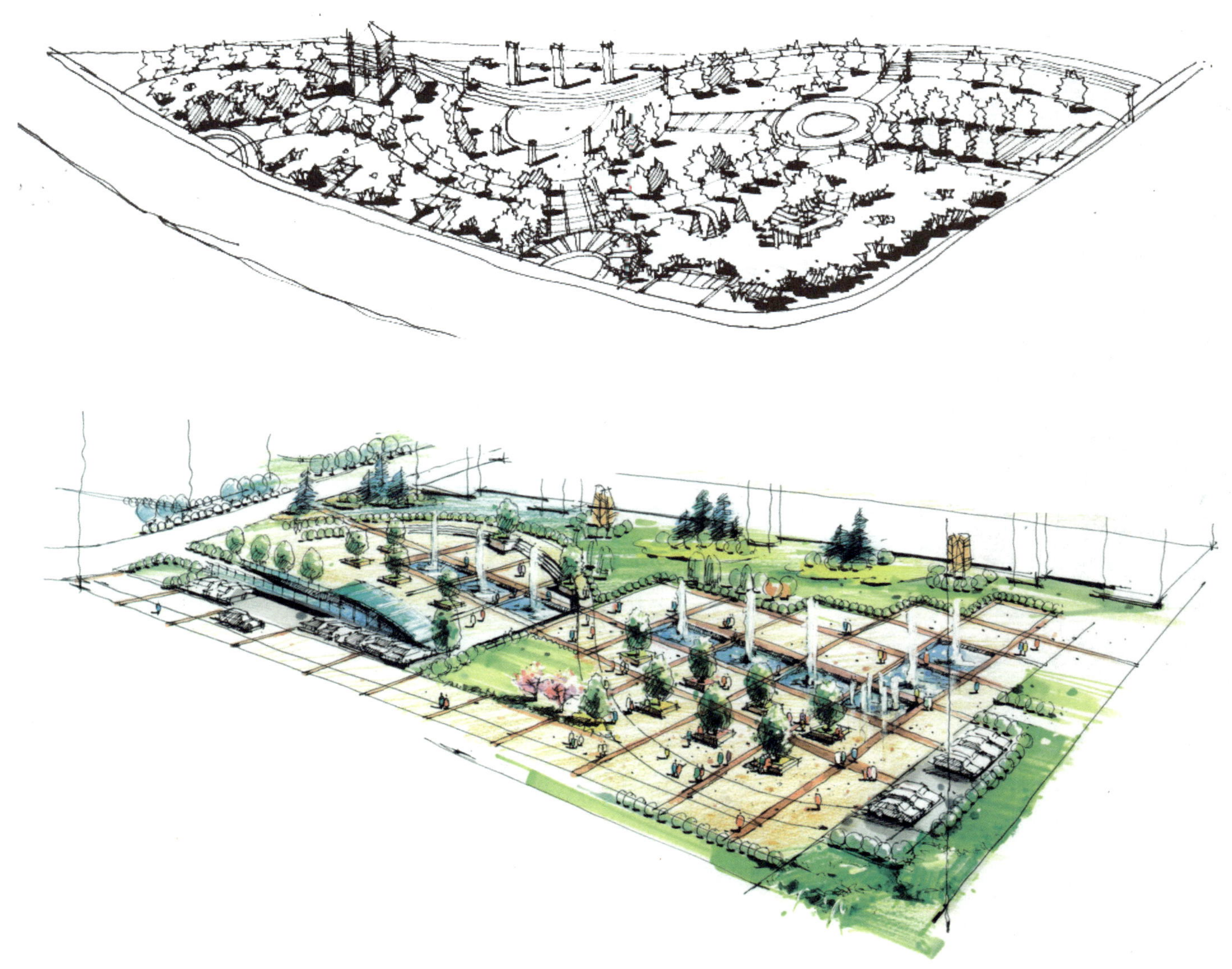

图 6.2　鸟瞰图

6.3 效果图赏析

效果图需要先确定主体构筑物和地面的透视特征（一点透视或两点透视），并确定视平线和消失点。其次对主体进行细部刻画（受光面留白或少刻画，暗面可以多刻画，通过疏密表达出明暗）。效果图的远景和框景也很重要，远景作为画面的背景，通过黑白灰表达出前后的关系，不需要对立体的刻画（图 6.3~ 图 6.33）。

图 6.3 效果图一

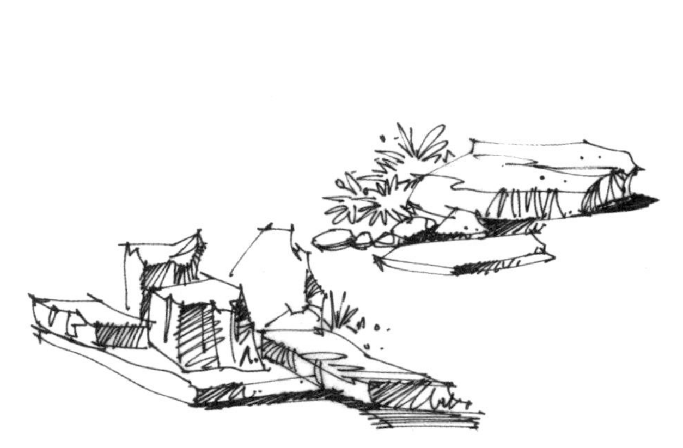

图 6.4　效果图二

图 6.5　效果图三

图 6.6　效果图四

图 6.7　效果图五

图 6.8　效果图六

图 6.9 效果图七

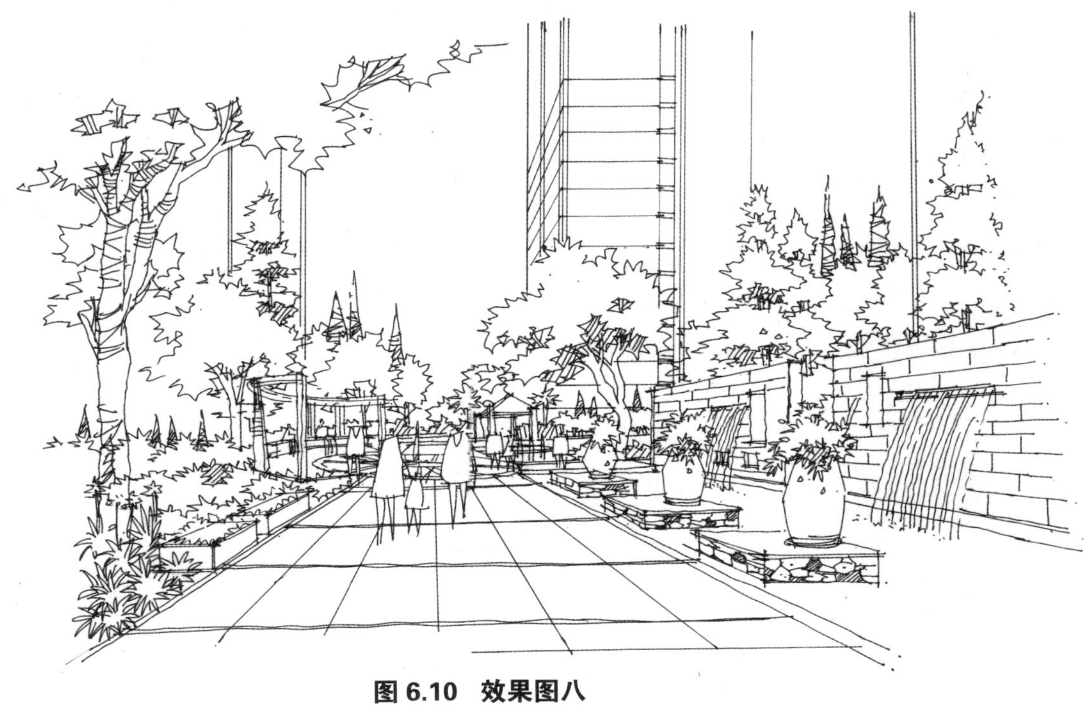

图 6.10 效果图八

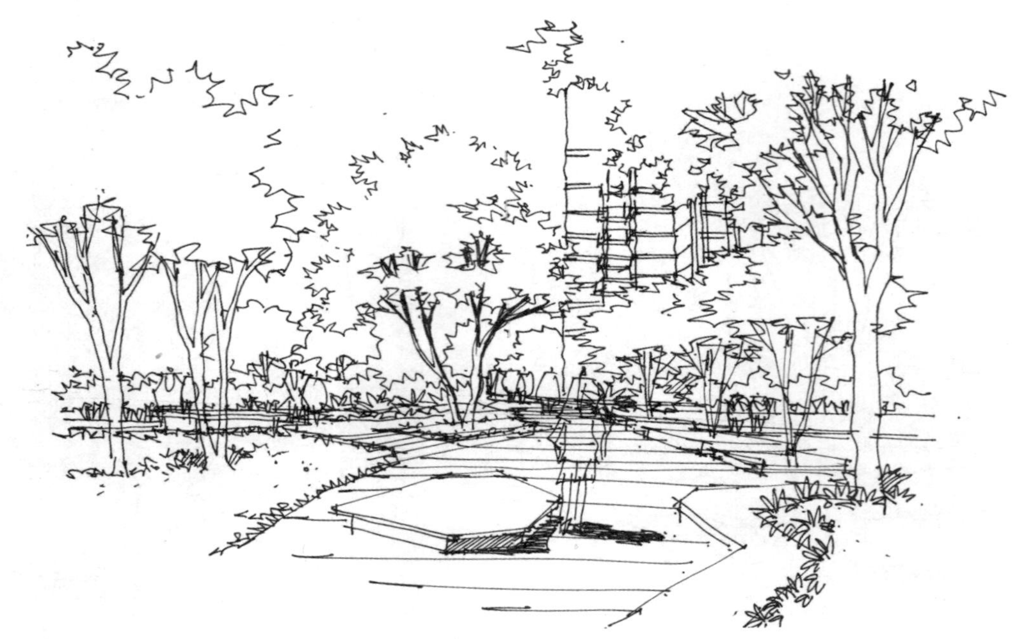

图 6.11　效果图九

图 6.12　效果图十

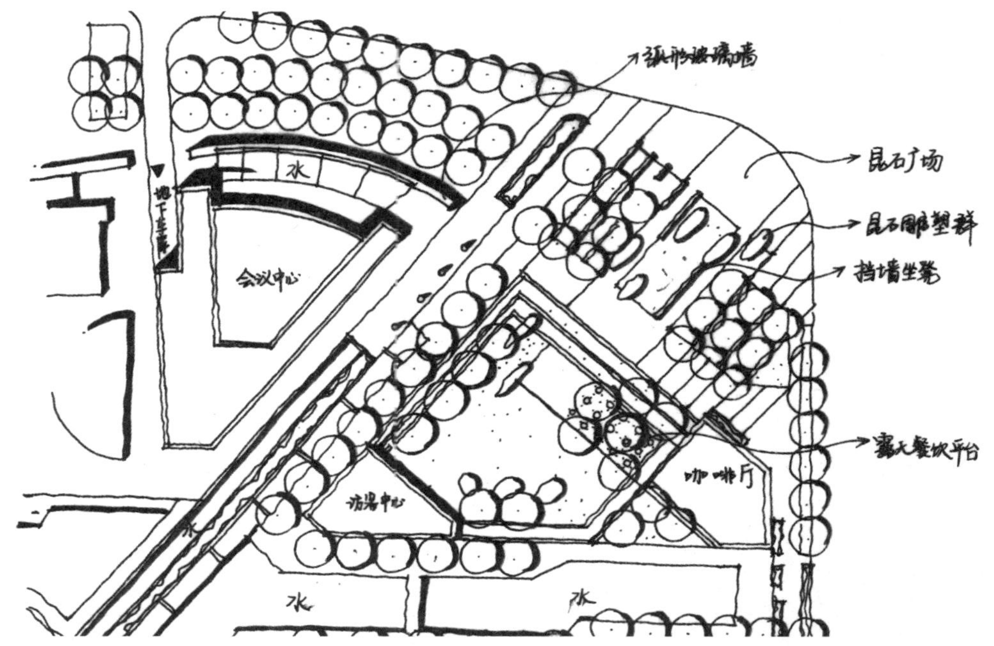

图 6.13　效果图十一

图 6.14　效果图十二

图 6.15　效果图十三

图 6.18 效果图十四

图 6.19 效果图十五

图 6.20　效果图十七

图 6.21　效果图十九

图 6.22　效果图二十

图 6.23　效果图二十一

图 6.24　效果图二十二

图 6.17　效果图十五

图6.16 效果图十四

图 6.25 效果图二十三

图 6.26 效果图二十四

图 6.27　效果图二十五

图 6.28 效果图二十六

图 6.29　效果图二十七

图 6.30　效果图二十八

图 6.31 效果图二十九

图 6.32 效果图三十

图 6.32　效果图三十一

第 7 章　实战训练

7.1　广场设计

7.1.1　文化休闲广场设计题目

一、基地概况

某小城市集中建设文化局、体育局、教育局、广电局、老干部局等办公建筑。在建筑群东侧设置文化休闲场所，安排市民活动的场地、绿地和其他设施。广场内建有图书馆和影视厅。

二、设计要求

1. 建筑群中部有玻璃覆盖的公共通廊，是建筑群两侧公共空间的主要步行通道；
2. 建筑群东侧的入口均为步行辅助入口，应和广场交通系统有机衔接；
3. 应有相对集中的广场，便于市民聚会、锻炼以及开展节庆活动等；
4. 场地应和绿地结合，绿地面积（含水体面积）不小于广场总面积的三分之一；
5. 现状场地基本为平地，可考虑地形竖向上的适度变化；
6. 需布置面积约 50m^2 的舞台一处，并有观演空间（观演空间固定或临时均可，观演空间和集中广场结合也可以）；
7. 在丰收路和跃进路上可设置机动车出入口，幸福路上不得设置；
8. 需布置地面机动车停车位 8 个，自行车停车位 100 个；
9. 需布置 3m 见方（9m^2）的服务亭 2 个；
10. 可以自定城市所在的地区和文化特色，在设计中体现文化内涵，并通过图示和说明加以表达（比如某同学选择宁波余姚市，则可表现河姆渡文化、杨梅文化、市树、市花内涵等）。

三、成果要求

1. 总平面图 1 张，比例 1 ： 500；

2. 局部剖面图，比例 1 ： 200；

3. 能表达设计意图的分析图或表现图（比例不限）；

4. 设计说明（字数不限）；

5. 将成果组织在 1 张 A1 图纸上，总平面图可集中表现广场及西侧建筑群轮廓，留出空间绘制分析图。剖面图、表现图见设计说明。

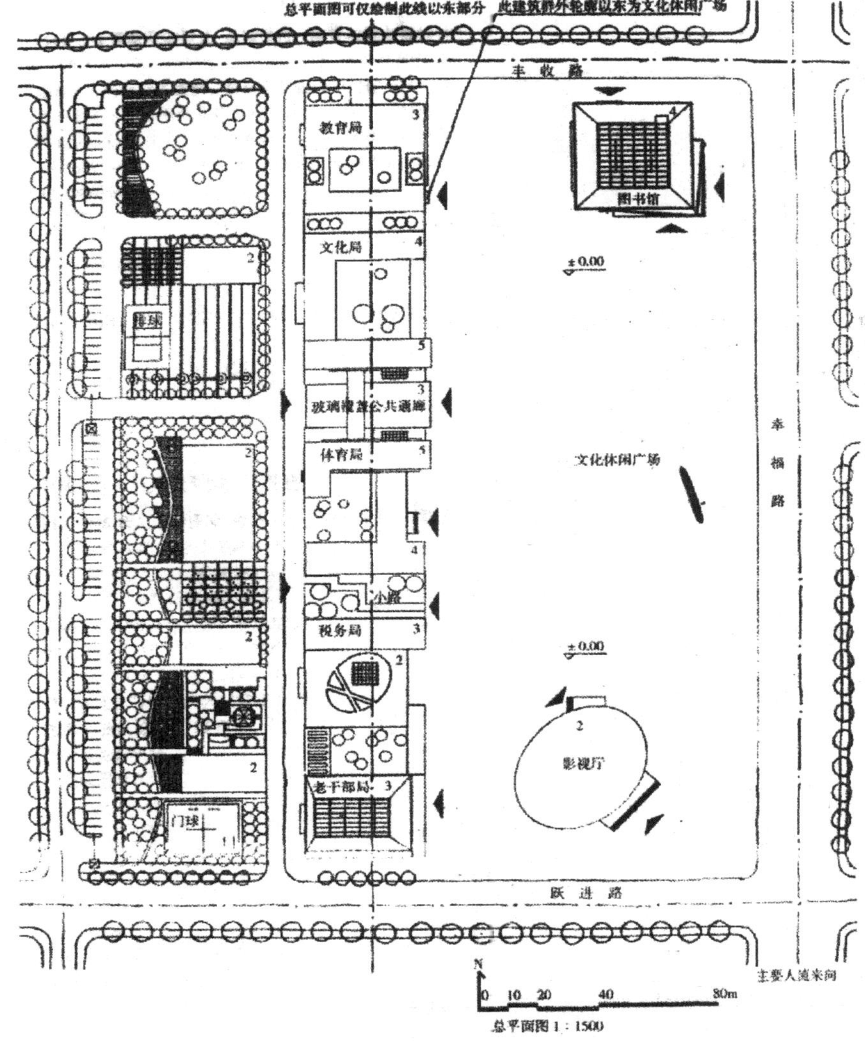

7.1.2 基址解析

本书在第 3 章景观快题设计方法讲解中介绍了“快题设计五步曲”的方法。运用此方法对考题进行基址分析与功能分区这两步解析，可快速形成对考题的基本解读。

1）基址定位

在文化休闲广场的设计中，首先我们可以清楚地了解基址的定位信息，是以服务于基址周围办公区域为主的休闲广场，并应具备广场作为城市开放空间集散、休闲的功能。其交通流线的组织与活动空间的设计是城市广场设计的关键。

2）考点分析

进行基址分析时，我们需要了解基址内外部的现状问题，了解其具体需要满足的功能类型。在文化休闲广场设计的考题中，一共罗列了十点要求。对这十点基本要求与题目潜在要求进行解读，可以发现需要解决以下问题：

①基址内部考点：基址北侧有一个图书馆，南侧则有一个影视厅，设计时需考虑现状建筑外环境处理的问题。建筑周围的出入口交通流线、集散空间的设置，以及建筑后勤流线的安排都是在处理建筑外环境时需要首先考虑的问题。

②基址外部考点：该文化广场西侧紧邻一系列办公建筑物，建筑物的主要步行出入口与该广场相邻。因此，需要考虑办公人群交通出行的问题，结合各个建筑的出入口设置东西向以及南北穿行的交通路线。在办公建筑群中部有玻璃覆盖的公共通廊，是建筑群两侧公共空间的步行主通道。需要考虑该步行通道与幸福路之间的快速交通联通关系，即需要在对应通道位置设置东西方向的快速通道。

③题目中其他考点要求：场地设计要求包括场地中绿地面积（含水体面积）不小于总面积的三分之一、市民聚会锻炼和开展节庆活动的集中广场、50m^2 的舞台及对应的观演空间的设置（可与集中广场结合设计）。空间设计要求上，场地基本为平坦地，需要进行一定的竖向设计，丰富广场的整体景观空间。基础服务设施设计要求上，需要设置机动车停车位 8 个，自行车停车位 100 个，

且停车位出入口只能设置在丰收路与跃进路上；需要布置 $9m^2$ 的服务亭两个。主题设计要求上，需要突出设计中的文化内涵，体现文化休闲广场的文化主题。

3）功能分区

经过对题目的分析与解译，对于场地的设计及其功能的需求已经了然于心。根据基址特殊的环境位置，可以将其划分为四个主要的功能片区：以图书馆为中心的读书、静心的私密空间片区，以影视厅为中心的观影、休闲娱乐的半开敞空间片区，以西侧办公楼为主要服务对象的线型开放空间片区，以市民聚会、锻炼、开展活动为主的中心开敞活动空间片区。

进行功能划分后，每一片区的功能与空间性质就已经确定下来。接下来具体的功能细化及结构形式选择则因设计师不同的设计特点而风格各异。

7.1.3 方案评析

1）方案一评析（图 7.1）

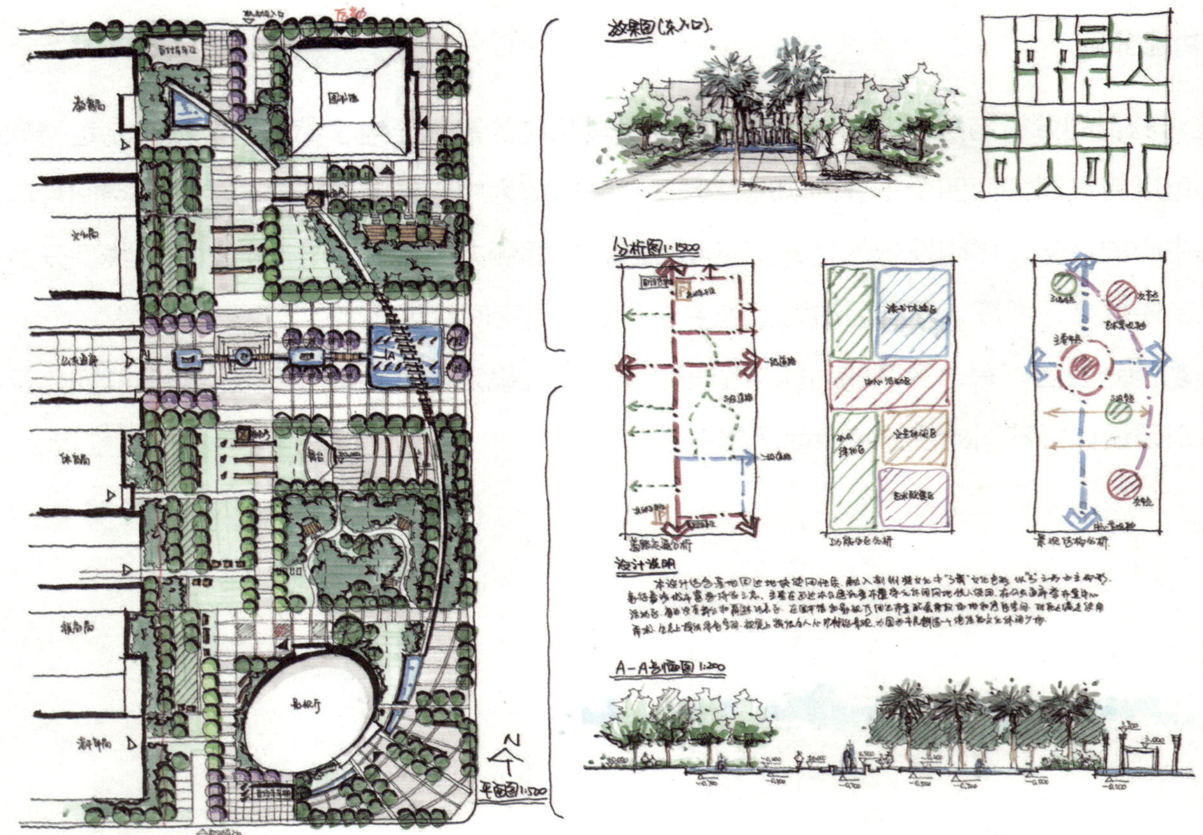

图 7.1　文化休闲广场快题设计方案一

该方案设计对“题眼”要求进行了充分的解读，在形式上、功能上以及空间处理方面都展示了考生较强的方案设计能力。基本上解决了上述基址分析中涉及的各类问题，尤其是在对中心公共步行通道的处理、停车场的设计及建筑后勤流线的安排方面上非常巧妙。在完成方案设计的同时提取了场地“荆楚弓箭文化”的主题，在其方案的设计中注入了场地特色文化内核。

稍显不足的是，在整体的空间布局方面没有明确的开合对比，如对于图书馆与影视厅的处理都采取开敞的空间设计模式，且中心区域的活动空间也以开敞式为主，整个广场的空间划分略显平均。对舞台观演空间的设置过于局促，需要增加其观演空间的面积。在竖向设计方面也未做过多考虑。

2）方案二评析（图 7.2）

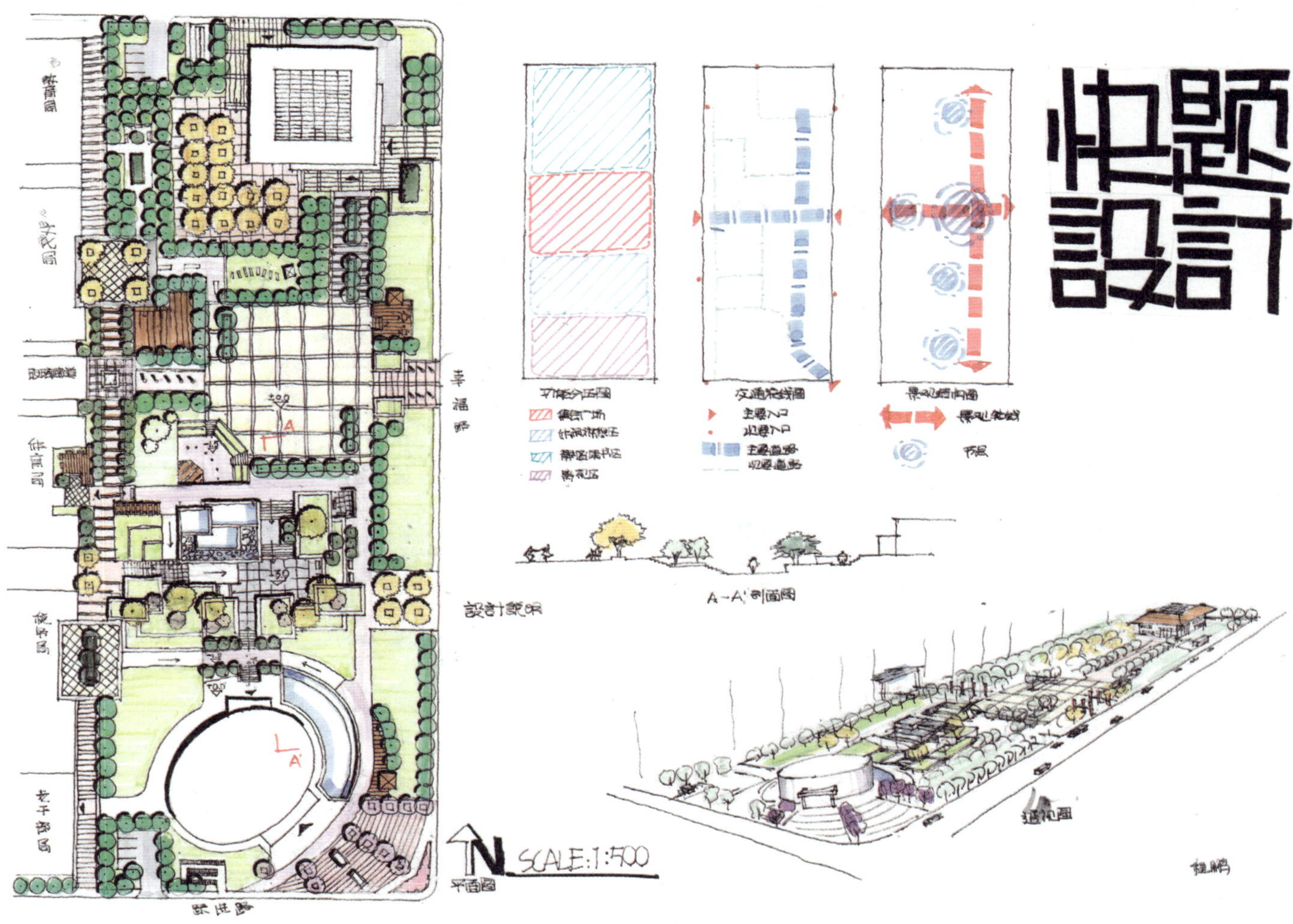

图 7.2　文化休闲广场快题设计方案二

该方案的设计与方案一相比空间节奏感较强，对于舞台的处理和场地竖向上的设计达到了题目中的要求。对于场地内部两个功能性建筑外环境的设计，根据建筑性质的不同也进行了不同的空间处理。

但本方案从整体上而言，中心不够突出，刻画得略显单薄，使整个方案缺乏亮点。

3）方案三评析（图 7.3）

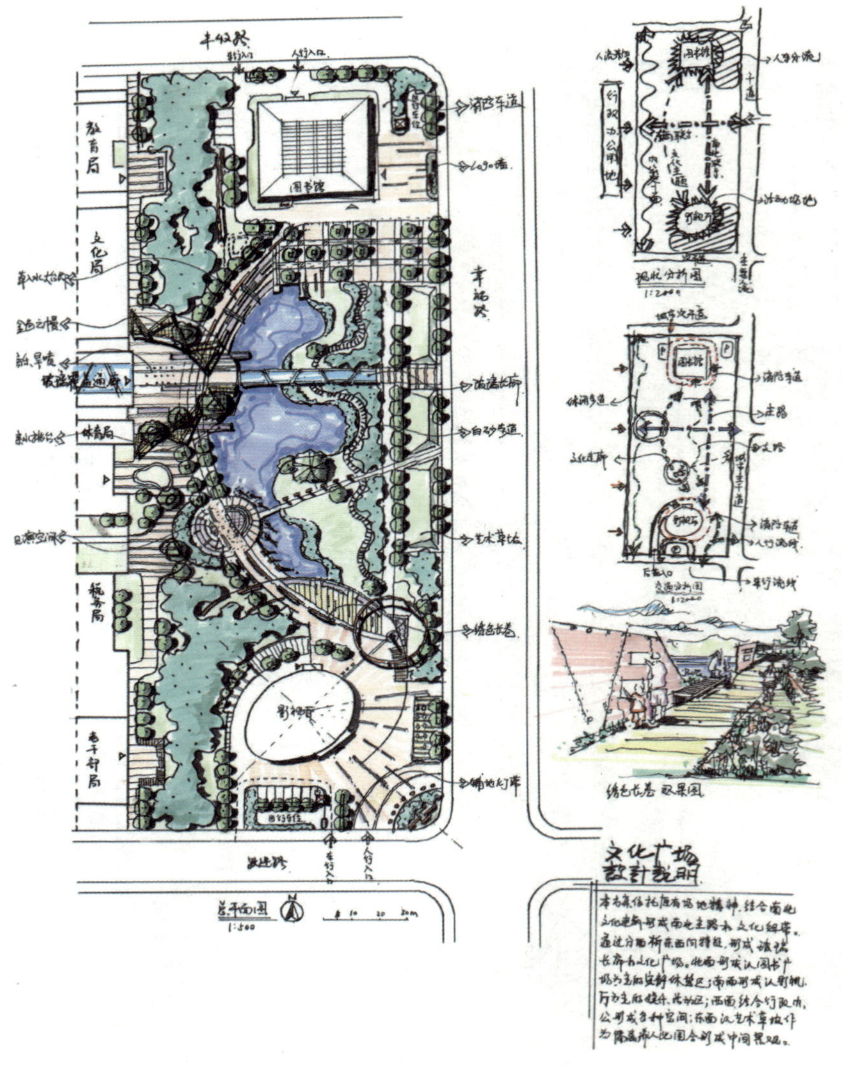

图 7.3　文化休闲广场快题设计方案三

该方案的设计较方案一与方案二更为成熟，对于考点的解读非常到位。在满足功能需求的同时，形式新颖、空间丰富、功能齐全，且能抓住该广场的艺术文化氛围，将其在方案中恰到好处地表现出来。

但形式与空间的过于丰富却导致整个画面过于花哨，节奏感过强，所以给人直观的感受是设计得较为复杂，不够简洁大方，其中心大面积的水面使整个场地的设计看起来更像小游园的设计，广场空间的感觉不够明显。

图 7.4 文化休闲广场快题设计方案四

4）方案四评析（图 7.4）

该方案的设计形式感较强，具有很强的图形组合设计的能力。尤其是对于中心片区的处理，将舞台的设计与集中广场的设计结合起来，打造了一个美轮美奂的中心大舞台。其形态优美抢眼，又能与功能很好地结合起来，非常值得广大考生参考学习。

但该方案在注重整体形式之后，对于空间的处理略显单薄，空间基本上处于开敞状态，且对于停车场及建筑后勤流线的安排没有前面三个方案处理得到位。在形式表达上非常漂亮，但对于细节考点的处理考虑不多。

5）总结

整体而言，四个方案中，前两个方案中规中矩、较为平实，后两个方案表现大胆具有较强的设计感，但各个方案都有其独特的优势。各位考生在学习借鉴时要加强思考，吸取各个方案的精彩点。

7.2 公园设计

7.2.1 滨湖公园设计题目

一、基地概况

华北地区某城市市中心有一面积 60hm^2 的湖面，周围环以湖滨绿带，整个区域视线开阔，景观优美。近期拟对其湖滨公园的核心区进行改造规划，该区位于湖面的南部，范围如下图所示，面积约为 6.8hm^2。核心区南临城市主干道，东西两侧与其他湖滨绿带相连，游人可沿道路进入，西南端接出入口，为现代建筑，不需改造。主出入口西侧（在所给图之外）与公交站和公园停车场相邻，是游人主要来向。用地内部地形有一定变化如下图所示，一条为湖体补水的引水渠自南穿越，为湖体常年补水。渠北有两栋古建筑需要保留，区内道路损坏较严重，需重建，植被长势较差，不需保留。

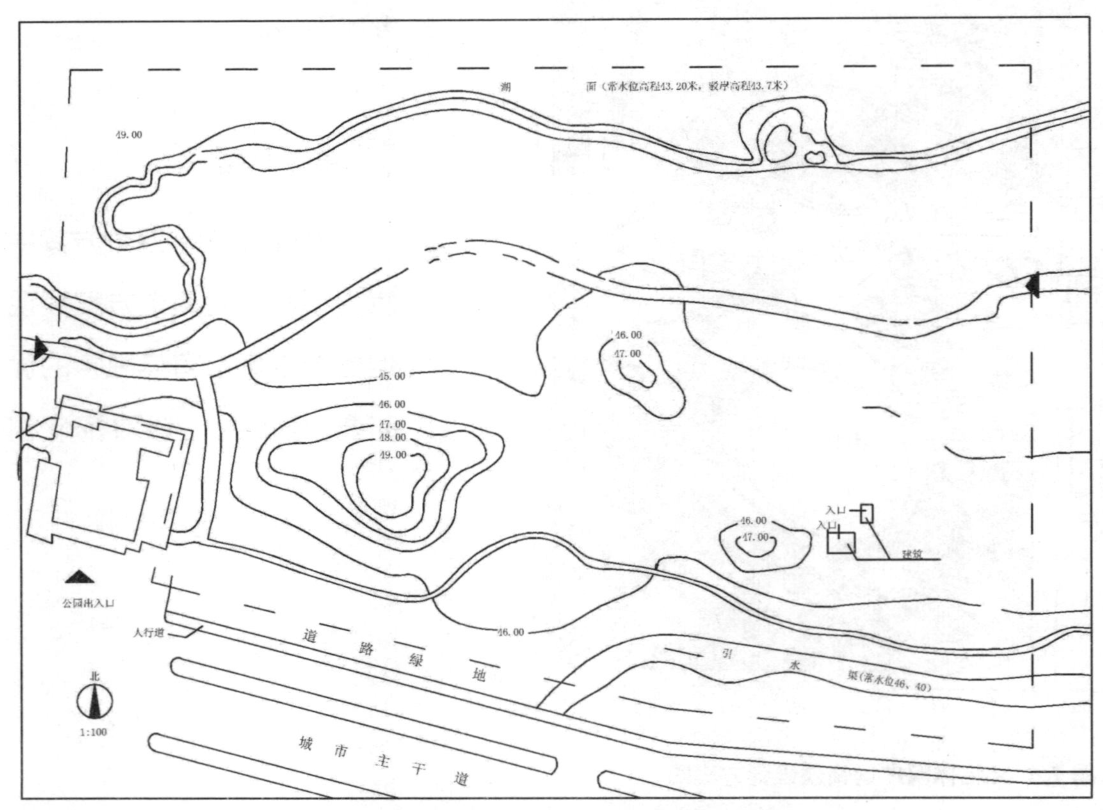

框景主要是对画画的构图起到关键的作用

二、内容要求

1. 核心区用地性质为公园用地，建设应符合现代化城市建设和发展的要求，将其建设成为生态健全、景观优美、充满活力的户外公共活动空间，为满足该市居民日常休闲活动服务需求。该区域为开放式管理，不收门票。

希望考生在充分分析现状特征的前提下，提出具有创造性的规划方案。

2. 区内休憩、服务、管理建筑和设施参考《公园设计规范》的要求设置。

区域内绿地面积应大于陆地面积的 70%，园路及铺装场地面积控制在陆地面积的 8%~18%，管理建筑应小于总用地面积的 1.5%，游览、休息、服务的公共建筑应小于总用地面积的 5.5%。

除其他休息、服务建筑外，原有的两栋古建筑要求扩建为一处总建筑面积（包括这两栋建筑）300m^2 左右的茶室（包括景观建筑等附属建筑，其中茶室面积不小于 160m^2）。此项工作包括两部分内容：茶室建筑布局和为茶室创造特色环境，在总体规划图中完成。

3. 设计风格、形式不限。设计应考虑该区域在空间尺度、形态特征上与开阔湖面的关联。并具有一定特色。地形和水体均可根据需要决定是否改造、道路是否改线，无硬性要求。湖体常水位高程 43.20m，现状驳岸高程 43.7m，引水渠常水位高程 46.40m，水位基本恒定，渠水可引用。

4. 为形成良好的植被景观，需选择适应栽植地段立体条件的适生植物。要求完成整个区域的种植规划，并以文字在分析图中概括说明（不需要图示表达），不需列植物名录，规划总图只需反映植被类型（指乔木、灌木、草本植物、常绿或阔叶植物等）和种植类型。

三、图纸要求

考生提交的答卷为三张图纸，图幅均为 A3，纸张类型、表现方式不限，满分 150 分。具体内容如下：

1. 核心区总体规划图：比例 1 ： 1000 （80 分）。

2. 分析图（20 分）：考生应对规划设想、空间类型、景观特点和实现关系等类容，利用符号语言，结合文字说明，图示表达。分析图不限比例尺，图中无需具象形态。

此图实为一张图示说明书，考生可不拘泥于上述具体要求，自行发挥，只要能表达设计特色即可。

植被规划说明应书写在此页图中。

3. 效果图两张（50 分）：请在一幅 A3 图纸中完成，若为透视图，请标注视点位置及视线方向。

7.2.2 基址解析

1）基址定位

基址位于城市中心一个面积为 60hm^2 的湖体南部，属于城市中心感受自然风光的黄金地段。在城市整体绿色基础设施的构建中具有重要的地位，应具备城市中心区主体公园的生态调节、景观美化、休闲活动的主要功能。生态活动空间的打造是该公园设计的关键，使城市居民能在此放松身心、感受自然。

2）考点分析

该公园设计的考题中考点较多，基址内部地形起伏，现有现状古建筑两座、引水渠一条，并具有带建筑的出入口需保留利用，且对于各类附属设施的设计也有一定的要求。

①本设计基址内部考点需考虑地文、水文、交通条件及保留建筑。

地文条件上，基址内部地形起伏，有一座 4m 高的小土丘和两座 2m 高的小土丘，可利用其地势营造特殊的景观效果或作为观景、赏景的制高点。地势整体南侧较高、北侧滨湖区较低，其地形特点不仅有利于观赏湖体的自然景观，也有利于将水渠中的水引入湖体中。

水文条件上，基址内部有一个常水位为 46.4m 的引水渠，且明确说明水渠为湖体补水可引用。因此，在设计时可对引水渠进行水体的利用，在公园内营造一定的内部水景观，并与外围的湖水相连，方便湖水的补给。

滨临基址北侧的自然湖体是整个公园中的一大资源特色，可利用其优美的自然风光进行湖滨景观带的设计，增加亲水活动，丰富滨湖带的游览路线。注重滨湖带的视线组织设计，保证湖边开敞的景观感。

保留建筑上，考题中明确介绍了公园内部有两座古建筑，一座 $60m^2$，一座 $20m^2$，且要求扩建为一处总建筑面积（包括这两栋建筑）为 $300m^2$ 的茶室，室内茶室面积不小于 $160m^2$。因此，在对保留建筑进行改造处理时应结合现状条件，体现古建筑的原有风格，并满足室内休闲的需求。

可将南侧水渠引水造景与建筑设计相结合，也可利用建筑西侧 2m 高的小土丘进行具有特殊景观观赏效果的设计。

位于基址西南侧的公园入口建筑在对其外环境处理时需考虑其建筑出入口的位置，呼应其现代化的风格以便进行入口景观的营造。

交通条件上，基址内部现状道路损坏较为严重，可在原线路的基础上进行修缮也可重新进行改造。设计时应以体现营造的景观为主，进行道路的再设计。

②基址外部考点：该公园东西两侧为其他湖滨绿带，南侧为城市主干道。图纸信息中明确指定东西两侧现有的主要出入口的位置，在进行出入口的设计时应与现状相结合，加强与东西两侧其他滨水绿带的联系。基址南侧与城市主干道相邻，且有城市道路绿地分割，在进行设计时最好不要在南侧开设出入口。

③题目中其他考点要求：场地设计要求上，公园中绿地面积要达到整个基址面积的 70%，并需要为城市居民提供户外休闲的公共活动空间。空间设计的要求是加强滨湖景观带的空间营造设计，充分利用自然湖景资源进行设计。基础服务设施设计的要求上，根据《公园设计规范》的要求，园中管理建筑面积要控制在 $1000m^2$ 以内，公共服务建筑面积应控制在 $3000m^2$ 以内；并要求结合现状建筑设计一个室内面积不低于 $160m^2$、总面积为 $300m^2$ 的休闲茶室。

3）功能分区

通过前期的分析与判断，目前可以确立的主要功能区域为：西南角入口景观区域、古建筑茶室改造休闲片区以及滨湖景观带。其他功能区域则应根据考生的设计思路对场地进行个性化的具体设计，满足周围市民休闲活动的需要。

7.2.3 方案评析

1）方案一评析（图 7.5）

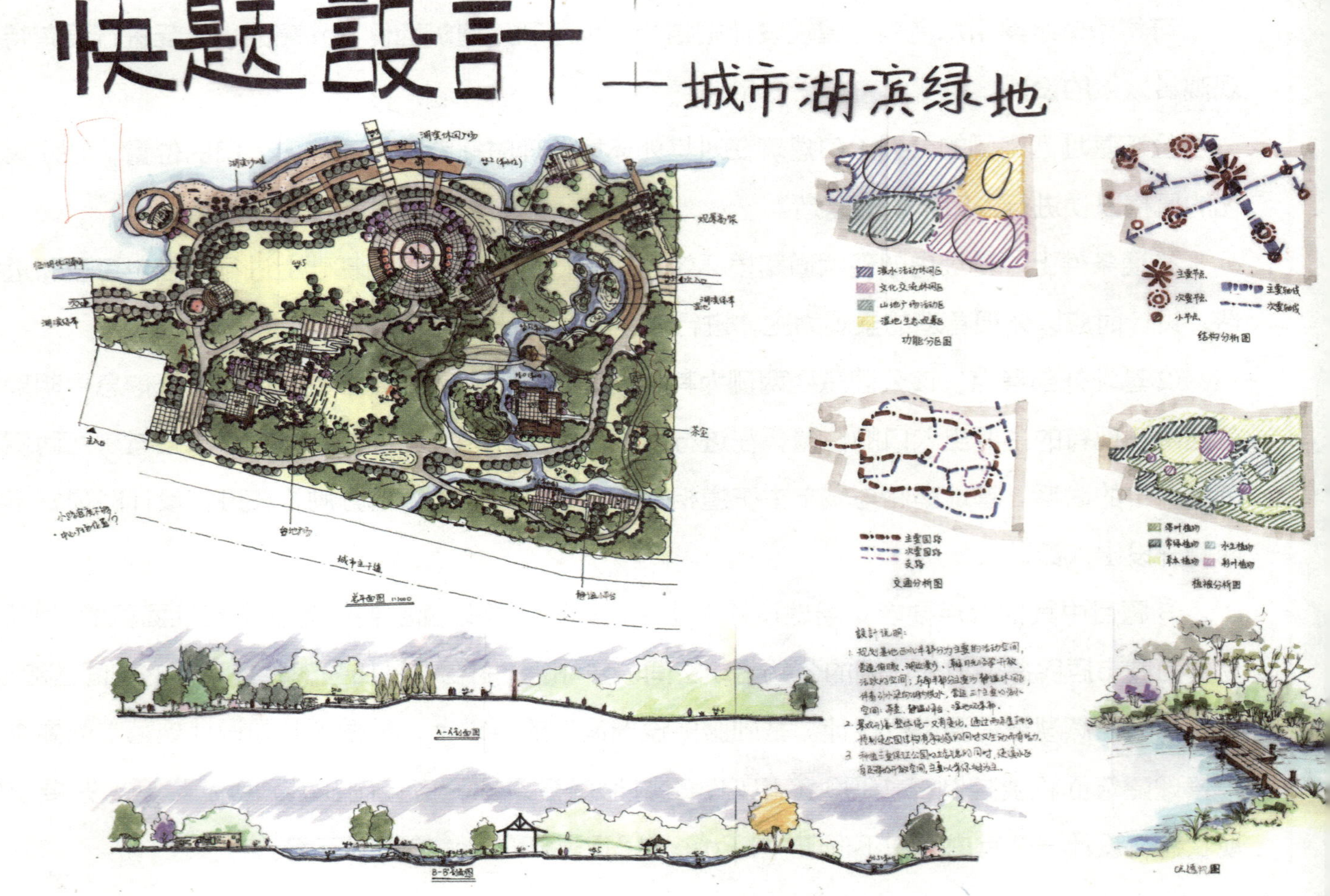

图 7.5　滨湖公园快题设计方案一

该考生的方案设计能够较好地把握出题人的心理，将所设考点基本上进行了解答。出入口设置合理，基址内部地形得到巧妙利用，滨湖空间的处理较为丰富，利用引水渠营造的内部水景观趣味十足。整体设计上空间丰富，功能齐全，重点突出。

但也存在部分明显的问题：交通流线不够清晰，一级路网与二、三级路网之间的衔接未能自成体系，出现部分路网混乱的问题。对于古建筑茶室改造片区的设计，只有一个单向的主要入口，未进行管理所需的后勤流线的设计。整体的设计感不够，缺乏亮点，略显程式化。

2）方案二评析（图 7.6）

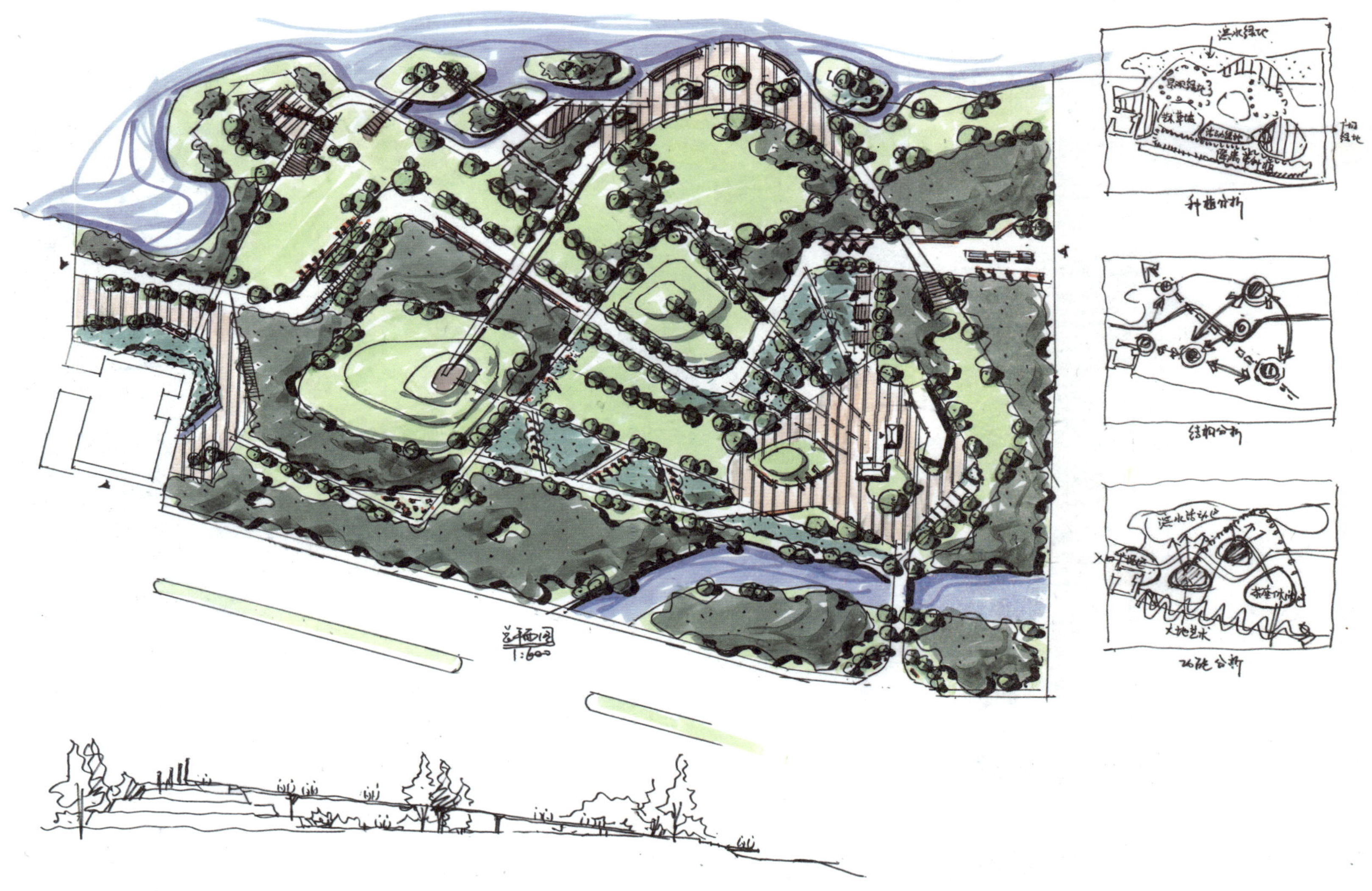

图 7.6　滨湖公园快题设计方案二

该方案的设计形式新颖，设计感较足，且考生将充满个性化的构图与功能性设计巧妙地结合在一起，体现设计者较强的逻辑设计能力与形态组合识别功底。

略显不足的是，在其丰富的形式感影响下，其空间开合关系把握不足，有赘余复杂感，且对于滨湖区域的设计不够丰富，活动场所较为单一。

3）方案三评析（图 7.7）

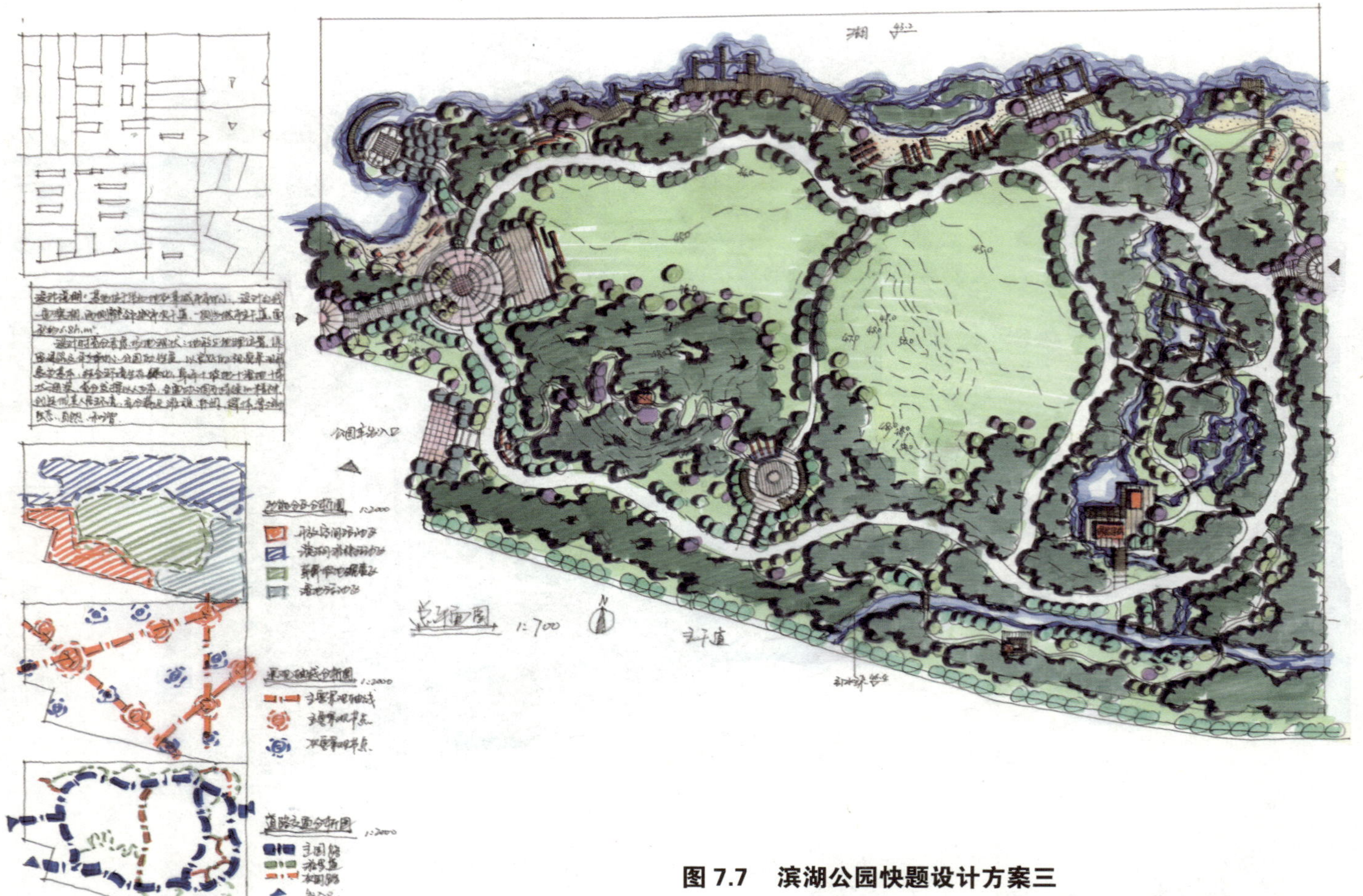

图 7.7　滨湖公园快题设计方案三

该方案的设计较方案一相比，交通流线组织更为清晰，空间开合关系对比更加突出，整体感较强。但对于滨水景观带的空间处理则过于郁闭，可适当打开观景视线。主要是中心区域的两块大草坪之间过于通透，可适当加强分割关系。且整体设计中过于平淡，亮点不多。

4）总结

三个方案设计风格迥异，各有侧重。方案一中对于湖滨景观带的设计较为充分，内部水景观的空间营造也非常丰富；方案二中空间的开合对比关系更为突出，空间识别感较强；方案三则以新颖的形式与富有设计感的思维制胜。

7.3 校园绿地设计

7.3.1 校园读书公园设计题目

一、基地概况

基地位于中南地区某综合性大学校园内，面积为 $3hm^2$，场地西面和南面为教学区，东面为学生宿舍区，北面为图书馆。基址内原地势较高的地方为一些民宅，现已拆除，仅存宅旁 3 棵树龄约为 30 年的核桃树需要保留。基址东北角原为一荷塘，现已淤积，污染严重，其他用地情况详见所附地形图。现拟将该基址建成一读书公园，为学生提供晨读、阅报、班会、小型户外展览等服务。

二、成果要求

1. 基址分析图；
2. 总平面图：1 ：500（表明主要树种）；
3. 重要景点详细设计平面图和纵横剖面图各一个，比例 1 ：200；
4. 可以表达设计创意的分析图和透视图；
5. 全园鸟瞰图；
6. 设计说明（不少于 200 字）。以上图纸均需绘制于 A1 图纸上，表现方法不限。

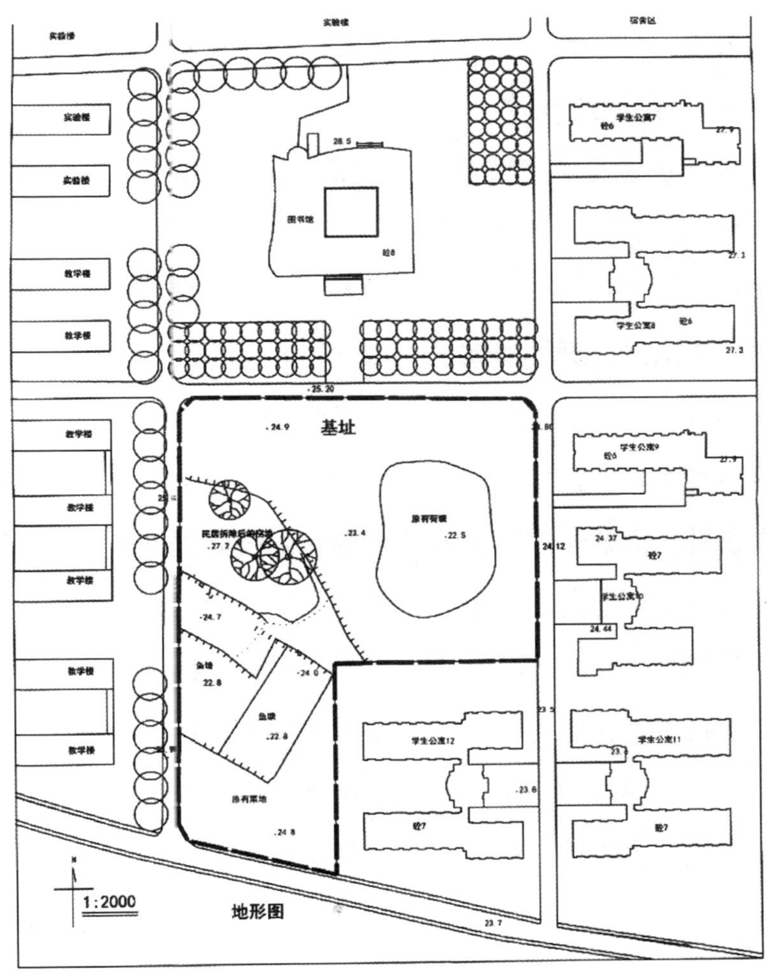

7.3.2 基址解析

1）基址定位

校园绿地的景观设计因其服务人群的特殊性而具有与其他城市绿地不同的功能，其主要服务对象为校内师生，主要目的是为这类人群提供一个舒适便捷、空间丰富的学习与生活的环境。一般而言，在进行校园绿地设计时，其交通流线的设计、休闲游憩设施的安排以及不同功能类型的活动空间的营造是其设计的关键。

2）考点分析

该校园绿地因其所处的特殊环境以读书为主题，并成为周围图书馆、教学楼及学生宿舍中心区域的公共绿地，因而在设计时，要充分考虑其与周围环境之间的相互关系。基址内部考点也较多，需要考生仔细进行各类考点的详细分析。

①本设计基址内部考点需考虑地文、水文条件和保留树木。

地文条件上，基址西侧地形较为复杂，地块之间高差分割较多，高度在 4m 左右。设计时，可因景观需要进行改造，也可利用其高差关系营造具有特色的景观风貌，具体方式可参考本书地 2.1 节中关于地形处理的讲解。

水文条件上，基址内部现有两种类型的现状水体，东北侧受严重污染的淤积荷塘与南侧水质良好的现状鱼塘，且鱼塘的水位较荷塘水位高。在处理时，对于现状水质较好的鱼塘可用于营造丰富的水景观。而对于严重污染的荷塘有两种处理方式：一是保留荷塘并进行一定的污水处理，配置具有净化水体功能的水生植物群落，或者将荷塘清污填满，进行再设计。

保留树木上，场地中有三棵树龄约为 30 年的核桃树，且地处场地的最高点。保留树木虽未达到古树名木的保护等级，但其 30 年的树龄使其具有不同于周围景观树木的形态风貌。核桃树为喜光果树，树冠雄伟、树干洁白、枝叶繁茂，具有较强的景观观赏效果。在此，可作为读书公园中一处以保留的核桃树为主景的特色景观空间。

②基址外部考点：该读书公园北侧正对图书馆，西侧临近教学楼片区，东侧与学生宿舍紧邻。在如此特殊的基址环境下，读书公园应以北侧图书馆主体建筑片区为主，作为图书馆前具有校园特色与读书文化展示的公共空间。因此，首先应考虑结合图书馆片区的轴线关系进行该公园的结构设计。

基址东南侧与学生公寓相邻处没有校园道路的分割，且通过对学生公寓 12 栋建筑形态的分析可以判断出公园与其相邻处为学生公寓的后侧。设计时，在基址东南侧不应设置出入口。

基址周围主要为学生生活学习的场所，东侧宿舍片区与西侧教学片区应快速的交通联系，以满足学生生活学习所需。

③本题目中其他考点要求主要有场地设计要求、空间设计要求和基础服务设计要求。

场地设计要求：读书公园基址特殊的性质决定其以学生学习生活为主的功能，且题目中明确要求为学生晨读、阅报、班会、小型户外展览提供服务。因此，必须设计相应的晨读区域、报刊展示阅读区域、班级聚集活动的区域，以及户外展览的区域供师生使用。

空间设计要求：要加强读书公园多功能空间的设计以满足学生多样化的需求，增强读书公园的吸引力与使用程度。

基础服务设施设计要求：校园读书公园中对于休息设施与小型聚会活动场地的需求量最高，需要注意对于休息设施和不同尺度活动场地的合理安排，以满足大量学生群体的需求。

3）功能分区

根据题目的要求与基础的分析，在该读书公园中可以设置的活动区域有读书休息区、休闲交流区、集会活动区、亲水观赏区以及文化展示区等。

7.3.3 方案评析

1）方案一评析（图 7.8）

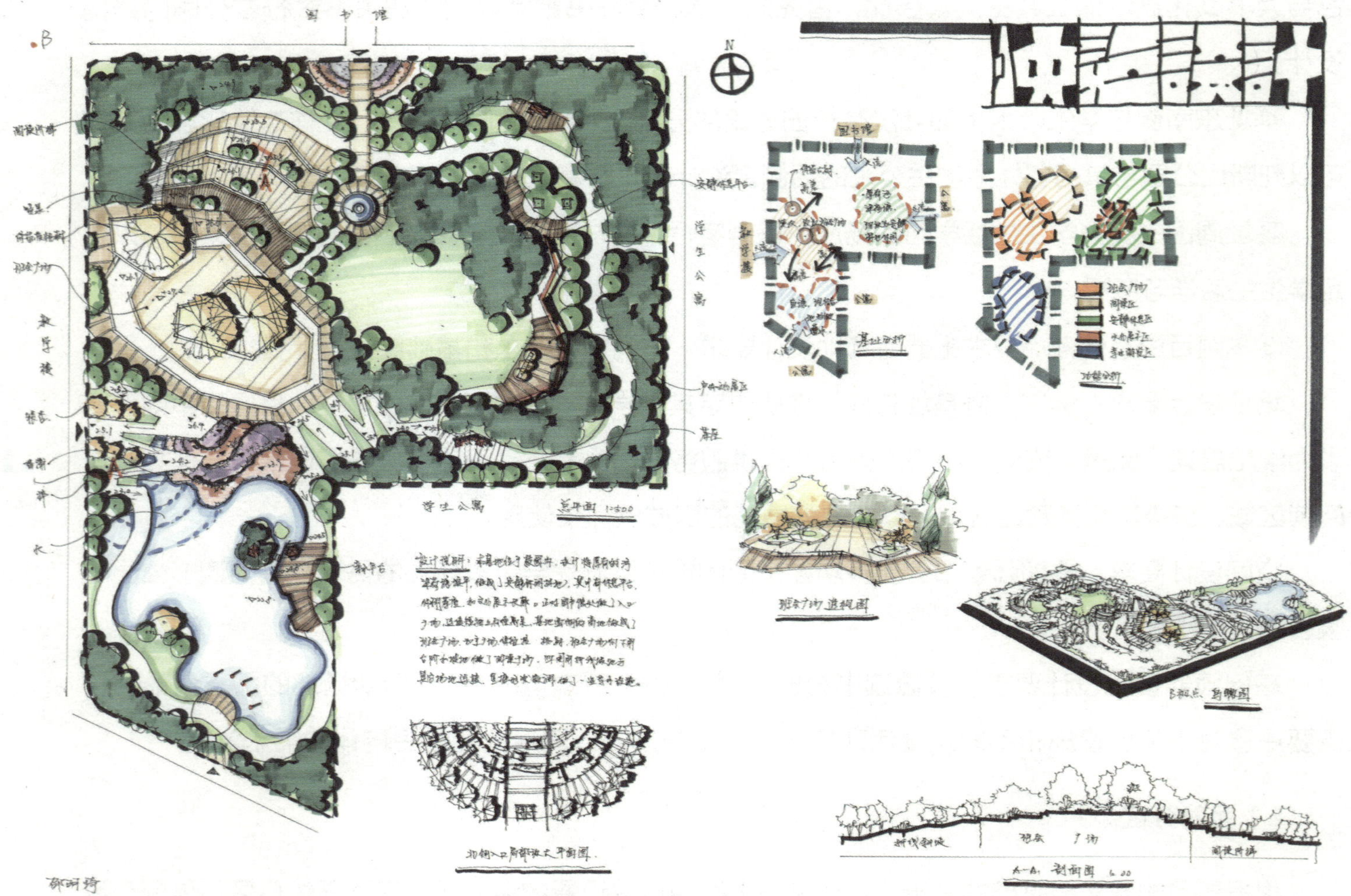

图 7.8　读书公园快题设计方案一

该方案的设计对考题进行了较为全面的解析与转译，巧妙利用现状地形与水体进行具有特色的景观营造，保留以树为主题的集会广场，在满足集会功能的同时充分结合了现状的景观资源，不失为具有巧妙特色的设计。

但在北侧图书馆前场地的设计中，其尺度略显小气。作为人流量较大的图书馆公共活动片区需要设置供人流集散和短暂停留的活动场地，可适当增加北侧入口广场的面积，减小集会广场的面积，使整个设计的节奏感变化更加自然。

2）方案二评析（图 7.9）

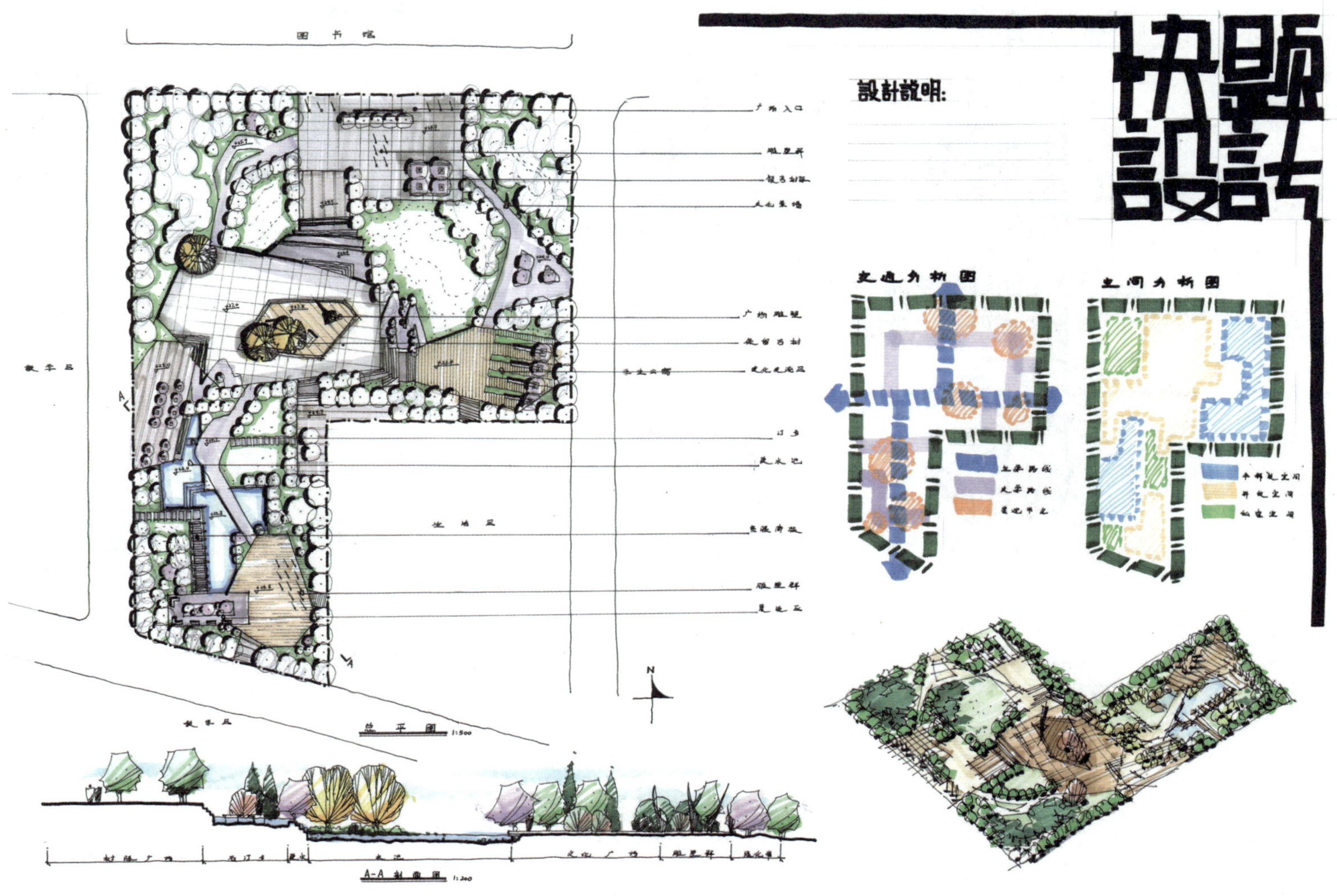

图 7.9　读书公园快题设计方案二

该方案的设计较方案一相比形式感更强，并巧妙利用高差丰富游线。但其空间感不足，活动场地的面积过大，基本没有较为私密的活动空间，且东南侧靠近学生公寓 12 栋处开设了大量出入口，没能很好地抓住考点。该方案在其他考点的处理方面，以及形态构图方法的设计上值得各位考生学习。

3）方案三评析（图 7.10）

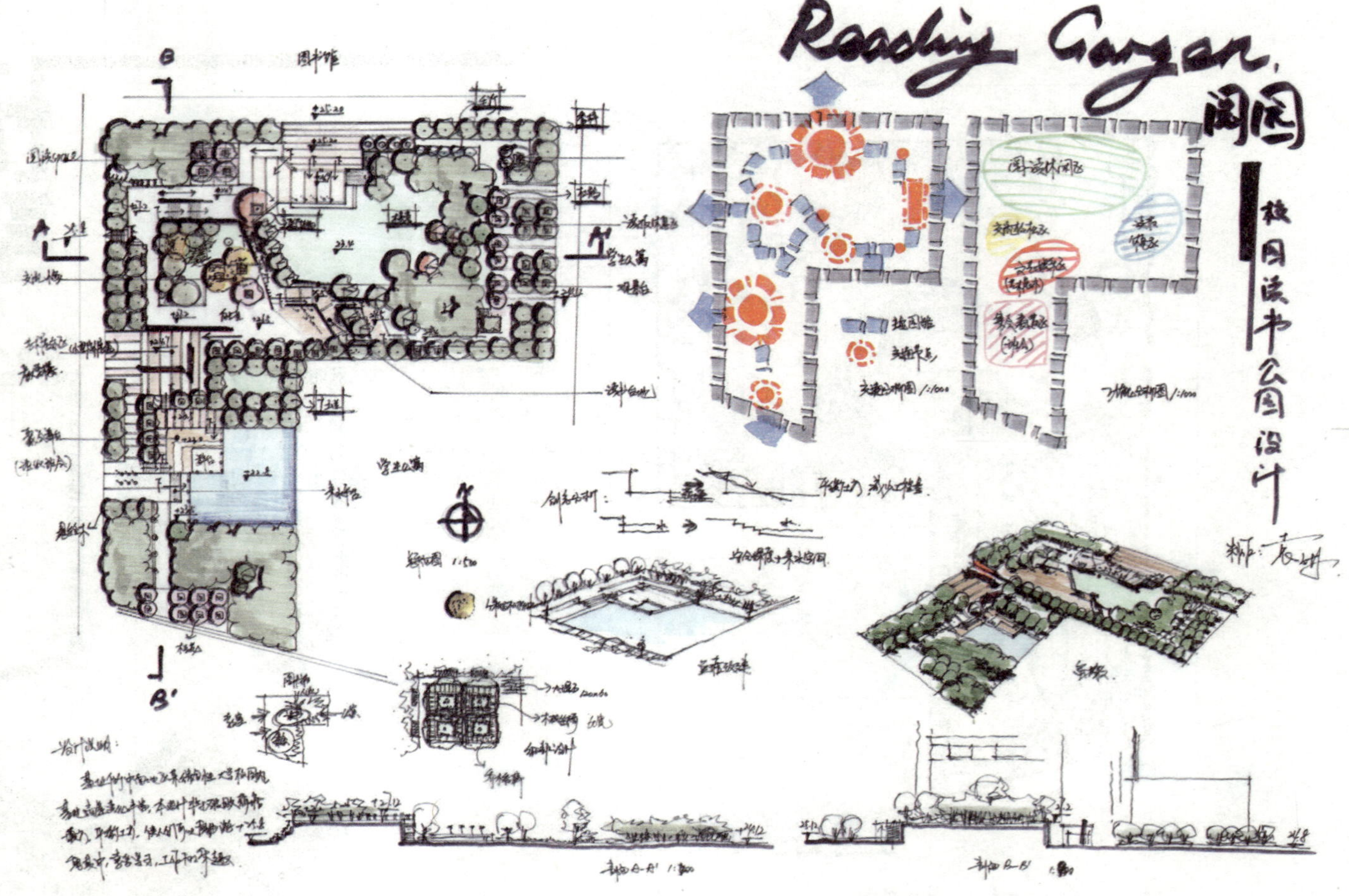

图 7.10 读书公园快题设计方案三

该方案以规整式构图为特色，对考题中各类考点的把握比较到位。空间丰富，功能齐全，思维逻辑性较强。与方案一、方案二相比，该方案的设计更为成熟。不足的是整个空间节奏因其丰富的高差关系而过于跌宕起伏，可适当留白，放缓节奏，使空间过渡更加自然。

4）总结

三个方案的设计在构图上各有特色，方案一为传统的自然式公园构图，方案三为传统的规整式构图，方案二的构图较方案一与方案三更有特色。但在空间设计方面，方案一与方案三更为丰富。且三个方案中，方案三在整体把握、思维逻辑以及考点解读上较前两个方案更为成熟。

7.4 滨水绿地设计

7.4.1 城市滨水景观设计题目

一、基地概况

华中某旅游城市滨水区域，结合旧城改造工程拆除了一块约 42000m^2 的地块（附图 1 中的黑色区域）上的建筑，拟将其建设成公共开敞空间，以增加滨水活动区，并满足城市居民的游憩、文化、休闲等需求。

二、设计要求

1. 场地是由胜利东路、湘西路、环城东路三条道路以及东湖围合而成的区域，总面积约 42000m^2（不含人行道）。场地详情见附图 2。

2. 场地内西南角为保留的历史建筑（主楼 4 层、附楼 2 层），属文物保护单位，现用作城市博物馆。建筑呈院落围合式，墙面为清水砖墙，屋顶为深灰色坡顶。设计时既要满足建筑保护的要求，又应将其作为该开放空间的重要人文景观。

3. 场地西北角有几棵古银杏树，临东湖边有一片水杉树，设计时应予以保留并加以利用。

4. 改开放空间应兼有广场与公园的功能，为保证中心区的绿化率，设计时要求绿化用地不少于 60%。

5. 场地内高差较大，应科学处理场地内外的高程关系，出于造景和交通组织的需求，允许对场地内地形进行必要的改造。合理组织场地内外的交通关系，并考虑无障碍设计。

6. 场地周边缺乏公共建筑及卫生服务设施，因此场地内需布置 120m^2 的厕所一座，以及其他建筑。构筑物或小品可自行安排。

7. 考虑静态交通需求，整个场地的停车应结合博物馆的停车需求一起布置，总共规划 12 个小车泊位。

三、成果要求

根据设计任务，按规范要求自定设计成果（内容、数量、比例均自定），但所有成果要求布置在 900mm×600mm 图幅的纸张上（拷贝纸除外，图纸张数自定），表现方式为除铅笔素描外的任何表现手法。

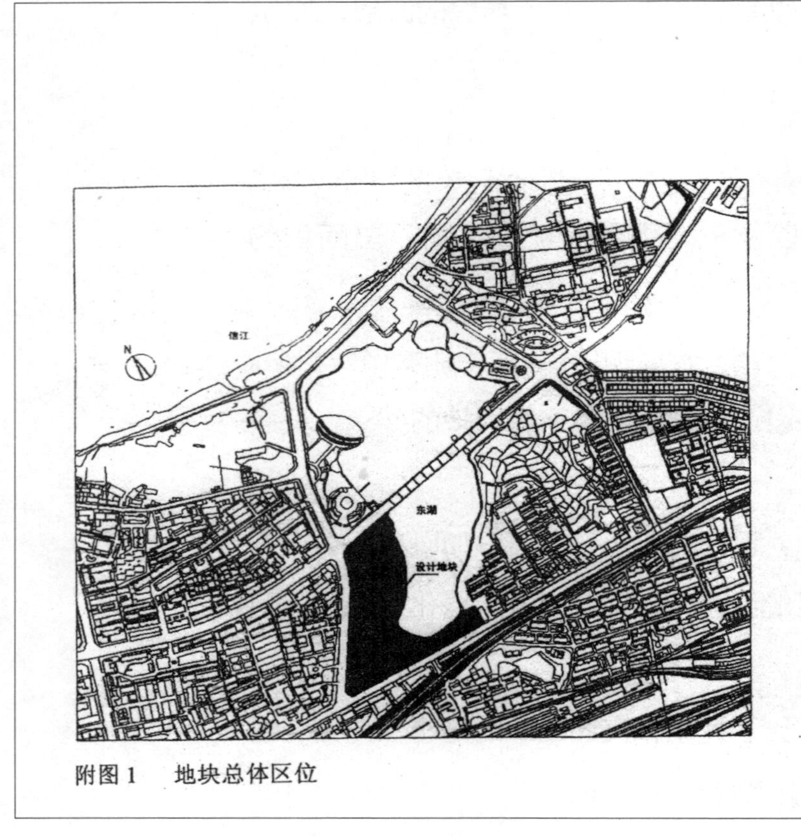

附图 1　地块总体区位

附图2　场地详细标注

7.4.2 基址解析

1）基址定位

基址为城市滨水开放空间，其规划建设目的主要是为满足周围城市居民游憩、赏景及文化休闲等需求，从而焕发和提升滨水区的活力。在进行该滨水开放空间的设计时，功能性、空间感、亲水性是其设计的重点。

2）考点分析

该滨水开放空间位于城市中心滨湖景观带，是市民休闲娱乐、感受自然、放松身心的公共活动区域。设计时要充分考虑该开放空间的可达性，方便周围市民到达该区域。基址内部地形复杂，现存物较多，在设计时需进行充分的分析，合理地解决现状问题。

①本设计基址内部考点要考虑地文条件、保留树木及保留建筑。

地文条件上，基址内部被一条横竖贯穿整个地块的陡坎划分为上下两层，且两个部分之间最小高差 3m，最大高差 5m。在设计时，重点是如何处理上下两层之间的交通连接，如何巧妙解决现有的高差问题。具体处理方法可参考本书第 2.1 节关于地形处理方式的讲解。且要注意在处理时，对于线状的陡坎带应采取多种高差处理方式以解决横向交通与陡坎景观营造的问题。

保留树木上，场地中保留树有上层古银杏与下层水杉片林两种，在处理时因树种保护等级不同而应有所区别。

上层古银杏处理时根据《城市公园设计规范》的规定，在古树名木树冠垂直投影外侧 5m 宽的范围内划定保护区域。在该区域内除安设保护及加固设施外，不得损坏地表土层，改变地表高差，栽植缠绕古树名木的藤本植物，设置建筑物以及架设各种过境管线，在此前提下去保留古树并将其特色结合到园内景观中。

下层水杉片林在处理时，与古树名木相比，更为灵活且不必遵守以上明文规定的保护性规范。但其基本处理方式也要结合水杉片林的特色，以体现保留树木不同风格，并进行一定特色景观风貌的设计，进而区别于园中其他的景观树木。可利用水杉片林的垂直纵向空间特点，结合临水景观带，营造特色的水杉林栈桥景观。

保留建筑方面，场地内西南角有一处保留历史建筑，且现用作城市博物馆。建筑呈院落围合形制，墙面为清水砖墙，屋顶为深灰色坡屋顶，具有原色古建筑的风貌。在设计处理时，首先要根据其建筑物性质，划定合理的外环境片区。针对建筑的出入口设置主要的集散区域、后勤服务区域。在进行具体的设计时，周围景观环境的风格也应与建筑物的风格相符。

②基址外部考点：基址所处外环境较为复杂，北侧为城市滨水绿带另一片区，设计时应与图中现有滨水绿带的出入口及形式相联系。北侧交叉路口处，除与北侧绿地相连接之外，其周围为高密度的商住区域，人流量较大。因此，应在北侧十字交叉区域设置人流集散的入口广场区域，方便附近居民进入该公园中。

基址西侧为大面积的住宅区，在设计时，基址西侧片区则需要满足居民的可达性，设置适量的出入口。该片区以绿化隔离为主，保证周围居民有安静的生活休息环境。

基址南侧为汽修一条街，车流量较大，环境较嘈杂。设计时，开设少量出入口满足该片区需要即可，且重点是园中与该片区的防噪声、防污染隔离的设计。

基址东侧较为复杂，除大面积的湖体之外，东南片区为商住区且有现状道路与基址连接。设计时，湖边亲水活动及开阔空间的设计为设计重点，东南片区的交通联系也是其考察关键。湖边亲水空间的设计可参考关于临水空间处理形式的图示讲解，从而在临水带片区营造丰富的滨水空间。

③本题目的其他考点要求主要是场地设计要求、空间设计要求及基础服务设施设计要求。

场地设计要求上，该开放空间兼具广场与公园的功能，在保证中心区绿视率的需求下，其绿化用地面积不应少于 60%。因此在设计时，除了要满足必要的集散、活动需求外，应尽可能地利用植物营造丰富的自然活动空间。

空间设计要求上，因场地的高差较大，空间设计中最为关键的是如何处理好上下两层的交通及空间过渡关系。如何利用特殊的地形条件营造特色的空间效果是该基址空间处理的重点。设计时可以以下层空间的视角为基准，描绘出位于下层空间向上层空间观看的视线界线，配合植物的林冠线及恰当的地形升降关系来进行视线界线的设计。

除此之外，下层空间滨水片区的空间营造是空间设计的另一挑战。设计时，在交通流线上与湖体暧昧相依，空间上与湖体忽隐忽现。且把握合理的空间变化的节奏，切勿不加经营设计也切勿变化过度。

基础服务设施设计的要求上，因场地内复杂的地形高差现状，在组织场地内交通时，与无障碍相关的设施设计是必须的。

除此之外，场地周边基本为住宅片区，缺乏公共建筑与卫生服务设施，题目要求需在场地内布置面积为 120m^2 的厕所一座。设计时，应考虑厕所的服务半径，选择将其放置在较为便捷、服务范围广的区域，且切勿靠近水边。

考题中要求应结合博物馆的停车需求规划设计 12 个小车泊位。在选择停车场位置时，应考虑车行入口与城市道路交叉路口的距离。

3）功能分区

经过对考题的仔细分析，对于该场地的设计已经可以确定两个主要的出入口（北侧与滨水绿地相邻的片区、西侧博物馆片区）与以下主要的功能片区：博物馆及其入口广场环境片区、保留古银杏观赏片区、水杉林片区、滨水游憩带以及主要的中心活动广场片区。

7.4.3 方案评析

1）方案一评析（图 7.11）

图 7.11　滨水绿地快题设计方案一

该方案的设计在高差的处理上较为丰富，运用了多种处理方式：景墙、观景平台、缓坡、台阶等，并且滨水空间的变化、水岸线的设计都非常有特色。水边主要以木质栈桥为主，硬质场地较少，生态性较好。

但纵观整个地块的设计，硬质场地集中在博物馆片区，与软质空间的相互融合关系较弱，有一种硬软质场地过度分离之感。北侧片区与场地内部的连接不够，可将博物馆片区的硬质场地适当减少，增加北侧片区的硬质场地面积。

图 7.12 滨水绿地快题设计方案二

2）方案二评析（图 7.12）

该方案的设计亮点突出，对中心活动片区竖向与空间的设计特色鲜明。高差处理的形式在中心片区丰富到极致，有台阶、跌水、高架桥、蹬道、水幕墙、花台、观景平台等一系列的高差处理形式，且其对于水杉林片的处理也具有独到的风格——不规则抬高木栈穿梭在水杉林中。

但其对于古银杏的处理存在一定的问题，其主要园路距离古银杏过近，不符合《城市公园设计规范》中对于古树名木保护的准则；且对于博物馆管理方面的设计也存在欠缺，缺少后勤车行通道。滨水空间的处理也过于开阔，可适当做一定的空间遮挡分割。

3）方案三评析（图 7.13）

此方案的设计较方案一与方案二对于竖向设计的把握更为成熟，空间处理也更为丰富。利用竖向做特色活动场地以及特色景观点，有儿童攀爬的活动场地、露天表演剧场、缓坡艺术草地、特色草台、花台等；且对于场地内的保留物，如古银杏、水杉、博物馆的处理都能直指考点，显示出了考生专业的设计素养和全局把控能力。

略有不足的是，场地中开阔空间的面积可适当加大，水岸线可以处理得更为丰富，除了三个主要的出入口之外，可适当增加次入口的数量，增强场地的可达性。

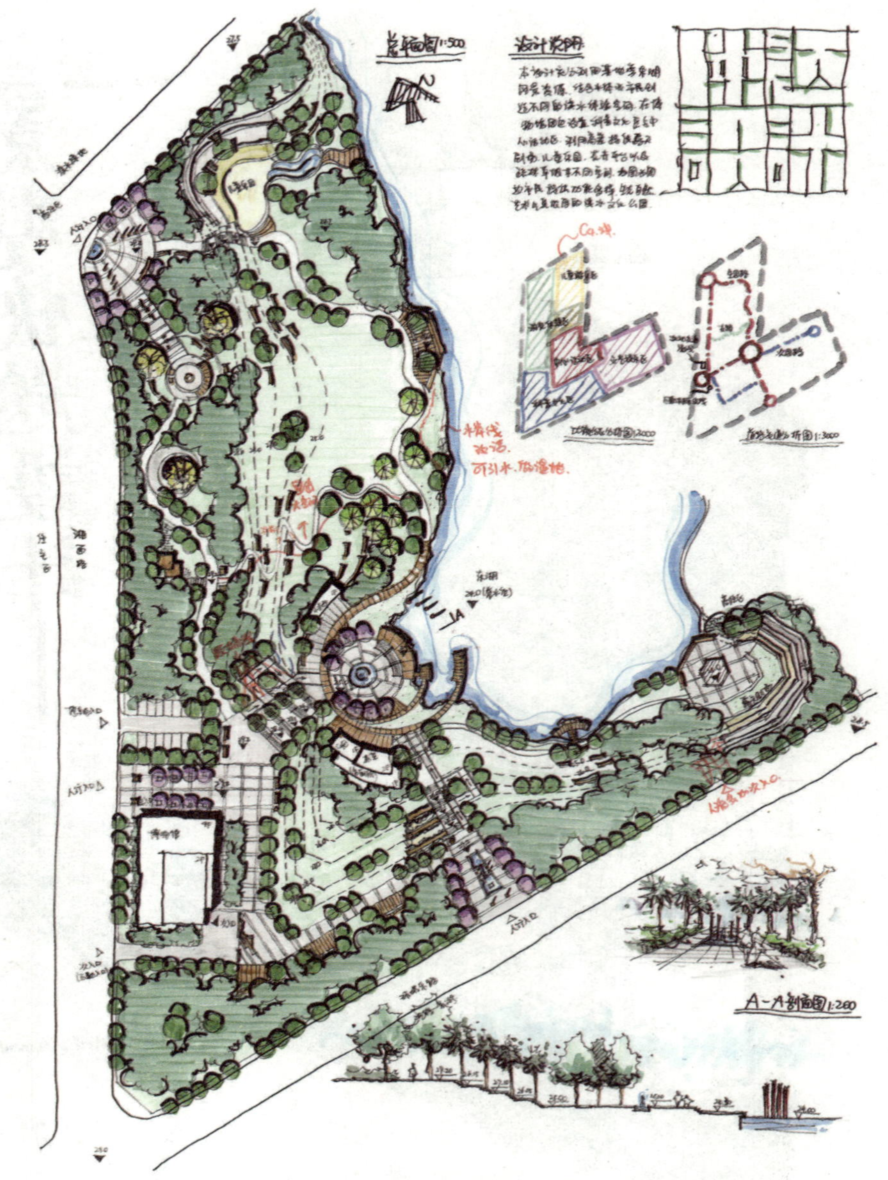

图 7.13 滨水绿地快题设计方案三

4）总结

三个方案对于高差的处理各有特色，设计也各有侧重。方案一更注重临水空间的处理，方案二更注重中心活动区域的设计，方案三则注重对于高差与场地现有各限制条件的处理。考生在进行学习时，可针对各方案的特色进行提炼加工，总结出适合自己的设计方式。

参考文献

[1] 李铮生 . 城市园林绿地规划与设计 [M].2 版 . 北京：中国建筑工业出版社，2006.

[2] 格兰特 · W · 里德 . 园林景观设计——从概念到形式 [M]. 陈建业，赵寅，译 . 北京：中国建筑工业出版社，2010.

[3] 周维权 . 中国古典园林史 [M].3 版 . 北京：清华大学出版社，2008.

[4] 北京市园林局 . 城市公园设计规范 [M]. 北京：中国建筑工业出版社，2009.

[5] 北京市市政设计研究院 . 城市道路设计规范 [M]. 北京：中国建筑工业出版社，2006.

[6] 中华人民共和国建设部 . 城市道路交通规划设计规范 [M]. 北京：中国计划出版社，1995.

[7] 中华人民共和国建设部 . 城市居住区规划设计规范 [M]. 北京：中国建筑工业出版社，2002.

[8] 中华人民共和国建设部 . 民用建筑设计通则 [M]. 北京：中国建筑工业出版社，2005.

[9] 中华人民共和国住房和城乡建设部 . 城市道路公共交通站、场、厂工程设计规范 [M]. 北京：中国建筑工业出版社，2012.

[10] 中华人民共和国建设部 . 无障碍设计规范 [M]. 北京：中国建筑工业出版社，2012.